文庫

戦闘機入門

銀翼に刻まれた栄光

碇 義朗

光人社

はじめに

「さあさあ、これは決して今はやりのインチキではないよ」

大道にすわった物売りのオッサンが、威勢よくどなっていた。昭和五、六年の頃で、まだインチキということばがはやり始めたばかりだった。

この日は所沢陸軍飛行学校の開校記念日とあって飛行場が一般に開放され、正門にいたる道の両側には絹張りの模型飛行機などを並べたにぎやかな露店が軒を連ねていた。まだ九一式戦闘機などなく、複葉の甲式四型戦闘機の時代だったが、戦闘機というものをまぢかに見た最初の体験だった。

飛行機にあこがれ、東京南千住にあった府立航空工業学校に入り、格納庫にあった九一式戦闘機を見てふるい機体だなと思った。もう九七式戦闘機の時代で、いまの数分の一のひろさしかない草ぼうぼうの羽田飛行場で行なわれた航空ページェントでは、この九七戦が花形だった。

三機編隊によるアクロバットに胸をときめかせ、飛行場中央に置かれた古い飛行機を標的に降下しながら実弾射撃する九七戦の勇姿に思わず手を叩いた。

「戦闘機って、何てすばらしいんだろう」

わたしは、学校を出たら戦闘機の設計に参加したいと思うようになっていた。そして、昭和十八年はじめ、立川にあった第一陸軍航空技術研究所に入って待望の設計科にまわされたが、飛行機は戦闘機ならぬ双発の襲撃機だった。

戦争が終わり、埼玉県の高荻飛行場のそばでしばらく百姓をやった。周囲の松林には真新しい四式戦闘機「疾風」が放置されていた。

監視のグラマン・ヘルキャットやチャンスボート・コルセアなどの編隊が低空を飛び、美しい姿態を惜し気もなく見せてくれた。

昭和二十七年、朝鮮戦争当時、立川にあったアメリカ極東空軍の技術部に入り、当時、最新鋭だったロッキードF94スターファイター戦闘機のシートまわりの改造設計をやることになった。生まれてはじめてジェット戦闘機にふれることになったわけだが、F94はいまのミグ25なみに米軍の最高機密だったため、拳銃を下げたMPが見張りをしていていささか気味がわるかった。

その後も、戦闘機への思慕はやみがたく、昭和四十四年、カナダで零戦を復元して飛ばしたいというので、現地に行って作業を手伝ったりもした。自分の手でなつかしい日本機に心ゆくまで触れることができ、たいへんしあわせだった。

戦闘機に魅せられた魂はその後つぎつぎに戦闘機の本をかいて来たが、わたしが抱いている戦闘機に対するあこがれやロマンのようなものを、本書を通して、飛行機の好きな読者なら共感していただけるものと思う。

昭和五十一年十月十七日

航空宇宙ショー開催の日　筆　者

戦闘機入門——目次

イラスト・図版／小川利彦・鈴木幸雄・碇佳彦
阿部任宏・碇起代彦

戦闘機入門

銀翼に刻まれた栄光

1　はじめに偵察機ありき

それまではヨチヨチ歩きだった飛行機が実用的な道具、とくに兵器として急激な発達を見せたのは、一九一四年夏、ヨーロッパではじまった第一次世界大戦だった。とはいえ、その活動もはじめは冴えないもので、味方陣地の後方から飛び立って相対峙する敵軍の状況を空中から偵察するていどだった。

最大速度もいまの軽自動車よりおそく、いつ落ちるかわからないといったていどの信頼性ではとてもまともに使えるしろものではなかったが、死や危険があたり前の戦争であってみれば、少しでも利用価値があればこんな頼りない飛行機でもあえて使った。そして使っているうちに、戦争の過酷な要求がこの飛行機をよりたくましいものに変え、より有力な兵器へと成長させていった。

いつの世にも人類の道具の発達は平和な生活のためよりも、戦争における武器としての方が著しいことは歴史に明らかなところだが、飛行機もまた例外ではなかった。

高いところから敵の布陣をさぐる作戦上の有利さは、飛行機より以前に気球の発達をうながした。しかし、静止した点からの偵察しかできない気球に対し、自由に移動できる飛行機の使用によって偵察能力とその効果は倍加した。

敵も味方もこぞって飛行機を偵察にくり出し、その行動はしだいに広範囲に、そして敵の後方にまでおよぶようになった。だが、はじめのうちは敵味方の偵察機同士が空中で出合っても戦闘は起こらなかった。

「今日は、ムッシュー。うまくやってるかい！」

「これはようこそ、ドイツのカメラーデン。たがいに負けずにがんばろうぜ！」

てな具合いに、空中で手を振り合ってなごやかなあいさつが交わされていたのである。出合った相手は敵ではなく、同じ大空の仕事仲間みたいな意識が作用していたにちがいない。

だが、空中偵察の効果がしだいにあがり始め、上空での遭遇が頻繁になると意識の変化が起こった。

「まてよ、われわれは戦争をやっているんだ。とすれば相手の偵察行為は妨害しなくちゃいかん。そうだ、奴らは敵なんだ」

と気づいたところから、広い大空もセチ辛くなりはじめた。そして、敵意の芽生えとともに空中での遭遇は、笑顔から一転してみにくくゆがんだ闘争のそれにかわっていった。

とはいっても、空中戦専門の武器などなかったころだから、はじめは子供の戦争ごっこなみのレンガや石ころのぶつけっこ、それが、すぐ拳銃の撃ち合いに変わった。そもそもこの

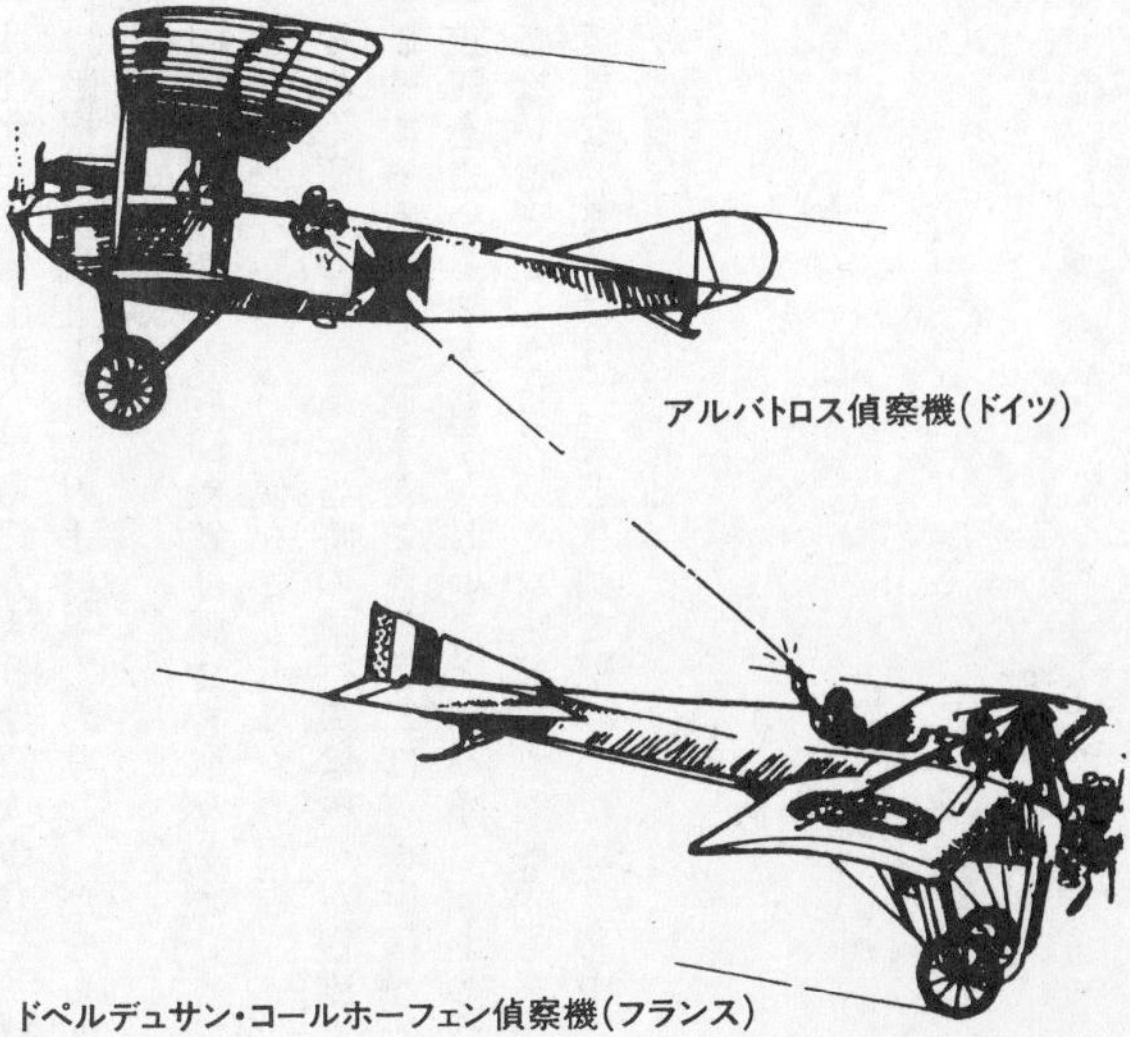

アルバトロス偵察機(ドイツ)

ドペルデュサン・コールホーフェン偵察機(フランス)

拳銃は空中戦のためではなく、不時着したときの護身用であった。

それが、空中で武器として使うことをおぼえると、すぐに小銃や騎兵銃を携行するようになり、愛用の猟銃まで持ち込むほどにエスカレートした。

だが、ここまではあくまでも個人的な戦闘行為であり、これらの飛び道具類は武器ではあっても兵器ではなかった。

本格的な空中戦闘がはじまったのは、飛行機が計画的ないし組織的に戦闘用の兵器として機関銃をのせるようになってからである。

そのころの飛行機は、偵察と

いう任務の性質上たいてい二人乗りか三人乗りで、機関銃の操作は同乗者の仕事だった。かれは敵機の出現とともに射手に早変わりし、どちらが先に地上に激突させられるかという危険なゲームを開始した。

同乗者が操作する旋回機銃は弾倉を取りかえさえすれば長時間にわたって撃ち続けることができたが、いろいろ不便なことも多かった。

その不便さの第一は、当時の飛行機は構造が複雑で、翼、支柱、張線、プロペラなど射界を制約するものが多過ぎたこと。第二は、操縦はパイロットまかせだから、射撃に都合のよい位置を占めるのがむずかしいこと。パイロットの誘導がまずいと、眼前に敵機を見ながら撃てないもどかしさにイライラさせられた射手も多かった。そして第三は、照準らしい照準ができないままにほとんど目測で撃ったため、命中率がきわめて悪いことだった。

2 空中戦闘専門の飛行機を作れ

偵察機同士で撃ち合いをやってもあまり効果はない。いっそのこと空中戦闘専門の飛行機を作ったらいいという発想から、戦闘機（Fighter）なるものが生まれた。

戦闘専門、ということになれば、ほかのことはいっさい考えず、どうしたら弾丸がよく当たるかに全機能を集中すればよい。とすれば、飛行機の機首に機関銃を固定し、飛行機ごと目標に向けて射撃するのが最善だ。

こうすればパイロット即射手ということになり、靴の上から足の裏をかくようなもどかしさがなくなる。しかも、小銃などと同様に正確な照準が可能となる。一人乗りということになれば小型軽量、スピードも出るし、運動性も良くなって万事好都合だったが、ここでやっかいなのはプロペラの問題だった。

モーリス・ファルマンのようにプロペラが後ろにある推進式の場合はいいが、軽快性を重んずる戦闘機には動力が前にある牽引《けんいん》式の方が有利だ。ところが、この形式だと機首で回っ

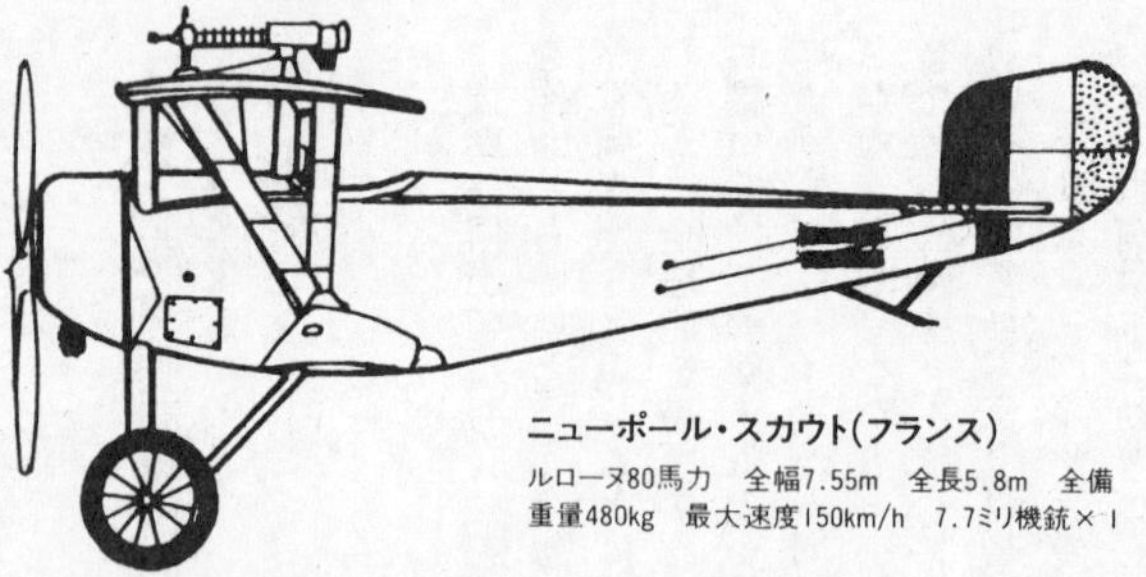

ニューポール・スカウト(フランス)

ルローヌ80馬力　全幅7.55m　全長5.8m　全備重量480kg　最大速度150km/h　7.7ミリ機銃×1

ているプロペラを自分の弾丸で撃ち砕くことになりかねない。そこで翼の上に機関銃を取りつけ、プロペラ回転圏外から発射する方法が考えられた。

しかし、これだとパイロットの手がとどかないので弾倉の取りかえができず、五十発ていどの弾倉を撃ちつくしてしまうとあとは飛んでいるだけ。キバを抜かれた狼同然となった。しかも、機体の軸と機関銃の射撃の調整がむずかしく、命中精度はかならずしも良くなかった。

こんな未完成なしろものではあったが、フランスのギンヌメールやナンジェッセールといった空の勇士たちの手にかかれば恐るべき威力を発揮した。

飛翔するコウノトリやロウソクと棺桶のマークを機体に描いて奮戦したかれらの愛機は、一葉半の主翼を持った小粋なニューポール・スカウトだった。

この戦闘機はフランス航空隊だけでなく、イギリス航空隊および海軍航空隊でも使われ、イギリスのDH2やFE2bとともに、当時、西部戦線で猛威をふるっていたドイツのフォッカー単葉機に対抗した。

3　近代戦闘機の先鞭をつけたロラン・ギャル

プロペラ回転圏外から発射する前方固定機関銃付きの牽引式飛行機、すなわちのちにもっとも標準的となった戦闘機形式のはしりは、大戦勃発の年（一九一四年）の末ごろからドイツ軍と連合軍の両陣営にぞくぞく出現した。

だが、何とかして操縦席から手のとどくところに機関銃を取りつけたいというパイロットたちの願望はやみがたく、ついにこれを実行に移した勇敢なパイロットがいた。フランス軍のパイロット、ロラン・ギャロだった。

操縦席から手のとどくところに機関銃を取りつけると、必然的にプロペラ回転圏内となり、自機の放った弾丸がプロペラを撃つことになるが、ギャロは弾丸のあたるプロペラの根元付近をくさび形断面の鉄板で覆うことによって自爆の危険が軽減した。

つまり、プロペラにあたる弾丸はこの鉄板で覆われた部分ではね飛ばされ、プロペラの間を運よく通り抜けた弾丸だけが敵機に向かって飛んでいくという荒っぽいやり方だった。

モラーヌ・ソルニエL（フランス）

ノーム89馬力　全幅10.3m　全長6.32m　全備重量680kg　最大速度115km/h　7.7ミリ機銃×1

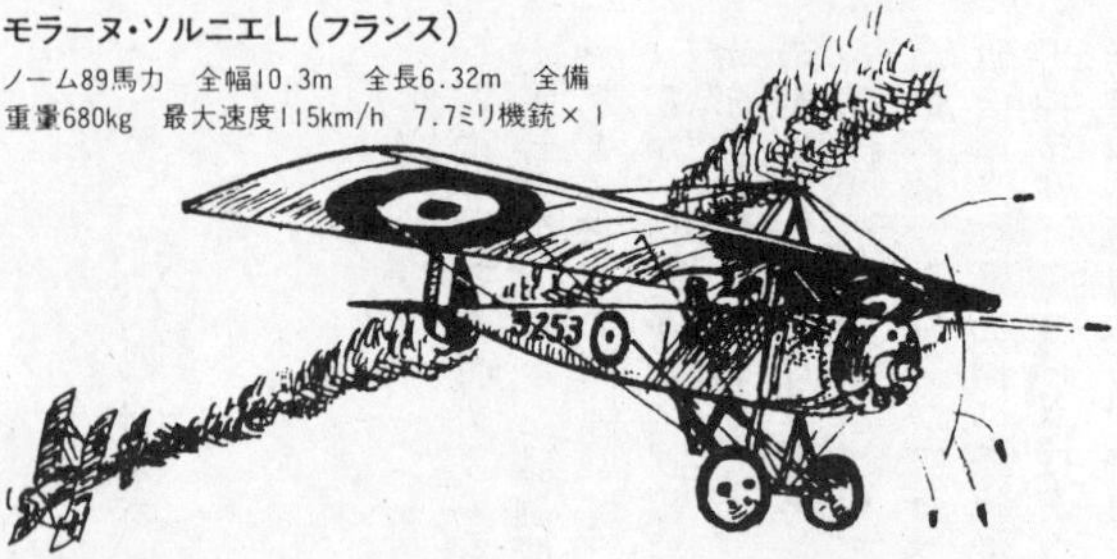

これは多分に危険ではあるが、操縦席から機関銃に手がとどくので弾倉を取りかえながら長時間戦うことができる。

ギャロはこの新式装備をもったモラーヌ・ソルニエL型によって、十八日間にドイツ機五機を撃墜し、前方固定式機関銃の優秀性を実証した。大戦二年目に入った一九一五年はじめのことだった。

だが、そのギャロも、ある日、空中戦ならぬ停車場攻撃に出動の際、地上砲火をエンジンに受けて敵戦線後方に不時着してしまった。

機関銃発射装置の秘密を守ろうとギャロは機体に火をはなったが、燃え切らないうちにドイツ軍がやって来てかれは捕虜に、機体は半焼けのまま押収されてしまった。

ギャロの秘密を知ったドイツ軍はさっそく真似てみたが、ギャロがはじめ苦労したようにプロペラが千切られたりエンジンを傷つけたりで、そう簡単にはうまくいかなかった。

ギャロとて、はじめは白い眼で見られながらさんざん失敗を重ねたすえにやっと使えるようになったもので、もともと無茶なやり方だったのだ。

4　プロペラ同調装置付き機関銃の出現

ギャロの真似は失敗したが、もっと安全なやり方はないものか？軍人であるギャロの無鉄砲ともいえるやり方に合理的な技術者の手を加え、プロペラ回転圏内からプロペラを撃つことなしに発射できる方法を考え出したのがアントニイ・フォッカーだった。かれはもともとオランダ人で、ドイツ皇帝から招かれて一連のフォッカー型戦闘機を設計した人でもあるが、同時に、プロペラが銃口の前に来たときは弾丸の発射が自動的にとまるような同調装置を発明し、これによって戦闘機の基本的な型式を確立した人でもあった。

大戦三年目の一九一六年六月に戦線にあらわれたドイツ軍のフォッカーE1型は、この新しい射撃装置を備えた最初の戦闘機となった。

同調装置付きフォッカーE1型の出現は、非同調ながら先にプロペラ圏内より発射する前方固定銃を備えたモラーヌ・ソルニエ機を開発したフランス軍に奪われた空の優位をたちまちのうちに奪還した。

こうしてプロペラ同調装置付き機関銃を持ったドイツ軍の優勢は、似たような装置をつけたモラーヌ・ソルニエN型やイギリスのソッピース・タブロイドなどが出現するまでおよそ一年以上も続いた。

これらの本格的な戦闘専門の飛行機——駆逐機ともよばれた——のほとんどが七・七ミリあるいは七・九ミリ固定機関銃二梃を機首に装備し、操縦と射撃を一人でやれるようになったところから近代的な戦闘機のひとつの型ができあがった。

図は日本海軍で使われていた九五式同調発射装置で、エンジンに直結のカムによる衝撃がピアノ線の伝導索を介して同調装置の油圧部に伝わり、この衝撃が引金作動機に伝わって機銃の引金が落ち、弾丸が発射される。この位置を適当に調整することにより、弾丸は回転プロペラの羽根の間を通過するように発射される。

下の図の零戦のようにプロペラの羽根が三枚の場合は、カムの突起は三ヵ所となる。

このカム位置の調整により、プロペラの羽根が機銃口を通過したあと、適当に角度 α だけ遅れて弾丸が発射される。この α を散飛角といい、散飛角はプロペラの回転速度の増大につれて大きくなるものがふつうである。

この α に対して発射される角度のバラツキ β を散布角といい、日本海軍は非常な苦労をかさねて同調装置の精度を高めることにより、β の値をきわめて小さい範囲にとどめることに成功した。

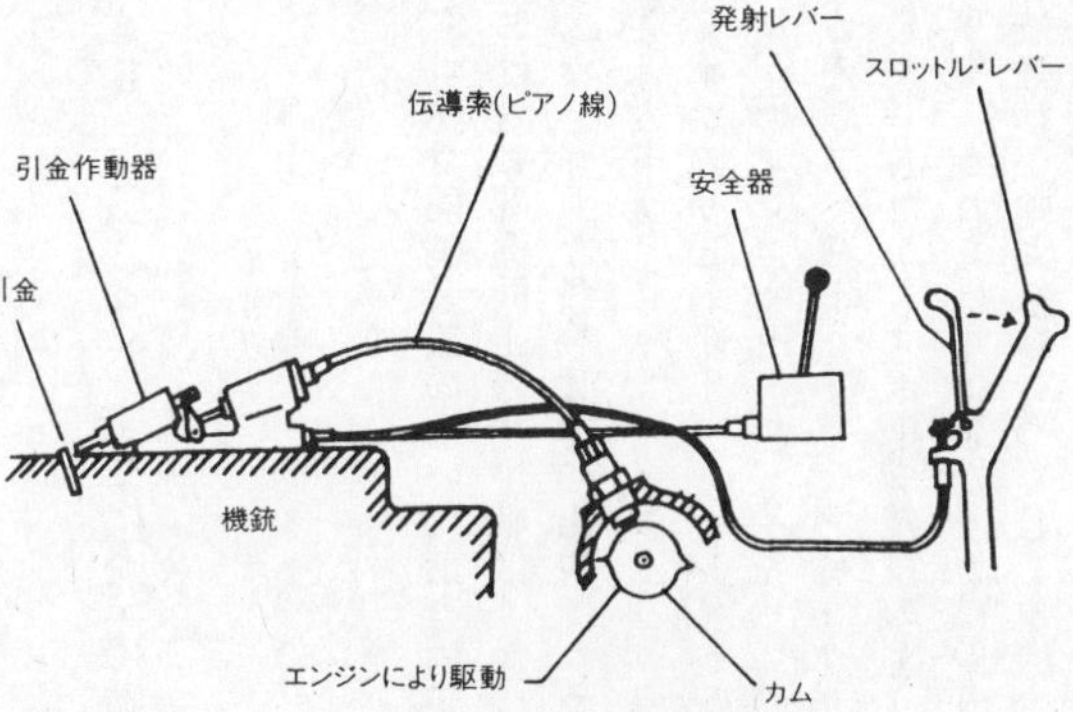

日本海軍九五式同調発射装置
(航空技術の全貌下巻より)

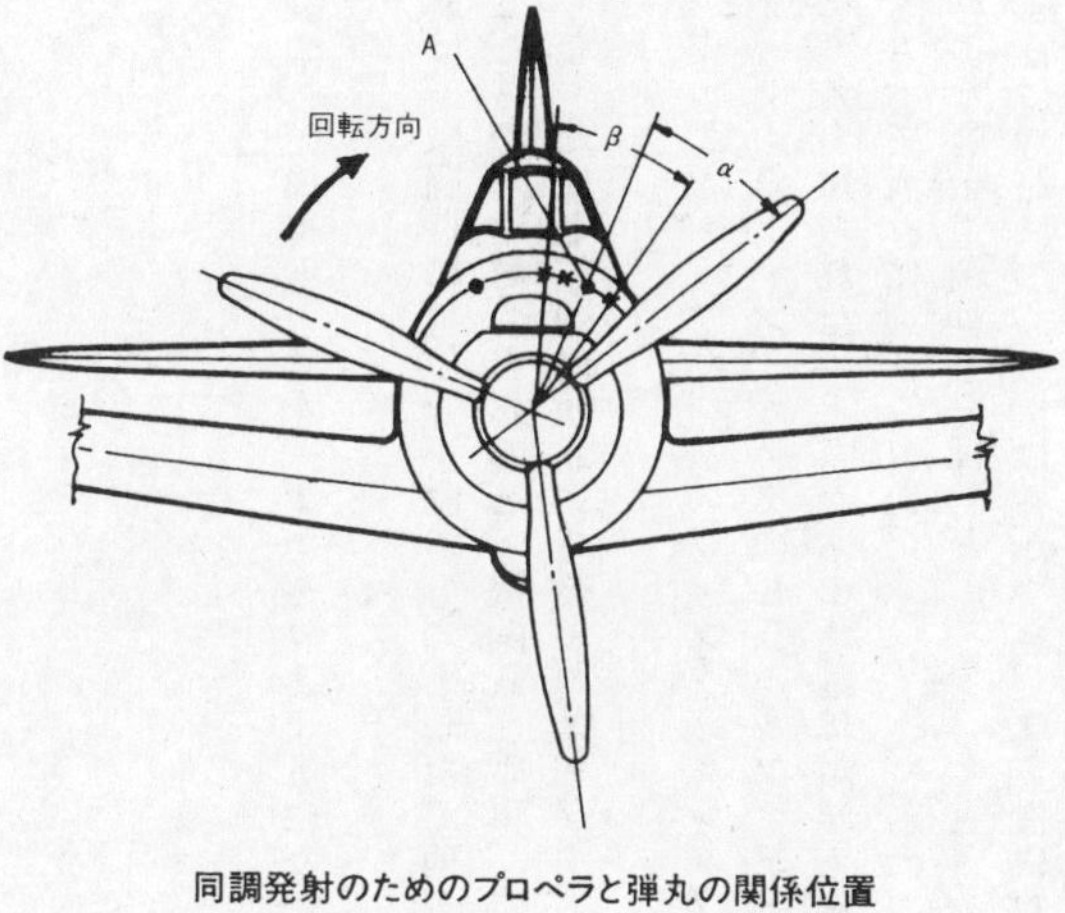

同調発射のためのプロペラと弾丸の関係位置

5　ロマンに生きた大空の騎士たち

プロペラ同調装置のついた前方固定式機関銃は、戦闘機の地位を不動のものとした。前線における戦闘機同士の空中戦は、かつての騎士たちの一騎討ちを思わせ、機関銃、戦車、毒ガスなど強力な殺戮《さつりく》兵器の出現でロマンがなくなった地上戦闘にかわって幾多のエピソードを生んだ。

ドイツのリヒトホーヘン、レーベンハルト、ウーデット、フランスのフォンク、ギンヌメール、ナンジェッセール、イギリスのマノック、マッカーデン、カナダのビショップ、アメリカのラフベリー、リッケンバッカー……等々、名の知られたエースたちの活躍は敵味方を問わず、あたかもスポーツ競技のような熱狂をもって人々に迎えられた。

事実、かれらは単に強かったばかりでなく、よく騎士道精神を発揮した。

被弾し、弾丸を撃ちつくして単機よろけるように帰路につく敵機にちかづき、味方機に攻撃されないよう地上軍の境界線までエスコートしてやったイギリスのマッカーデンや、撃墜した相手の死を悲しんで弔文と花束を投下したドイツのベルケ、さらにはドイツの撃墜王リヒトホーヘンの遺体を手厚く葬ったイギリス空軍戦士たちなど、数多くの美談が生まれた。

その多くは有名なエピソードとしてすでによく知られているし、それについて深く語ることはこの本の主題から外れることになるので省くが、当時の空のロマンの一例としてドイツのエースの一人、エルンスト・ウーデットの体験を紹介しよう。

後年ドイツ空軍の再建に力をつくし、第二次大戦の初期には同じく第一次大戦のエースだったヘルマン・ゲーリングのもとで空軍技術局長官の要職についたウーデットも、当時はまだ若い少尉だった。

一九一七年六月、プロペラ同調装置付きのフォッカーE1が出現してからすでに一年たっていた。

この日、ウーデットは単機で哨戒飛行に上がった。標的は敵陣地上空にあがっている気球だった。彼は昇ったばかりの朝日を背にして気球にちかづいて行った。やや高い位置から垂直に降下して気球に一撃を加えようとしたウーデットは、西の方から真一文字にこちらに向かって来る黒点を発見した。

敵か、味方か？　しかし、その行動は明らかに戦う意志を示し、ちかづくにつれ、それは敵のスパッドS13と認められた。

「気球よりは、この方が手ごたえがあっていい」

若さと、腕におぼえのあるウーデットは闘志をかき立てた。かれも機首を敵機に向け、同高度で撃ち合いながらきわどい差ですれ違った。離れながらもすぐ左に舵をとり、相手を見た。前方の固定機銃しかもたない単座戦闘機では後ろにつかれたら終わりで、すぐに機首を敵に向けなければならない。

たがいに決定打のないまま正面攻撃をくり返した五回目、こんどこそはと接近したウーデットの目に、青白い敵パイロットの顔がクローズアップされた。ハッとしたかれが機体を傾けて振り返ったとき、敵機の胴体に描かれた太い文字が目に入った。いままで気づかなかったが、VIEUXと読めた。

「ギンヌメールだ！」

ウーデットは、総身の血が凍りつくのをおぼえた。彼はこれまで連合軍機を十八機撃墜していた。しかし、すでに三十機のドイツ機を血祭りにあげたフランスのエース、ギンヌメールの令名はあまりにも高く、ウーデットの手にあまる強敵であることは明らかだった。

彼はまず宙返りをやって正面攻撃を避け、上空からギンヌメールを攻撃しようとした。だが、さすがは名手ギンヌメール。すぐに察して同じ宙返りに移り、さらばと、ウーデットがターンすると、すぐにそれにならってすきを見せない。しかもこの運動の間に優位を占めて射撃を開始した。明らかにギンヌメールの方が一枚上だった。たちまちウーデット機の右翼をあられのように機関銃弾が撃ち抜いた。

主翼を覆った羽布の一部が破れてボロボロになった機を懸命にあやつりながら、ウーデットも攻撃のチャンスをねらった。だが、ギンヌメールの動きはつねにウーデットのそれを上

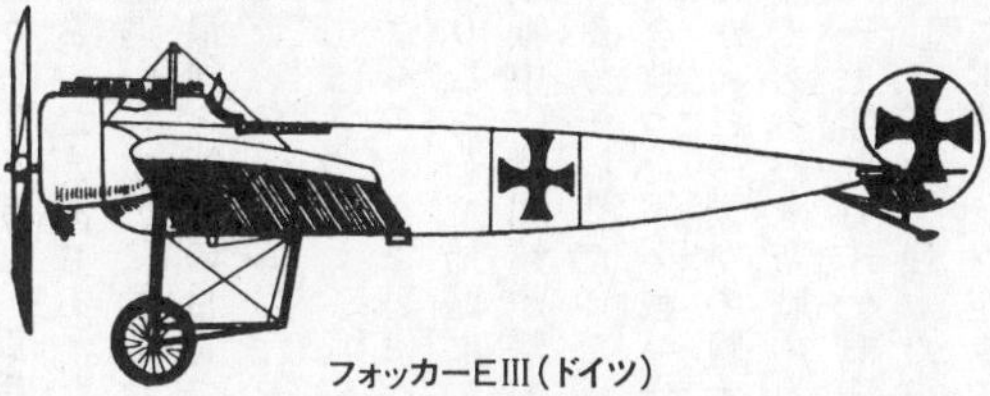

フォッカーEIII（ドイツ）
オベルウーゼル100馬力　全幅9.52m　全長7.3m
全備重量635kg　最大速度133km/h　7.7ミリ機銃×1

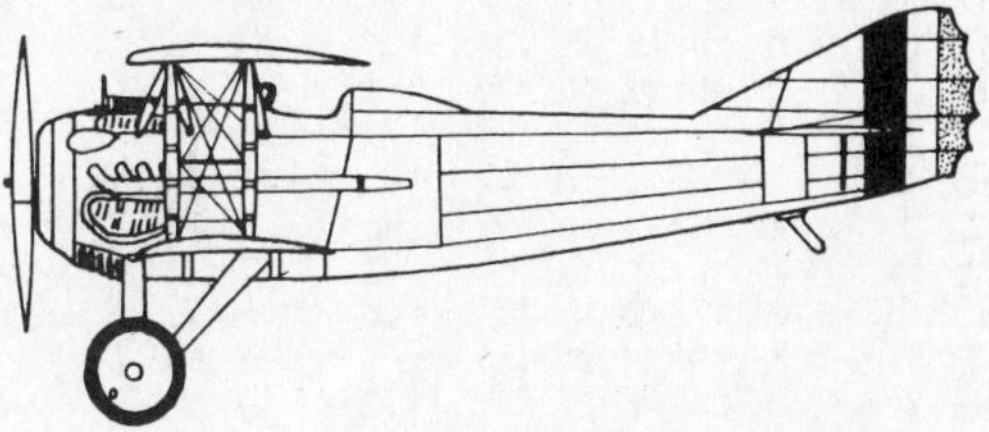

スパッドS13（フランス）
イスパノスイザ220馬力　全幅8.2m　全長6.3m
全備重量820kg　最大速度218km/h　7.7ミリ機銃×1

回り、攻撃のチャンスはなかなかおとずれない。だが、何回目かの回避操作をやっているうち、偶然、敵機がウーデットの照準孔の中に入った。

「しめた、いまこそチャンス！」

ウーデットは操縦桿の発射ボタンを力いっぱい押した。だがどうしたことか、弾丸は出ない。すぐに操縦桿を左手に持ちかえ、右手で機関銃の装塡操作をやってみたが、まったく応答がない。

このときギンヌメールがうしろからウーデットの頭上をかすめて飛んだ。かれは思わず操縦桿から手を離し、両手で機関銃をなぐった。きわめて原始的な方法であるが、これで故障がなおった先例もあった。

遭遇からすでに八分たち、またしてもギンヌメールが背後から迫った。ウーデットは今度こそ最後と観念の目をつぶった。だが、敵機から弾丸は飛んで来ず、ウーデットの横を通過したギンヌメールは手をあげて別れのあいさつを送り、そのまま味方陣地に向かって飛び去ってしまった。

あまりのできごとに、ウーデットは放心したように去り行く機影を見送ったが、やがて気を取りなおして帰路についた。

空戦中に機関銃が撃てなくなったウーデット機は、ギンヌメールにとっていつでも撃ち落とせるカモ同然だった。ウーデットの動作からそれと知ったギンヌメールの騎士道的精神がかれを救った。「戦い得ない敵とは戦わない」のがギンヌメールの信条だったのだ。

だが、この大空の騎士ギンヌメールも、ドイツのエース、リヒトホーヘンがあみ出した新戦法である編隊空戦のあみにひっかかり、無名のパイロットによって撃墜されてしまった。一九一七年九月十一日のことであった。

そして、生き残ったウーデットは、リヒトホーヘンにつぐ六十二機撃墜のスコアをあげ、のちに再建ドイツ空軍でふたたび活躍することになる。

6　日本航空部隊の初出撃

戦闘機の出現は大戦勃発五ヵ月目のことだったが、この間にアジアでも同じような経験があった。大正三年八月二十三日、日本は日英同盟のよしみでドイツに宣戦を布告、当時、ドイツ軍の東洋での重要な基地になっていた中国大陸の山東省青島《チンタオ》を攻撃するため陸海軍を出動させた。この出動には発足まもないわが海軍の航空兵力も参加、さらに一ヵ月おくれて陸軍航空部隊も陸上基地に進出した。と書けばいかにも勇ましいが、海軍がモーリス・ファルマン水上機二機、陸軍が同じく「モ」式陸上機四機とニューポール式一機という他愛のない勢力だった。

陸軍航空隊は、飛行中隊と気球中隊とで編成され、その内容は飛行機五機のほか繋留気球二組が参加した。飛行中隊は有川鷹一工兵中佐以下操縦将校七名、偵察将校三名、気球中隊は伊藤工兵大尉ほか一名という陣容で、これに若干の整備隊が加わった。

海軍はまだ航空隊とか飛行隊という正式の名称はなく、操縦が金子養三少佐以下六名、整備が花島孝一機関大尉以下士官兵四十名足らずが先発隊で、あとから加わった後続隊を入れてパイロットは十一名、警備隊は約百名というもの。たった二機にこれだけの人員をさし向けたのだから、おどろくほかない。

ちなみに、第二次大戦では日本陸軍は五、六十機の戦闘機一個戦隊に対して三百名ぐらいの整備員がいたし、戦争末期に大活躍した源田実大佐の第三四三海軍航空隊は、百機ちかい飛行機に対して整備員を含め三千名におよぶ大部隊となっている。

航空の研究に着手してわずか一年半ていど、日本ではじめて輸入されたアンリー・ファルマン機で徳川好敏大尉が三分間三千メートルの飛行をしてからまだ三年十ヵ月とあってはこの陣容も無理はないが、開拓者精神にもえた陸海軍のパイロットたちは主翼に描いた真紅の日の丸もさっそうと、いまから見ればオモチャのような飛行機で出動した。

海軍は運送船若宮丸を改造して水上機母艦とし、飛行機二機も甲板の前部と後部に積んで九月一日には青島沖についた。二機のうち一機は八月はじめにフランスから到着したばかりのルノー百馬力エンジン付き三人乗りの大型ファルマン機で、最大速度百十キロ、航続時間四時間の優秀機で、もう一機の七十馬力付きが一千五百メートル以上上がるのに苦労したのにくらべ三千メートルまで楽に上がることができた。

一ヵ月おくれて到着した陸軍航空部隊の主勢力であったモーリス・ファルマン式は海軍の「モ」式七十馬力型の陸上版で、全長十二メートル、二人乗りで総重量八百キロだが、主翼面積は六十平方メートル（零戦の約三倍）というゆったりしたもので、最大速度は九十キロ

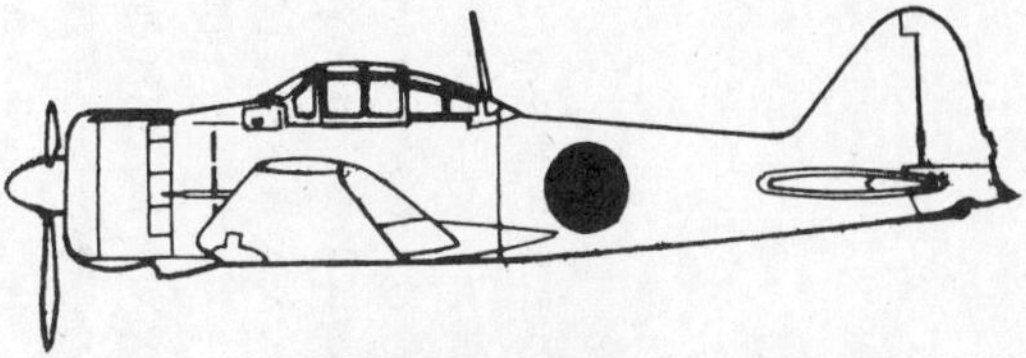

零戦21型

エンジン最大出力950馬力　乗員1名　全幅12m　全長9.06m　主翼面積22.44m²　全備重量2410kg　最大速度520km/h　7.7ミリ機銃×2　20ミリ機関砲×2

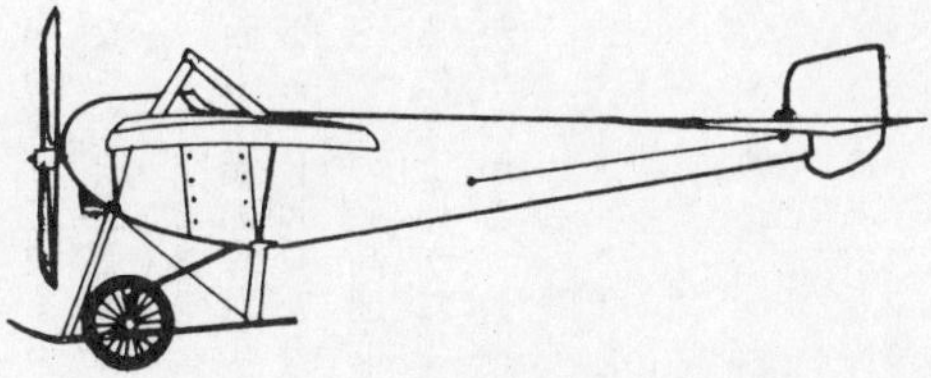

ニューポールNM

エンジン最大出力100馬力　乗員3名
全幅12.25m　全長7.80m　主翼面積22.5m²
全備重量960kg　最大速度115km/h　7.7ミリ機銃×1

だった。もう一機のニューポールは単葉三人乗り、エンジンは空冷星型の回転式百馬力をつみ、総重量九百六十キロだが主翼面積はのちの零戦二一型なみの二十二・五四平方メートルというやや近代的な設計だったから、速度も百十五キロを出し、上昇力もファルマンよりずっとすぐれていた。

　ここでちょっと速度とエンジンの出力との関係についてふ

れておこう。エンジン出力が倍になっても速度は倍にはならず、三分の一乗倍となる。これを分かりやすくいうと、もちろん飛行機の速度は、空気抵抗、主翼面積、プロペラ効率など諸々の要素がからみあい、エンジンの出力だけで決まるものではないが、いろいろな条件を同じと考えて、エンジン出力が八倍になったとき、やっと速度が二倍になるということである。

零戦二一型のエンジン最高出力は九百五十馬力、百馬力のニューポールを基準にすると九・五倍となり、単純計算だと最高速度はニューポールの約二・二倍の二百五十キロそこそこということになる。だが実際には零戦二一型の最高速度は五百二十キロで四倍半強となっている。三人乗りと一人乗りの違いはあるにせよいかに当時の飛行機の空気抵抗が大きかったか、またその後の設計技術が進歩したかがわかる。

7　日本航空部隊初爆撃の成果はゼロ

青島攻撃に出動した陸海軍機の主任務は偵察だったが、すぐに爆撃をはじめた。といっても、もともと飛行機は偵察用。飛行機用の爆弾もなければ投下装置も爆撃照準器もなかったから、すべて現地で考案して実戦で実験しながら改良を加えるという乱暴なやり方だった。が、どちらかといえば、先に実戦に参加していた海軍の方がやや先行していた。

陸軍は最初、砲弾にパラシュートをつけて落としたが、着地のとき横になって不発に終わることが多かったので、砲弾に矢羽根をつけて方向性を与えるよう改良した。重さ六・七五キロ、第二次大戦で零戦がつんだもっとも小さい爆弾でも三十キロ、大きい方では二百五十キロまでつんだことを思うと子供だましのようなものだった。

海軍では、すでに同じような形の八センチおよび十二センチ砲弾を改良した即製爆弾をもっていた。

この爆弾を「モ」式百馬力級だと六発（十二センチ）から十発（八センチ）をつむことがで

モーリス・ファルマン1914年型大型水上偵察機

きたが、やはり、問題はその投下法だった。

最初は座席の両側に五発ずつ麻紐でつるし、一発ずつナイフで紐を切って落としたが、これではあまりひどいのですぐに一発ずつ入れる投下筒を作って座席の両側に固定し、一発ずつでも、全弾いっせいにでも投下できるよう改良された。爆弾の照準は操縦席の前に左右に一本のワイヤーを張り、その下に置かれた透明のセルロイド板にひかれた数本の縦横線とが一致したところで投下するようにした。数本の横線は投下高度に応じた速度スケールの役割をし、パイロットがこれをのぞき込みながら合図をすると、同乗者が爆弾を投下するというたって原始的なものだったが、それでも何もないよりはましだった。

しかし、パイロットが操縦しながら照準をするので、気流の悪いときなどは機首が上がったり下がったりしても照準に熱中していて気づかず、照準が狂ってとんでもないところに爆弾が落ちることもあった。しかも、目標とした敵の水雷艇はこちらの爆弾が機を離れたのを見きわめてから全速で退避したから当たりっこなかった。たった一度だけ、外れた爆弾が近くにいた敵の敷設艦に当たってこれを撃沈したというから、その威力はまんざらでもなかったらしい。

陸軍航空部隊もまた、海軍に負けじと闘志をもやして軍艦爆撃に出動した。だが、一千メートルの高度まで上がるのに一時間ちかくもかかるので、その間、敵陣地上空をゆっくり飛ばなければならない日本機は格好の標的となり、撃墜こそされなかったものの地上砲火を機体に受けることが多かった。

大正三年（一九一四年）九月二十七日、膠州湾《こうしゅう》内にいたドイツ側のオーストリア巡洋艦カーザー・エリザベスの爆撃にはニューポールおよび「モ」式二機の三機が出動した。

この日の攻撃法は一千二百メートルで接近して六百メートルに降下し、各機三発ずつ爆弾を見舞うという大たんなものだったが、全部はずれてしまった。そして、全機被弾したが、当時の飛行機は羽布張りだったから弾丸がすべて突き抜けてしまい、撃墜をまぬがれることができた。

8　爆撃照準器のメカニズム

青島戦のころはカンか簡単な照準法に頼らざるを得なかった爆撃の照準法も、だんだん進歩して、ちょうど眼鏡式照準器が戦闘機の固定機関銃に使われたように、爆撃にもこの方法が使われるようになった。しかし前方だけ撃つ戦闘機の照準とちがって爆撃の方は前方に動きながら下方に爆弾を落とすので、かなりやっかいなことになる。

飛行機から投下された爆弾は、目標に到達するまでに飛行機の高度、速度、風向き、および気流の状態などのいろいろな影響を受ける。しかし、飛行機や爆弾の空気に対する相対的な運動は、風向きや風速のいかんにかかわらずかわらない。したがって飛行機と爆弾の関係運動もまた風に対して無関係で、爆弾の弾着点とそのときの飛行機の位置との関係は、爆弾の種類や高度、飛行機の速度により、つねに飛行機の機軸をふくむ垂直面の中にある。これを〝対機弾道不変〟の法則という。

飛行機はいつも風に正対して飛んでいるわけではなく、風に流されて飛んでいる。だから

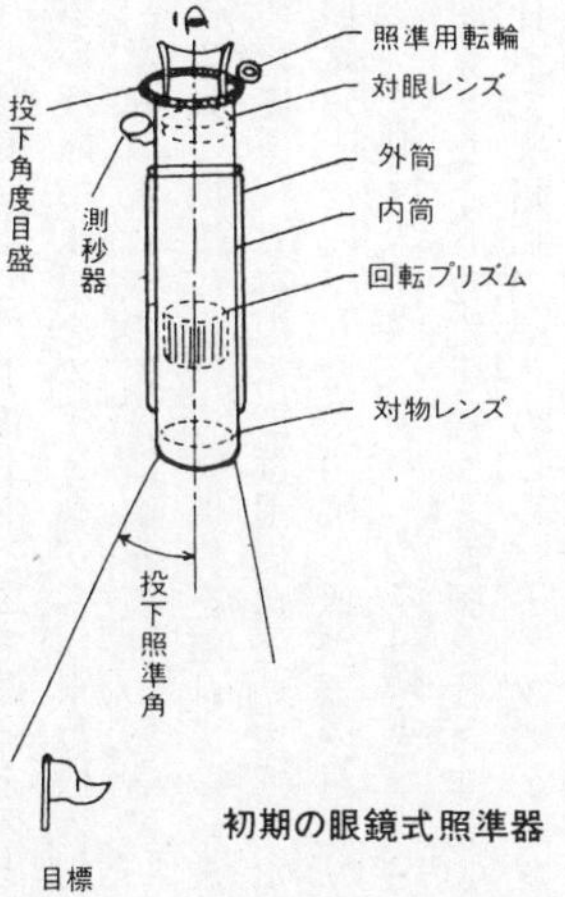

初期の眼鏡式照準器

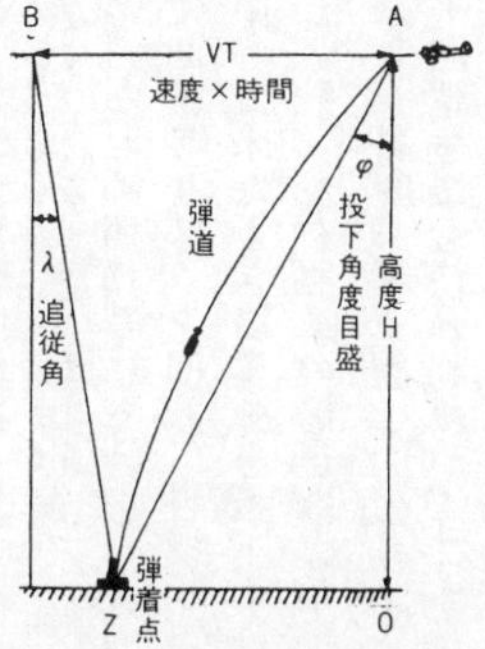

遠近照準の投下準角と高度、速度などとの関係

$$\tan\varphi = \frac{VT}{H} - \tan\lambda$$

（この図のみ航空技術の全貌下巻より）

流されながら、ちょうど目標の上を通過するように飛ばなければならない。このため爆撃手は照準眼鏡をのぞき、目標の流れ方を見てパイロットに合図し、左右に角度を修正して目標上空に向かう線上を通過するようにする。一度でだめなら、もう一度旋回してやり直しをしなければならないが、敵戦闘機の攻撃と激しい対空砲火の中でこれをやるのは大変なことだ。

このやり方を左右照準といい、パイロットと爆撃手の気持が一致しないとなかなか目標をとらえることがむずかしい。だから、この二人は訓練も一緒なら転勤も一緒といった具合に、たえずペアをくずさないような特別あつかいを受けるほどだった。

さて、正しいコースに飛行機が乗っ

たら、今度はそのコース上のどこで爆弾を落としたらいいかを決めるのを遠近照準という。爆撃手は照準眼鏡をのぞきながら、飛行機の対地速度と高度に合わせ、照準投下角度を決める。爆弾は飛行機の速度による慣性の影響で、ある角度をもって斜め前方に落ちるが、このとき空気の抵抗によって、機体を離れてから速度が減るのと、重力のため角度が減少する。この角度を、日本海軍では追従角といっていたが、このぶんをあらかじめ見込んだ角度が投下照準角となる。したがって、照準器の目盛りをあらかじめ表にされている爆弾の落下時間（秒）と追従角にセットし、あとは照準器のピントを合わせ、決められた諸元のところに目標が見えたとき電鍵を握って爆弾を投下するようになっていた。

日本では昭和のはじめごろ、ドイツのゲルツ社から輸入した爆撃照準器を日本光学で国産化し、九〇式爆撃照準器として海軍が昭和五年に採用、その後、太平洋戦争までこの方式が使われた。左右照準は伝声管でパイロットと連絡し、遠近は前にのべたような弾道上の諸元をあらかじめ照準器にセットしておき、適当な照準開始角に目標が来たときに時計装置が動いて回転プリズムを回し、目標がいったん視野から消えて十秒か二十秒後にふたたび照準器の中心に来たときに爆弾を投下すればいいようになっていた。

しかし、左右照準の修正は爆撃手の指示どおりパイロットが操縦することがむずかしく、おまけに照準眼鏡が曇ったりすると照準できなくなるという欠点があった。眼鏡式照準器は太平洋戦争後も使われたが、こうした欠点を補うために、機銃や機関砲射撃用のＯＰＬ照準器と同じような光学的爆撃照準器が使われるようになったが、爆撃手とパイロットの連係に

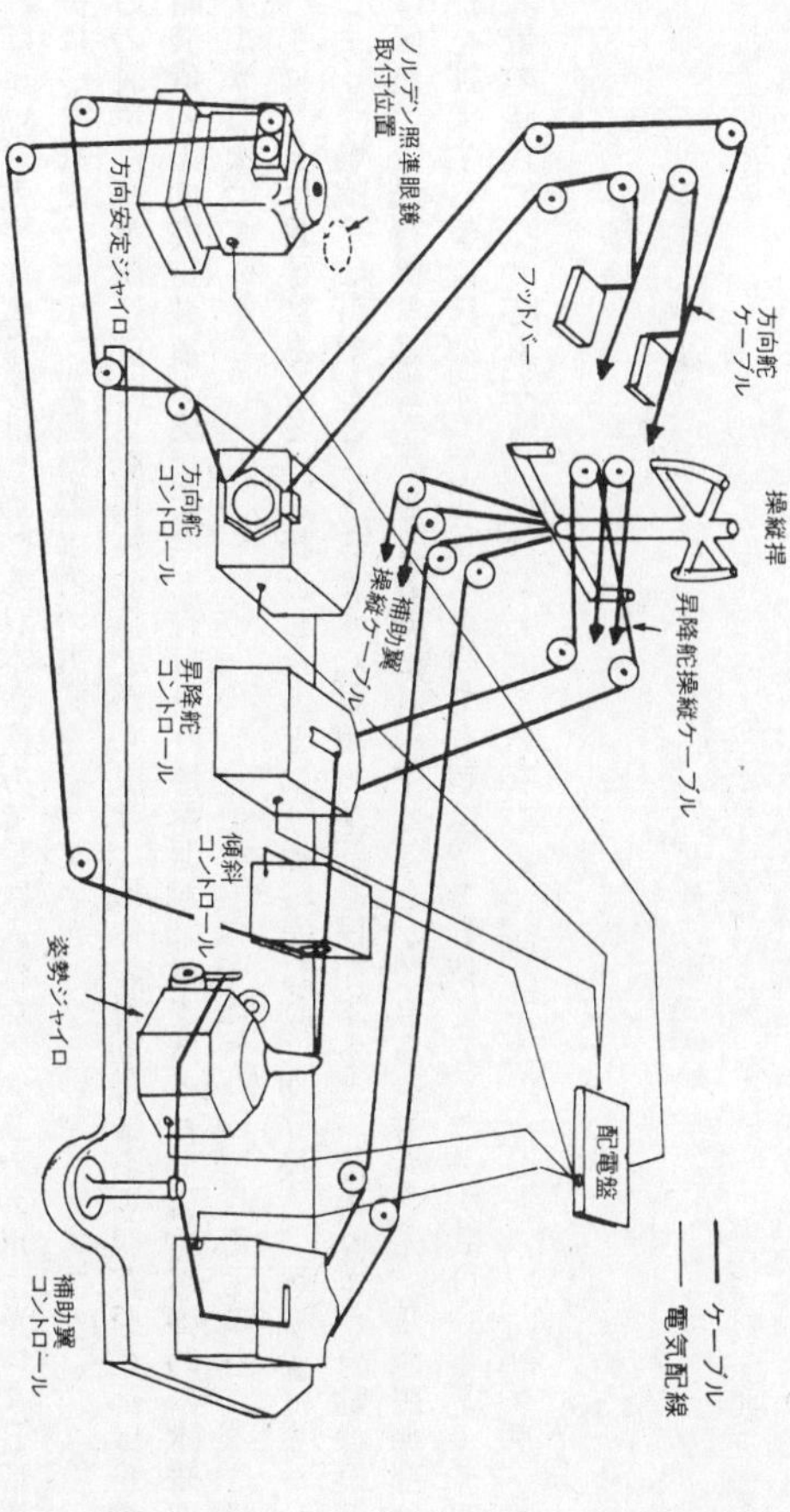

ボーイングB17爆撃機のノルデン式爆撃照準自動安定装置

よる目標捕捉のための操縦のむずかしさはいぜんとして残った。

これを除くには照準器と操縦装置を結びつけ、照準と操縦を爆撃手が一人でやれるようにすればよい。太平洋戦争のはじめごろ日本が南方で手に入れたアメリカのボーイングB17爆撃機につまれたノルデン式照準器はこの方式をとっていた。

この装置は照準眼鏡部と自動操縦装置とから成り、機体の最前部にある眼鏡照準部は自動操縦装置の方向安定装置と索によって結ばれ、照準眼鏡部はジャイロによってつねに水平を保つようになっている。

パイロットは目標にあるていど接近したあとは、操縦を自動に切り換えて爆撃手にまかせてしまう。爆撃手は目標をとらえるように眼鏡照準部を操作すると、その動きが自動操縦装置に伝わって飛行機を爆撃手の思う方向に誘導することができる。もちろん、眼鏡照準部は目標を拡大する望遠鏡になっており、夜間でも超低空でも使える。この方式はレーダーや電子装置の時代になっても本質的には変わっていない。

9　引き分けに終わった最初の日独空中戦

日本が陸海軍合わせて七機の飛行機を使ったのに対し、ドイツ軍は青島に一機しかなかった。ところがたった一機のルンプラー・タウベ単葉機の性能がすぐれていたため、どうしても空中でつかまえることができなかった。

一九一四年十月十三日午前のこと、このルンプラー機が日本陸軍陣地上空に姿をあらわした。これまでにも数回、偵察や爆撃にやって来たいまいましい敵機とあって、陸軍はニューポールと「モ」式二機と合わせて三機で追撃を開始した。もちろん最高時速百十五キロのニューポールが先頭で、時速百二十キロのルンプラーを追った。

一方、時速百十キロで劣速の海軍「モ」式水上機一機はドイツ機の退路に回りこんではさみ撃ちの態勢をとった。ルンプラーも海軍機も機関銃をもっていなかったが、陸軍機にはあったが。接近したニューポールが射撃をはじめたとたん、ルンプラーは得意の上昇力で三千メートルにあがり、雲の中に逃げこんでしまった。

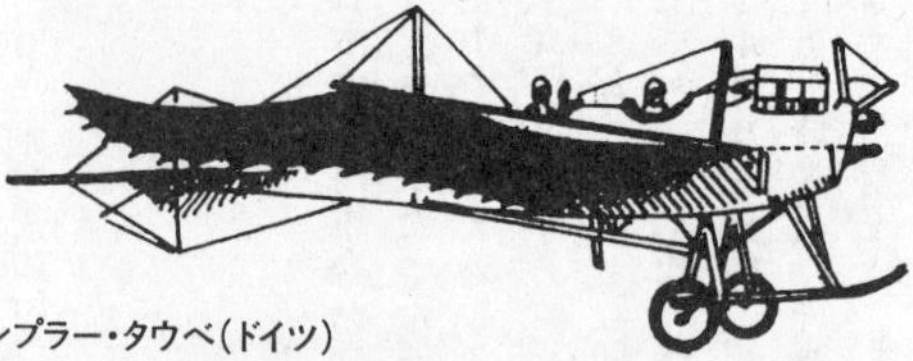

ルンプラー・タウベ（ドイツ）

メルセデス・ダイムラー100馬力　乗員２名　全幅13.7m
全長10.2m　全備重量1.3トン　最大速度120km/h

モーリス・ファルマン（フランス）

ルノー80馬力　乗員２名　全幅15.5m　全長9.14m
全備重量778kg　最大速度90km/h　7.7ミリ機銃×１

ルンプラー機の高性能に手を焼いた日本陸軍は、民間で輸入したルンプラー機二機があったのに目をつけ、一機あたり三万円あまりで買い上げた。さっそく訓練を開始して現地に送ったが、着いた日に青島が陥落するという皮肉な結果になった。

陸軍機の機関銃はもともとついていたものではなく、青島戦に参加が決まってからつけたもので、この点ではヨーロッパより早かったかも知れない。

もちろん歩兵用の機関銃をそのままのせたものだが、ニューポールの場合は座席の上の支柱に取りつけた。しかしプロペラの間から射撃することはできないし、せまいところに三人乗るようになっていたため射撃はやりにくかった。

モーリス・ファルマンの方はエンジンもプロペラもうしろだったからこの点は便利だったが、操縦者が前にいるため銃座を作って振り回すことができず、小銃より重い軽機関銃を手で抱いて射撃するという無理をしなければならなかった。さらに薬莢《やっきょう》が飛んでうしろのプロペラにぶつかるのを避けるため、高さ十七センチ、幅十二センチの金網の箱を作り、薬莢を受けるようにした。この大きさだと半折りにした十五発の弾帯三個、つまり四十五発ぶんの薬莢しか収容できなかったが、これもスペースの関係で仕方がなかった。

これほど制約が多くて苦しい射撃だったから、正確な照準などできるはずがなく、ただ空中で敵機に遭遇した際に何もしないよりはましといったていどの、気休めに過ぎなかったようだ。

機首にプロペラの間から発射する前方固定機関銃が日本に入って来たのは、これより三年あとの大正六年十一月だった。当時、ヨーロッパ戦線で大活躍していたニューポール24C単座戦闘機で、のちに国産化され、甲式三型戦闘機となった。

七・七ミリ機関銃一梃、最高速度百五十キロ以上を出す優秀機だったが、はじめは射撃は危険だというのでわざわざ胴体だけを歩兵連隊の射撃場に持って行って試射をやり、成功してはじめて空中射撃、それも無人の山の中に撃ちこむという用心深さだった。

10　日本初の国産戦闘機「会」式七号

　陸続きのヨーロッパ戦線における戦闘機は、たがいに相手の長所を取り入れながら急速な成長をとげていたのに対し、東洋の孤立してしかも青島が早ばやと陥落してしまったので航空部隊を引き揚げてしまい、めぼしい戦闘も技術的な刺激もうけることのなくなった日本航空技術の進歩はゆっくりしたものだった。それでも、外国留学の経験をもった進歩的な若手将校たちは、ヨーロッパ状勢からみて戦闘を専門とする飛行機の必要性を強く感じ、沢田秀工兵中尉がモーリス・ファルマン式の推進式単座駆逐機をみずから設計した。しかし、沢田中尉は同僚の武田二郎中尉とともに軍用機研究のため大正五年（一九一六年）六月、フランス航空隊に派遣されたためテストは中断となった。

　ここで練習飛行を終えた両中尉は実戦に参加するはずだったが、突然の帰国命令で翌六年二月下旬に帰国した。生々しいヨーロッパの体験を身につけてきた沢田中尉は、出発前に自分が作った試作駆逐機「会」式七号をもういちど見直そうと考えた。

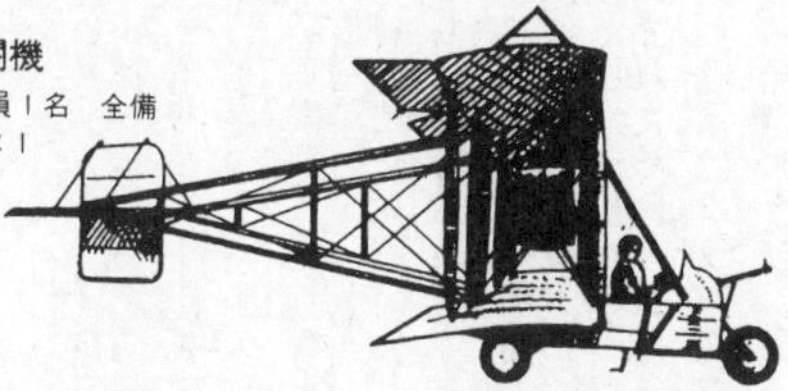

「会」式七号試作戦闘機
カーチス水冷90馬力　乗員1名　全備
重量733kg　7.7ミリ機銃×1

三月八日午前八時三十分、土けむりを上げて所沢飛行場を離陸した沢田中尉操縦の「会」式七号は、高度八百メートルから急降下に移った。といっても当時の飛行機だからたいしたスピードにはならないが、ややあって水平にもどそうとしたとき、エンジンから煙を吐き、ついで翼が折れてそのまま地上に落下した。推進式のため操縦席のうしろに背負ったカーチス水冷式九十馬力エンジンが沢田中尉を押しつぶした。いまでいえばセコンダリー・グライダーの操縦席前面に機関銃を一梃突き出した感じの可愛らしい戦闘機だった。

ヨーロッパ仕込みの激しい沢田中尉の操縦に、実戦の洗礼を受けたヨーロッパの駆逐機のような機体の強度を持ち合わせていなかったかれの愛機が耐えられなかったのだ。

まだ専門の飛行機設計者などいなかった当時は、操縦するパイロットみずからが設計者をかねなければならなかったための悲劇だった。ちょうどこの年に群馬県太田町に中島飛行機工場ができ、日本ではじめての航空学科が東京帝国大学に設置されたのは、沢田中尉が殉職した翌年の大正七年（一九一八年）のことである。

こうして国産駆逐機——戦闘機の芽生えは悲惨な結果となってつみ取られ、以後しばらく国産の戦闘機は生まれなかった。

11 ドイツの正統性が脈打つ陸軍航空隊

第一次大戦の青島《チンタオ》出動ではじめて空中戦らしいものを体験した日本陸海軍では、航空戦力を充実しなければならないことを痛感し、陸軍は大戦終了の翌年、すなわち大正八年（一九一九年）一月にフランスからフォール陸軍大佐を団長とする教育団を、これより二年おくれて海軍もイギリスからセンピル海軍大佐以下の指導団を招聘して航空兵術に関する指導を受けることになった。

これらの教育、あるいは指導団が残した成果は大きかったが、もっとも直接的な影響はかれらが教育用に持って来た飛行機だった。

もちろんかれらが教育に使ったのは自国製の軍用機で、これらがのちに日本陸海軍に採用されてそれぞれ制式戦闘機、爆撃機および偵察機になった。

陸軍はフランスのニューポール社の戦闘機を甲式と名づけ、一型から四型まであった。一型および二型は戦闘機といっても実質的には戦闘練習機として戦闘機パイロットの基本操縦訓練に使われ、三型ではじめてアクロバシー（曲技飛行）をやることができた。しかし、現在のように同じ機体で複座型の戦闘練習機などなかった時代だったから、パイロットは最初からひとりでアクロバシーをやらなければならなかったという。

甲式四型は同じくニューポール・ドラージュ29C一型戦闘機を国産化したもので、甲式三型よりやや大型となり、最大速度も三型の時速百七十三キロに対して二百三十二キロと、一挙に六十キロ近くも向上した。

この戦闘機は性能も操縦性も良かったので、大正十二年にサンプルを購入していらい中島飛行機で昭和七年まで生産が続けられ、総計六百八機もつくられた。

ここまではまったく外国の設計をもらって日本で生産したものだが、つぎの九一式戦闘機はニューポール社のマリー技師の指導を受けたとはいえ、日本で設計から生産までやったいわば国産第一号戦闘機だった。このときフランス人マリー技師の助手をやったのが、のちに九七式、「隼《はやぶさ》」「鍾馗《しょうき》」「疾風《はやて》」など第二次大戦で活躍した一連の陸軍戦闘機を生み出した中島飛行機の小川悌《やすし》技師だった。この意味で、九一式戦闘機は日本陸軍戦闘機としてエポック・メーキングな機体であるといえる。

最大速度は甲式四型の時速二百キロ台から三百キロに向上し、操縦性もすぐれた戦闘機だった。一枚翼（単葉）で上方にある主翼を支柱で支えたいわゆるパラソル形式をとっていたが、唯一の欠点としてフラット・スピンに入りやすい傾向があった。フラット・スピンとは水平姿勢のまままきりもみに入ることで、竹とんぼのように機体が水平に回りはじめて抜け出

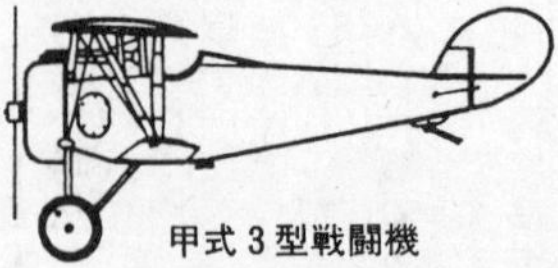

甲式３型戦闘機
ルローン空冷回転星型80馬力　全幅8.22m
全長5.67m　翼面積15m²　全備重量595kg
最大速度173km/h　7.7ミリ機銃×１

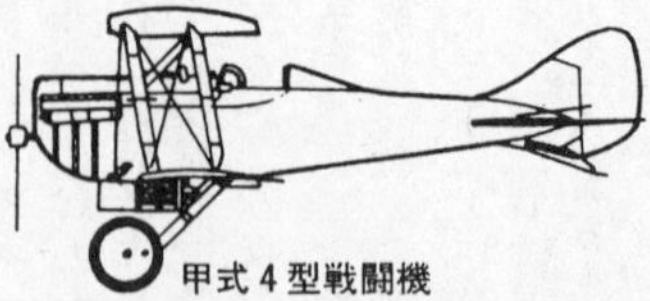

甲式４型戦闘機
イスパノスイザ水冷V型300馬力　全幅9.7m
全長6.5m　翼面積27m²　全備重量1160kg
最大速度232km/h　7.7ミリ機銃×２

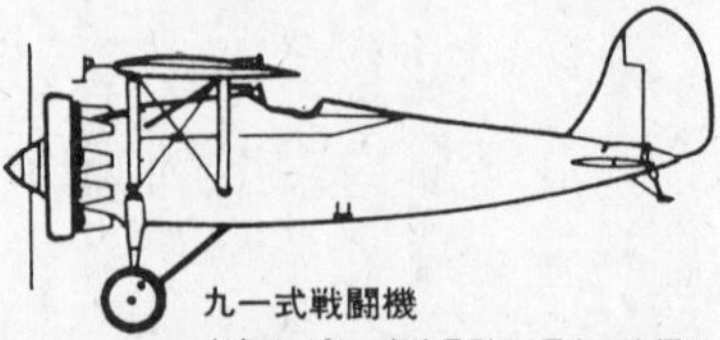

九一式戦闘機
中島ジュピター空冷星型500馬力　全幅11m
全長7.27m　翼面積20m²　全備重量1530kg
最大速度300km/h　7.7ミリ機銃×２

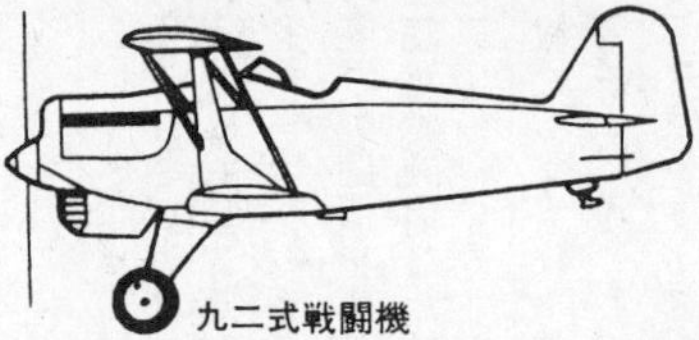

九二式戦闘機
ベーエムベー水冷V型750馬力　全幅9.55m
全長7.05m　翼面積24m²　全備重量1700kg
最大速度320km/h　7.7ミリ機銃×２

すことがきわめて困難であった。

つぎの九二式戦闘機はオーソドックスな複葉機だったが、これもドイツ人フォークト博士の指導で川崎航空機で設計製作したもの。このときの助手が土井武夫技師で、のちに陸軍九五式戦闘機、二式複座戦闘機「屠龍」、三式戦闘機「飛燕」、五式戦闘機などの優秀機を生み出す基礎はこのときに培《つちか》われたものである。

12　ジョンブル精神に魅せられた海軍航空隊

日本海軍の最初の制式戦闘機は、三菱がイギリスのソッピース社から招いたハーバート・スミス主任技師ほか八名の設計陣によって設計し、三菱が製作した一〇《いちれい》式艦上戦闘機であった。スミス・グループはこのほかに一〇式艦上偵察機および艦上雷撃機、一三式艦上攻撃機なども設計した。イギリス好みのドッグ・ファイト性能のすぐれた戦闘機だった。なお、一〇式とは大正十年に制式採用になったという意味だ。

一〇式艦上戦闘機が採用になってから七年目の昭和二年、海軍は新たに三菱だけでなく愛知機械、中島飛行機の両社もふくめた競争試作を命じた。

この競争試作ではイギリスのグロスター・ガンベット艦上戦闘機の設計をコピーした中島飛行機が勝ち、昭和三年に制式になったところから三式艦上戦闘機とよばれた。中島では陸軍の甲式一型ないし四型戦闘機も生産していたから陸海軍の戦闘機を独り占めすることとなり、この独占時代はつぎの海軍九〇式艦上戦闘機、陸軍九一式戦闘機へと引きつがれた。

三式艦上戦闘機は最大速度二百三十キロ、ちょうど陸軍の甲式四型戦闘機と同じで、艦上戦闘機としての制約はあるにしても、五年前の陸軍戦闘機と同じ速度では時代おくれといわれても仕方がなかった。そこで中島ではブリストル・ブルドッグ戦闘機をもとに新型戦闘機を設計して、昭和五年に九〇式一号艦上戦闘機として採用になった。

ところがこの戦闘機は外見こそいくらかスマートになったものの性能は三式とたいしてかわりなく、中島飛行機ではすぐに別の戦闘機を設計してすりかえた。これが昭和七年に採用となった九〇式二号艦上戦闘機で、外観からそれとわかるようにアメリカのボーイングF4B艦上戦闘機をコピーしたものだった。

この二号艦戦は最初は上下の翼ともほぼ水平だったが、のちに格闘性能をよくするため上反角がつけられた。昭和七、八年ごろ、岡村基春、源田実大尉らが演じた低空での編隊特殊飛行が「岡村サーカス」「源田サーカス」として有名になったが、その使用機はもっぱらこの飛行機だった。

最大速度二百八十七キロは、昭和六年に採用になった陸軍の九一式戦闘機の三百キロにはおよばなかったが、せまい航空母艦の甲板上から発着しなければならないという制約から、陸上戦闘機にくらべて艦上戦闘機は性能が劣るという当時の世界的な常識からすればむしろりっぱなものだったといえよう。海軍の九〇式艦上戦闘機の成功に続いて、中島飛行機では三菱、川崎、石川島三社との陸軍戦闘機の競争試作にも勝って、九一式戦闘機をも獲得し、一時、戦闘機王国中島を謳歌した。

なお、それまで制式機の呼び方を陸軍は甲乙丙丁、海軍は一〇式とか三式とかの年号で呼んでまちまちだったのが改められ、日本紀元のうしろ二桁の数字をとって呼ぶことに統一された。すなわち九〇式艦上戦闘機は皇紀二五九〇年（西暦一九三〇年）、九一式戦闘機は同じく二五九一年の採用であることを示している。

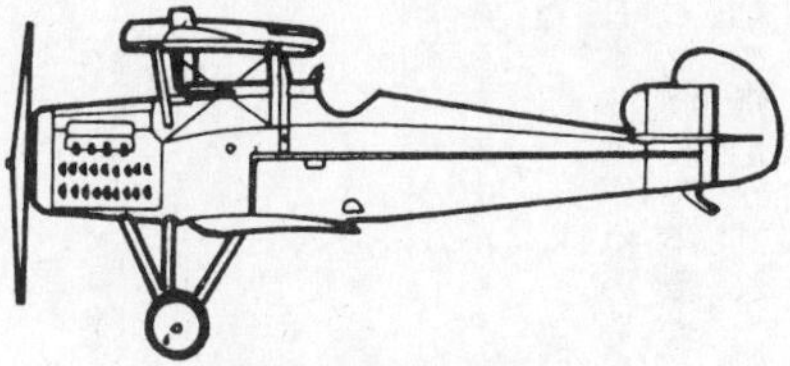

一〇式二号艦上戦闘機
イスパノスイザ水冷V型300馬力　全幅8.5m　全長6.9m　全備重量1250kg　最大速度213km/h　7.7ミリ機銃×2

三式一号艦上戦闘機
中島「寿」空冷星型580馬力　全幅9.37m　全長6.18m　翼面積19.7m²　全備重量1400kg　最大速度287km/h　7.7ミリ機銃×2

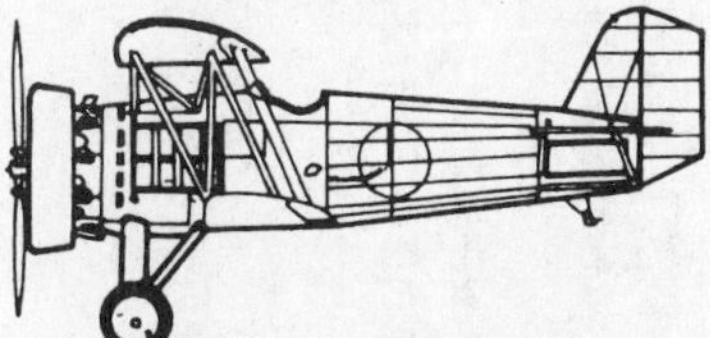

九〇式二号艦上戦闘機
ジュピター空冷星型420馬力　全幅9.68m　全長6.25m　翼面積26.3m²　全備重量450kg　最大速度230km/h　7.7ミリ機銃×2

13 初の撃墜にも心は重く

昭和七年一月二十九日、第一次上海事変が勃発した。中国大陸における既得権益を守ろうとするアメリカ・イギリスは背後から中国を支援し、ことごとく日本の進出を妨害する挙に出た。

日本陸海軍はいち早く増援部隊を派遣し、第一次世界大戦で青島作戦およびインド洋でのドイツ仮装巡洋艦エムデンの捜索に出動した海軍航空隊にも、十八年目にしてふたたび実戦参加の機会が訪れた。

この間の飛行機およびその用法の進歩はいちじるしく、日本海軍は「赤城」「加賀」「龍驤《りゅうじょう》」「鳳翔《ほうしょう》」と四隻の航空母艦を保有するようになっていた。しかし、飛行機の方はまだ国産技術が確立されていなかったため、性能的には列強の水準に一歩のおくれをとっていた。

第二航空戦隊に属する「加賀」（戦闘機十五機、偵察機八機、攻撃機二十四機搭載）、「鳳翔」（戦闘機九機、偵察機三機、攻撃機三機搭載）の二空母は護衛の第二駆逐隊とともに一月二十九日から二月一日にかけて中国大陸第一の大河揚子江口に到着し、二月五日には敵状偵察に出動した「鳳翔」の艦載機三機が敵戦闘機三機と遭遇、日本海軍航空隊としてははじめての空中戦を展開した。この結果は撃墜を確認するにいたらず引き分けのかたちに終わったが、かなり苦戦したところからにわかに緊張がたかまった。

それから二週間後の二月十九日、「鳳翔」戦闘機隊の三機が敵戦闘機一機を発見、すぐに攻撃を加えたが、三対一の優勢にもかかわらず敵機との性能差に開きがありすぎて逃がしてしまった。この戦闘機は中国空軍が輸入したボーイング100型で、海軍名F4Bとよばれるアメリカの現役戦闘機だった。ボーイング戦闘機の優秀性に目をつけた日本海軍でも昭和五年に一機を購入し、これを参考にして中島飛行機で次期艦上戦闘機を試作中といういわくつきのもので、中島の試作機はこの空中戦のあとの四月に九〇式艦上戦闘機となったから、この時点ではもちろん出現していなかった。

つまり次期戦闘機がようやく同程度の性能に達したくらいだから、それより古い三式艦上戦闘機がかなうはずがなかった。ボーイングは最大速度二百七十キロで三式艦上戦闘機より約四十キロも速かったし、上昇力も三式が三千メートルまで六分十秒かかったのに対し一分近くも短かった。

三日後の二月二十二日、小谷進大尉を指揮官とする「加賀」の一三《いちさん》式艦上攻撃機三機と、これを援護する三式艦上戦闘機三機は、あらたに出現した強敵ボーイング戦闘機をもとめて蘇州《そしゅう》飛行場に進攻した。

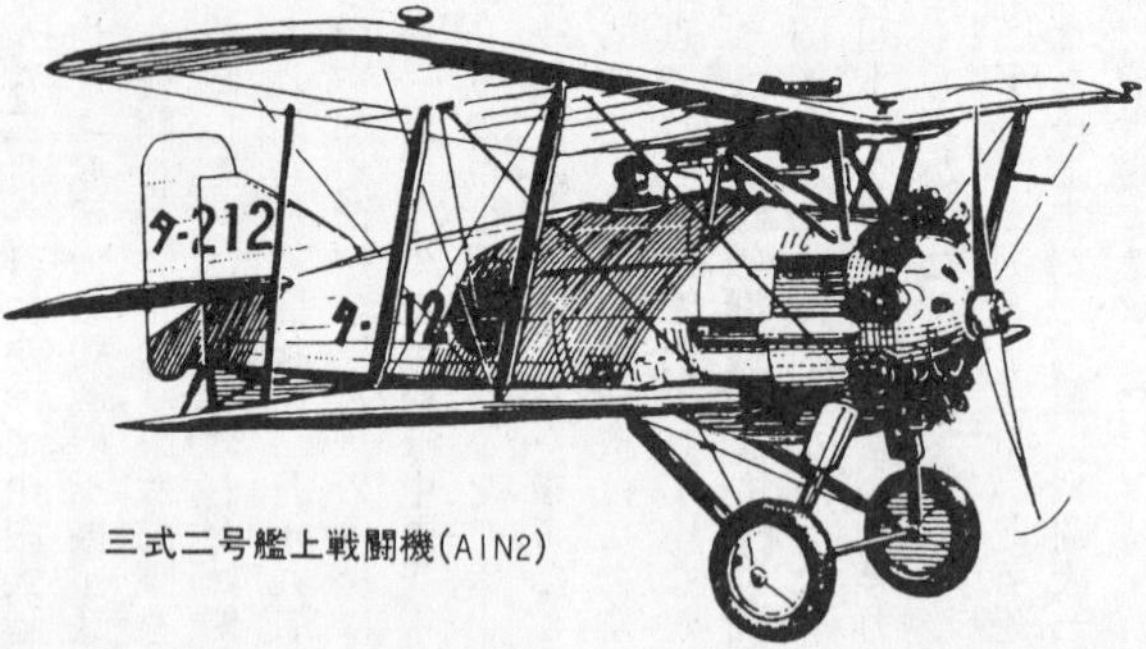

三式二号艦上戦闘機(A1N2)

六機の編隊が飛行場上空にさしかかったとき、勇敢にも単機で刃向かって来る敵機があった。まさしく先日のボーイング戦闘機で、軽快な運動性を利して日本攻撃機隊に襲いかかり、そうはさせじと中に割って入った生田乃木次大尉指揮の三式艦上戦闘機との間で、戦闘機同士の空中戦となった。

ボーイングを操縦していたのはアメリカ人のロバート・ショートで、日本戦闘機隊の二番機は燃料タンクを撃ち抜かれ、攻撃隊一番機に乗っていた指揮官小谷大尉は機上で戦死、電信員の佐々木一等航空兵も負傷(攻撃機には三人乗っていた)という大きな被害を日本側に与えた。

しかし、数にまさる日本側の集中攻撃によってショート機はついに火を吐き、中国の大地に激突してはてた。

空襲は成功、しかも、敵一機撃墜という初の戦果にもかかわらず、海軍としてははじめての空中戦死者を出した航空母艦「加賀」は沈痛な空気に包まれた。が、それ以上に、この結果が日本海軍にあたえたショックは大きかった。

ようやく一機を落としたとはいえ、性能も操縦技量も敵の方がすぐれていたからだ。

それまでの日本の軍用機は、自社の設計によるものが採用になった例は、ほとんどなかった。たとえば、中島の三式艦上戦闘機はイギリスのグロスター・ガンベットのイミテーションだったが、競争相手の三菱、愛知に勝って採用になった。三菱の一三式艦上攻撃機も前述のイギリス人スミス技師以下の設計によるもので、これが設計審査の段階で中島、愛知、川西の三社に勝って採用されたものだ。

こんなことではいけないと、海軍航空技術の自立をめざした、時の海軍航空本部技術部長山本五十六少将（のち連合艦隊司令長官）が、昭和七年度からはじまる海軍用飛行機の試作に関する三ヵ年計画を立案したのは、この空中戦の前年のことだった。そしてこれを機に日本の航空技術が飛躍的な進歩をとげるのだが、それはあとの話。

海軍航空関係者のうけたショックとは別に、小谷大尉機上戦死は日本国民にとっても初の経験だっただけに歌にまでうたわれ、まだ空の戦いに、ほのかにロマンの香りが残っていた時代だった。

14　三菱、中島が手がけた純国産機第一号

海軍の九〇式艦上戦闘機は外国戦闘機のまね、その後継機である同じ中島飛行機の九五式艦上戦闘機もその影響を脱し切れず、陸軍の九一式戦闘機も基本設計は外人技師だったともいえるし、つぎの川崎航空機の九二式戦闘機およびその改良型ともいえる九五式戦闘機もまた同様だった。

日本の戦闘機が、日本人だけの手で、独自の設計思想をもって生み出された最初のものは三菱の海軍九六式艦上戦闘機、中島の陸軍九七式戦闘機からだったといえよう。もっともこれは制式機として表面に現われたものだが、それ以前に三菱も中島も試作機をやっており、決して突然変異的に出てきたものではない。

たとえば、海軍の九六式艦上戦闘機は低翼単葉のスマートな近代的戦闘機で、それより前の複葉の九五式艦上戦闘機より最大速度が一挙に百キロ近くも向上し、戦闘機はもとより日本の海軍機としてはじめて時速四百キロを超えた飛行機だったが、この前には失敗作の七試

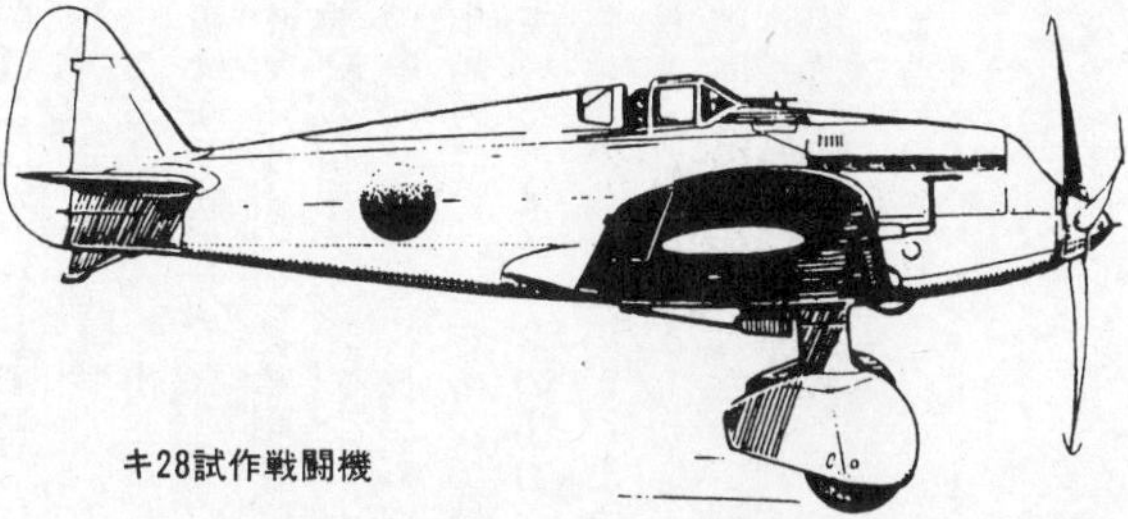

キ28試作戦闘機

艦上戦闘機があった。その経験が、九六式艦上戦闘機を生み出すもとになり、さらに世界でも有数の傑作戦闘機〝零戦〟を生み出すことになった。七試は零戦の堀越二郎技師が設計主務者としてはじめて手がけた戦闘機だったが、これだけすぐれた設計者でもやはり失敗の経験が必要だったのだ。

このときは中島飛行機に対しても同時に試作指示が出されたがあまり乗り気ではなく、前年に陸軍の制式となった九一式戦闘機を海軍向けに小改造して提出、結局どちらも不採用になってしまった。

陸軍の純国産設計は、すでに川崎航空機の九五式戦闘機によって口火を切られていたが、つぎの九七式戦闘機で本格化した。九七式戦闘機は中島飛行機が小山悌技師長を先頭に設計陣を総動員して設計され、競争相手の三菱および川崎の試作機をタッチの差でしりぞけて勝利をかちとったものだ。

このとき提出された試作機は三社三様でそれぞれ特長があり、いずれも完全に外人技師の指導から脱した純国産戦闘機だった。三社の中ではちょうど海軍の七試艦上戦闘機のとき中島が陸軍の九一式戦闘機を手直しして出したように、三菱は海軍の九六式艦上戦闘機の内部装備を陸軍向けに手直ししただけのものを出した。もちろん、設計主務者は堀越二郎技師だ。

川崎は九二式、九五式とつづけて陸軍の制式戦闘機をやってきた土井武夫技師で、はからずも中島の小山、三菱の堀越、川崎の土井と当時の日本の戦闘機設計の頂点ともいうべき三人が設計の指揮にあたったから、激戦になるのは当然だった。

この中でもっとも特長があったのは川崎のキ28で、中島のキ27、三菱のキ33が同じ空冷六百八十馬力エンジンをつんでいたのに対し、川崎の伝統である水冷式の八百馬力エンジンをつんでいた。エンジンの出力が大きく、速度は速かったが重量も一番重く、格闘戦に必要な旋回性は当然劣っていた。しかし、エンジン出力の余裕と翼を細長くした設計と相まって上昇力はすぐれていた。しかし、陸軍の戦闘機パイロットたちの好みが舵の軽い小回りのきく格闘戦向きの機体だったので選には落ちた。

15　競争試作で火花を散らす主翼平面形の秘密

陸軍九七式戦闘機の競争試作に参加した三菱、中島、川崎三社の試作機はそれぞれ特長をもった設計で、採用された中島飛行機のキ27および不採用ではあったが海軍では九六式艦上戦闘機として使われていたキ33はもとより、敗れた川崎航空機のキ28もまた棄てるにはおしい飛行機だった。

もっとも特長があらわれたのは三社の飛行機の主翼平面形だった。中島のキ27の主翼は前縁が左右一直線だったのに対し、三菱のキ33は主翼の翼弦長（縦方向の翼断面の長さのこと）の二十五〜三十パーセントのあたりを直線とし、これを中心として前縁と後縁を同じ割合でテーパー（先細り）させて楕円形のカーブを描いた先細りとしていた。川崎のキ28は主翼の中央部分は前後縁とも平行で、それから外方の部分を直線的にテーパーさせた細長いかたちをしていた。この三機の主翼平面形は、中島の小山悌《やすし》、三菱の堀越二郎、川崎の土井武夫といったそれぞれの会社のチーフの設計哲学から生まれたもので、この流れがその後のかれら

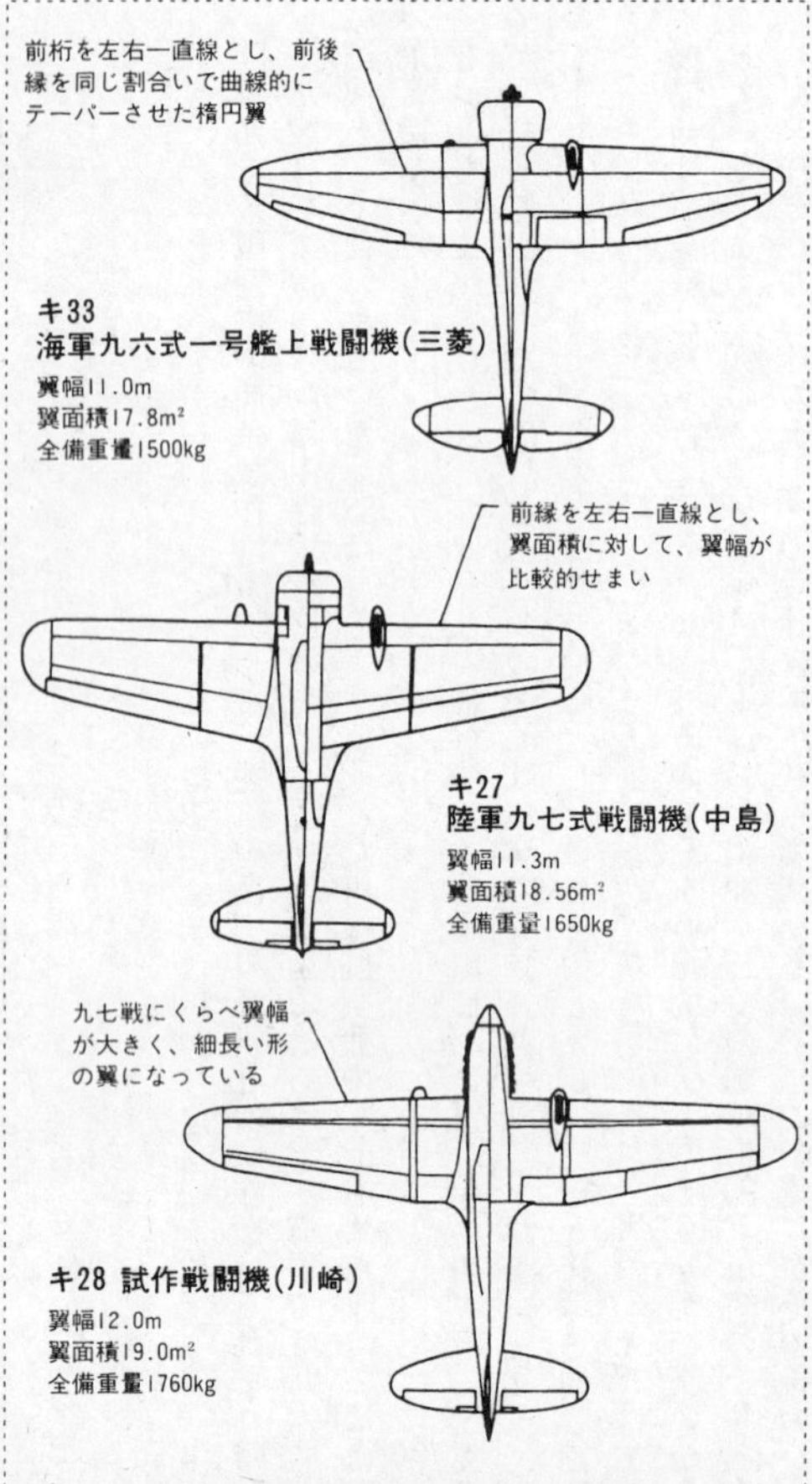

各社の戦闘機の主翼平面形の特長(1937年当時)

が設計した戦闘機に引きつがれている点は興味ぶかい。

中島のキ27の主翼前縁が直線になっているのは、こうすることによって主翼表面の空気の流れをできるだけ内側に向けて、空中戦で激しい旋回をしたときに起こりやすい翼端失速を防ごうという小山技師の考えによるものだった。

空戦中に翼端失速が起きると飛行機がコントロールを失い、この間に敵機にやられることになるし、着陸時に起きても危険なので、戦闘機のような高速機ではとくに避けたいくせの

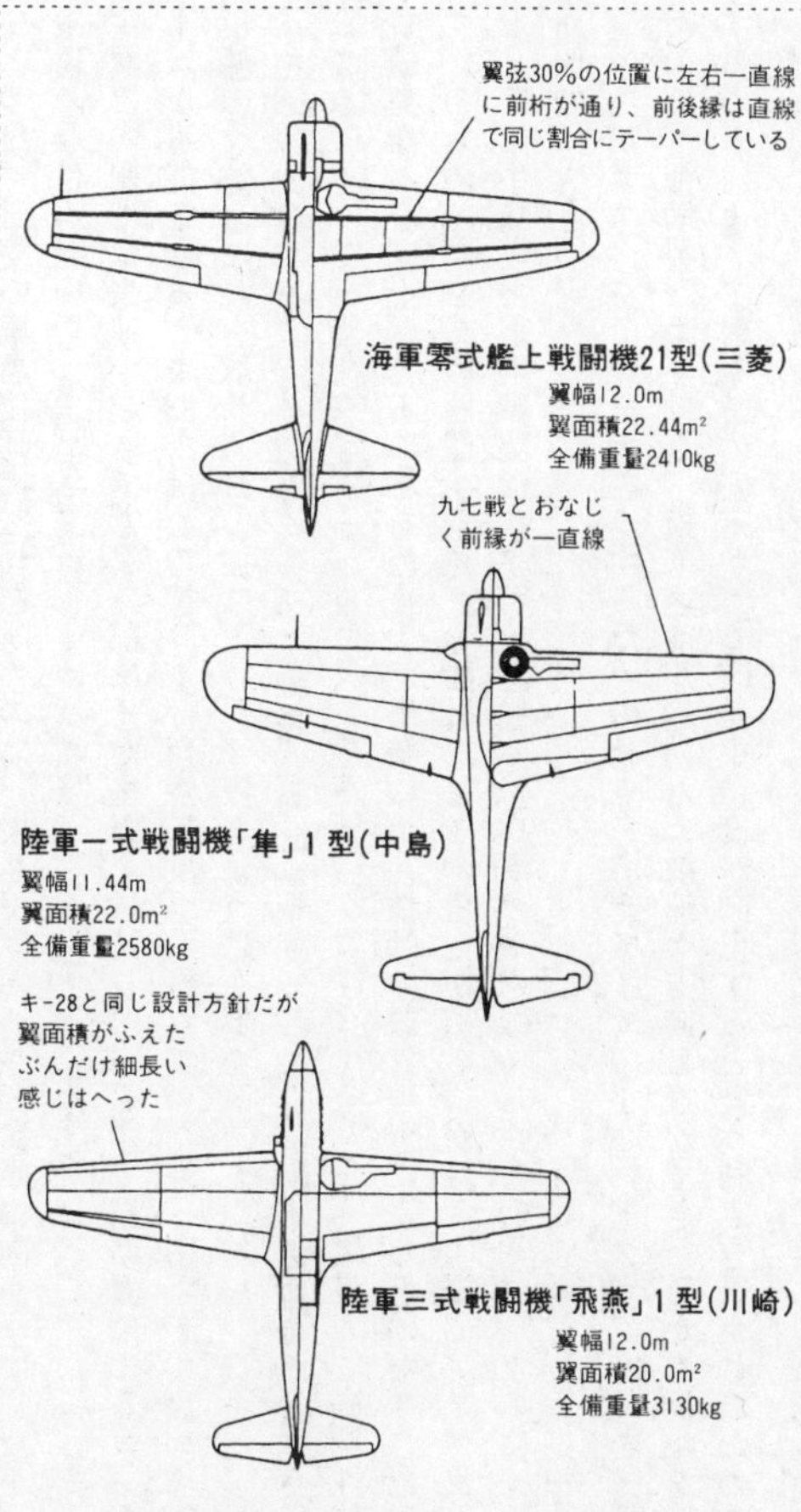

各社の戦闘機の主翼平面形の特長(1941年前後)

ひとつだ。三菱の堀越技師はこれを防ぐのに、振り下げといって翼端に向かうにしたがって主翼の取付角（つまり進行方向に対しては迎《むか》え角）を少しずつへらすようにした。こうすると主翼の内側では失速が起きても翼端部はまだ揚力を維持しているので補助翼によるコントロールが可能となる。キ33ではこの振り下げ角が二度つけられていたが、あとで中島のキ27も川崎のキ28もこれを取り入れて振り下げをつけるように主翼を改造した。

キ28の主翼がキ27、キ33にくらべて細長いのは、アスペクト比（縦横の割合）を大きくすることによって翼幅荷重（幅方向の単位長さが受け持つ重量）を小さくし、上昇力、高空性能、航続力などを向上させることをねらった川崎の土井技師の設計理念によるものだ。したがって、のちの陸軍三式戦闘機「飛燕」の設計にもこの考えが引きつがれ、主翼のアスペクト比七・二は中島のあとの戦闘機「隼」「鍾馗」「疾風」が六ないし六・〇八だったのにくらべ対照的に大きい。

中島がアスペクト比を大きくするための利点をあえてすてて小さいアスペクト比をえらんだのは、補助翼がよく効き、横転速度が速いため敏速な方向転換ができ、しかも翼幅を短くすることによって射撃時の安定がよく、命中精度が向上するという利点を重視したためであった。

キ33すなわち海軍九六式艦上戦闘機の後継機である三菱の零戦は、川崎と中島の中間で主翼のアスペクト比は六・四だった。主翼の平面形ひとつを取ってみても、設計者の個性があらわれるものだ。

16　機銃装備の工夫が生んだアイデア戦闘機

弾丸をもっとも有効に敵の機体に送りこむ方法として、前方固定式機関銃装備の戦闘機が生まれた。しかし、プロペラが機首についている牽引式の場合は、プロペラを傷つけないようにするために様々な苦労があった。

プロペラ同調装置がフォッカーによって発明される以前は、主翼上のやぐらに機関銃を取りつけてプロペラ回転圏外から発射するとか、ギャロのように鉄板張りのプロペラにしてぶつかった弾丸をはじき飛ばすといった無茶をやらなければならなかった。

しかし、前方にプロペラが回っていない推進式の場合は、自由に前方に機関銃が取りつけられるところから、性能上や構造上の不利をしのんで骨だらけの推進式飛行機が大歓迎された。フランスのファルマンF40、イギリスのデ・ハビランドDH2、ビッカースFB5、戦闘機ではないが国営工場製のFE2bなどは、いずれも射手が操作する前方機関銃を持っていた。とすると一人乗りで前方機関銃を持ったイギリスのFE8や日本の沢田中尉が試作し

推進式飛行機のいろいろな機銃装備法

ファルマンF-40複座戦闘機（フランス）

F.E.8単座戦闘機（イギリス）

デ・ハビランドDH2単座戦闘機（イギリス）

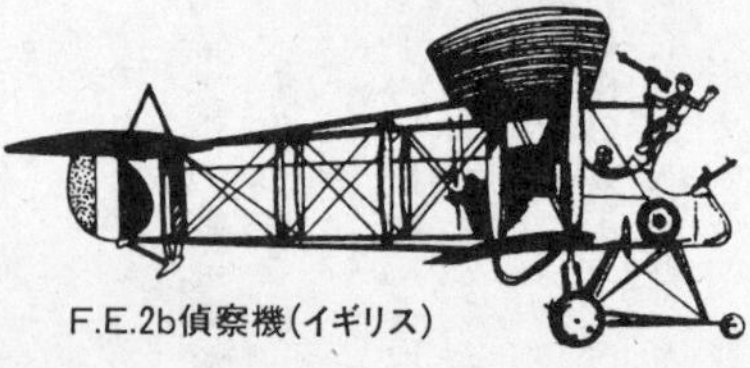

F.E.2b偵察機（イギリス）

た「会」式七号などは、この形式ではめずらしい単座戦闘機といえよう。

ところが、牽引式飛行機で、前方機関銃の有利さを実現しようというアイデアが試みられた。フランスのスパッドA2がそれで、設計者はスマートなドベルデュサン競走機やのちに名戦闘機スパッドA7を設計したルイ・ペシュロー技師である。

この天才的な設計者は、ふつうの牽引式飛行機のプロペラの前にさらに射手の乗るゴンドラを設けるという方法を考え出した。一見すばらしい着想のように思えるが、よく考えてみると、このゴンドラに乗りこむ前方射手にとってこれほどおそろしいことはない。「板子一枚下は地獄」とは貧弱な木造船で荒海に乗り出す船乗りたちの言葉だが、背中のすぐうしろに回転ギロチンのようなプロペラがあるこの前方射手席も地獄であったにちがいない。第一、緊急脱出しようとすればうしろのプロペラで挽き肉にされることはまちがいないし、地上に逆立ちでもしようものなら真っ先に押しつぶされてしまうこと請け合いだった。

さらにこれもアイデアだが、ちょうど大型トラックのティルト・キャブ（運転席全体が前方に傾いて床下のエンジンが点検できるようになっているもの）のように、このゴンドラ全体が機軸から張り出したヒンジを中心に前傾するようになっていた。

プロペラの根本に鉄板を張ったギャロといい、このペシュローといい、「技術者になればこの世は地獄さ」といういかにもフランス人らしい思いつきだが、こうしたヒラメキを失敗などおそれず直ちに実行に移すところは、伝統的なかれらの特性だった。しかし、機関銃の前にプロペラがなければ弾丸の発射速度に制約がない魅力もすてがたいところから、ペシュローのスパッドA2がおかした危険を三十年後にふたたびこころみた飛行機があった。アメリカ陸軍のベル・エアラクーダ試作戦闘機がそれで、牽引式の双発エンジンの前方を射出席とし、ここに大口径機関銃を備えつけた。

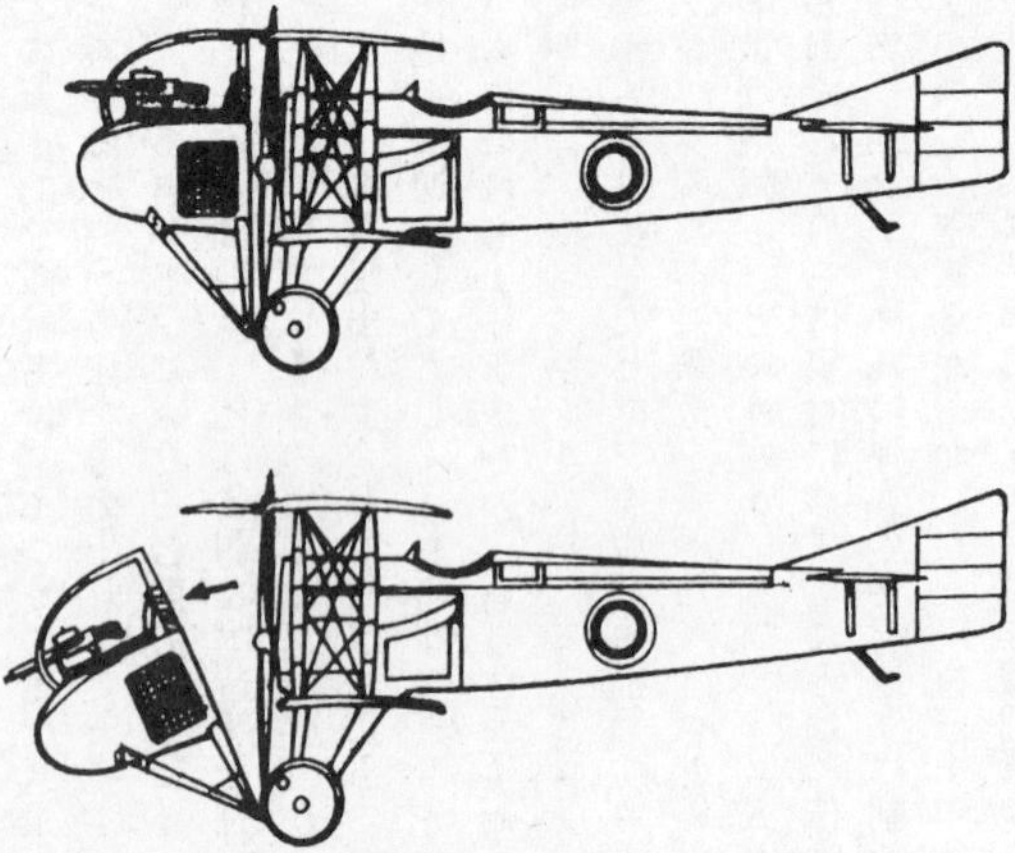

プロペラの前に射出席のついたスパッドA2

日本陸軍のモーリス・ファルマン
に使われた7.7ミリ機関銃

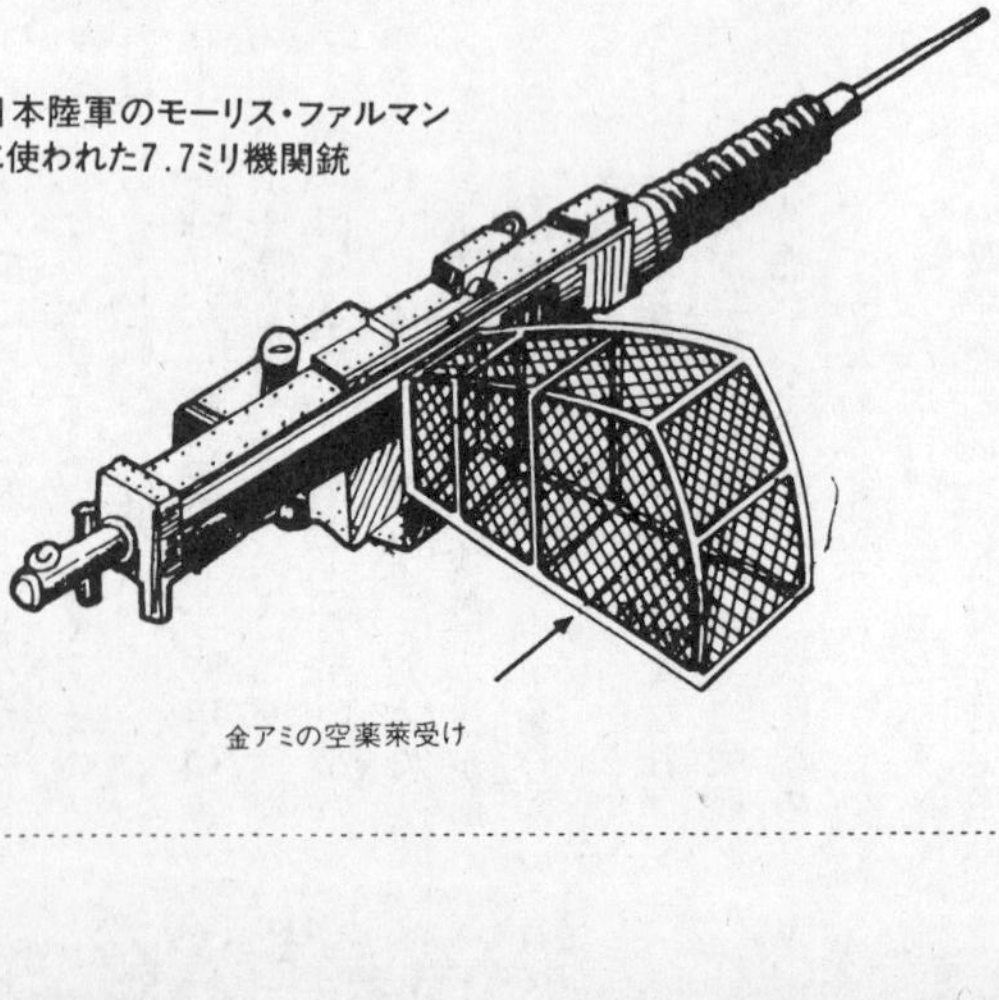

17　武装強化には最適な推進式戦闘機

一見してわかるようにベル・エアラクーダの射手もまた、ペシュローのスパッドA2同様に、回転するプロペラの脅威にさらされることはまちがいなかった。この飛行機はテストの結果不採用と決まったが、その根底にはこうした危険に対するパイロットたちの本能的な不安が強く作用していたにちがいない。

だが、こうした不安も平時なればこそで、戦時ともなれば何よりもまず性能が優先する。

第二次大戦も終わりにちかい昭和二十年（一九四五年）七月、日本で奇妙なかたちの戦闘機が飛んだ。日本海軍の十八試局地戦闘機「震電《しんでん》」がそれで、水平尾翼が前で主翼がうしろのいわゆる先尾翼形式（エンテ）だった。もちろんエンジンは操縦者のうしろ、したがってプロペラも最後尾にあった。

なぜ、こんな奇妙なかたちにしたかというと、プロペラのうしろには何もないからプロペラの効率が良くなること、前部のかたちを空気力学的に抵抗の少ないものとすることができる、失速しにくいなどの点で高速が得られることのほか、前部に何もないため強力な武装をつむことができるという理由だった。

事実、機首につんだ三十ミリ機関砲四門という武装は当時世界最強であり、高度八千七百メートルで時速七百五十キロを出すという強力な迎撃戦闘機だった。しかし、この飛行機でも空中脱出時のパイロットの危険性が問題となり、いざというときにはプロペラを飛散させる方法などが検討されたが、飛行機のスピードが早くなると猛烈な加速度や機体の外を流れる激しい空気流によって、自力で操縦席の中から外に出ることが困難になる。そこでパイロットがプロペラに引っかけられる問題も含め、火薬によって座席ごと空中にほうり出すことが考えられた。

「震電」は一回飛んだだけで戦争が終わってしまったので実用には供されなかったが、戦後にあらわれたジェット戦闘機はすべてこの火薬による緊急脱出装置をそなえている。

日本の「震電」より少し前、戦争相手であるアメリカでも似たようなかたちの戦闘機が試作された。カーチスＰ40などで名が知られているカーチス社のＸＰ55アセンダーがそれで、同じく先尾翼形式をとっていた。

「震電」同様じゃま物のない機首に強力な武装を取りつけることがねらいだったようだが、やはり空中脱出時の後方プロペラが問題となり、火薬でプロペラを飛散させるようになっていた。

「震電」やカーチスＸＰ55とは少しちがうが、やはりエンジンを操縦席後方においた推進式

73　武装強化には最適な推進式戦闘機

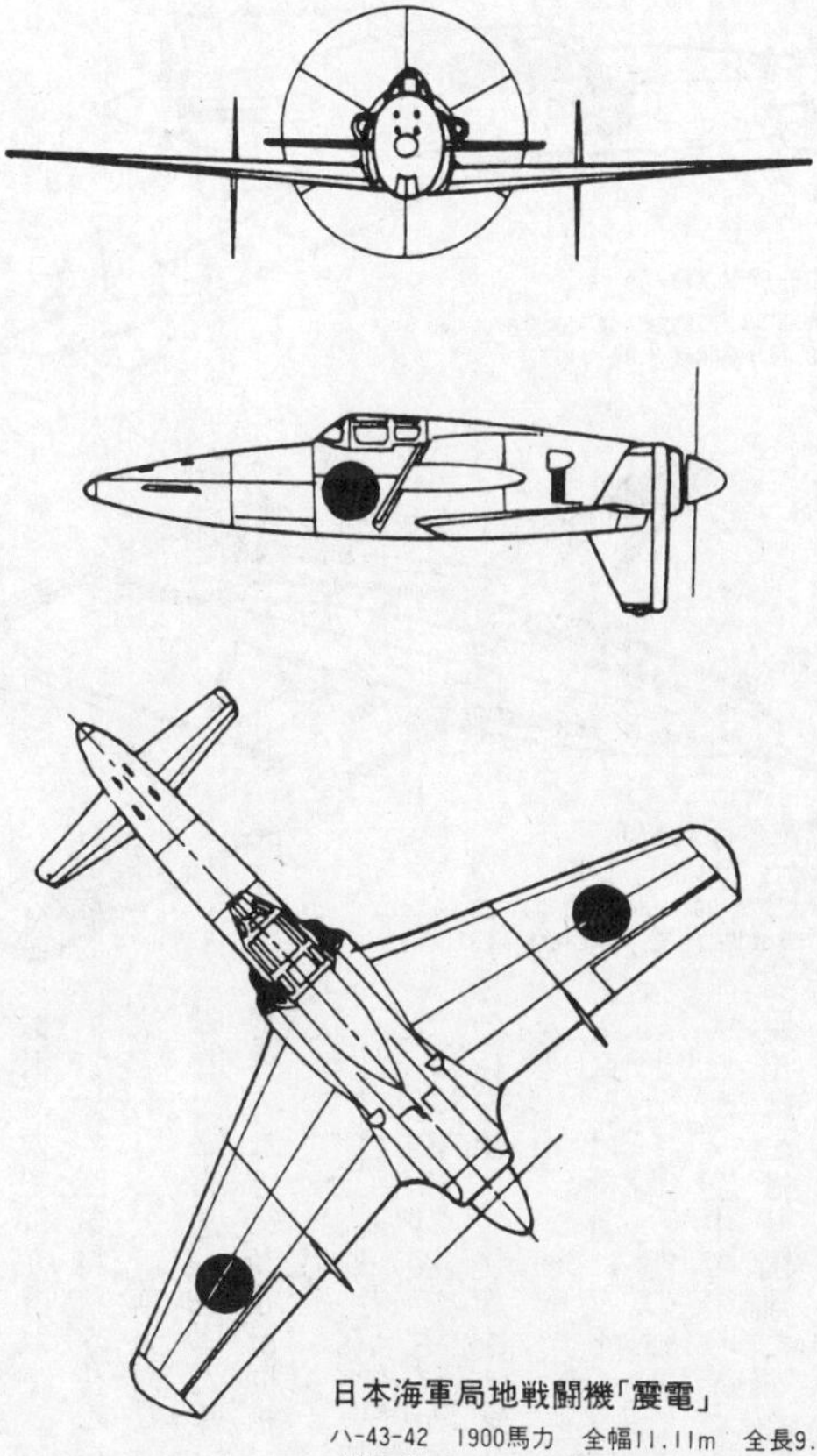

日本海軍局地戦闘機「震電」

ハ-43-42　1900馬力　全幅11.11m　全長9.76m
主翼面積20.5m^2　全備重量4950kg　最大速度
750km/h　20ミリ機関砲×2　30ミリ機関砲×2

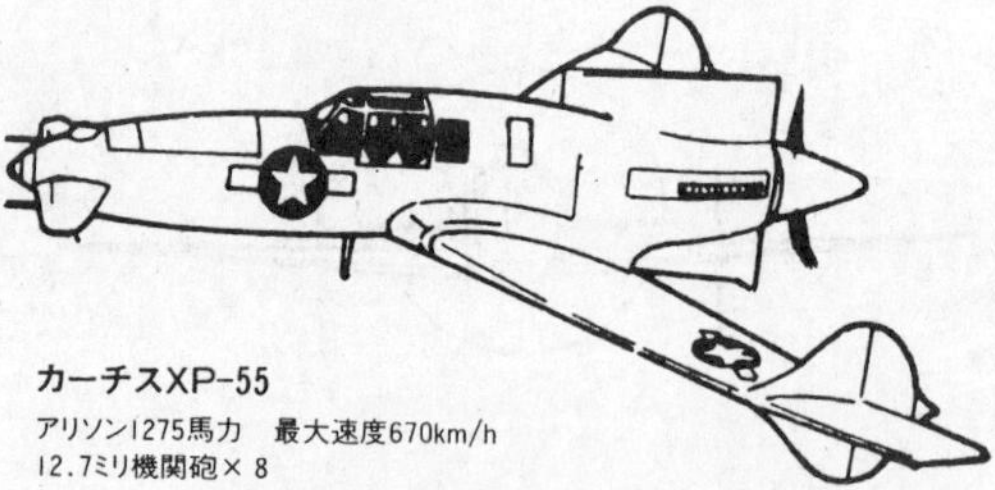

カーチスXP-55
アリソン1275馬力　最大速度670km/h
12.7ミリ機関砲×8

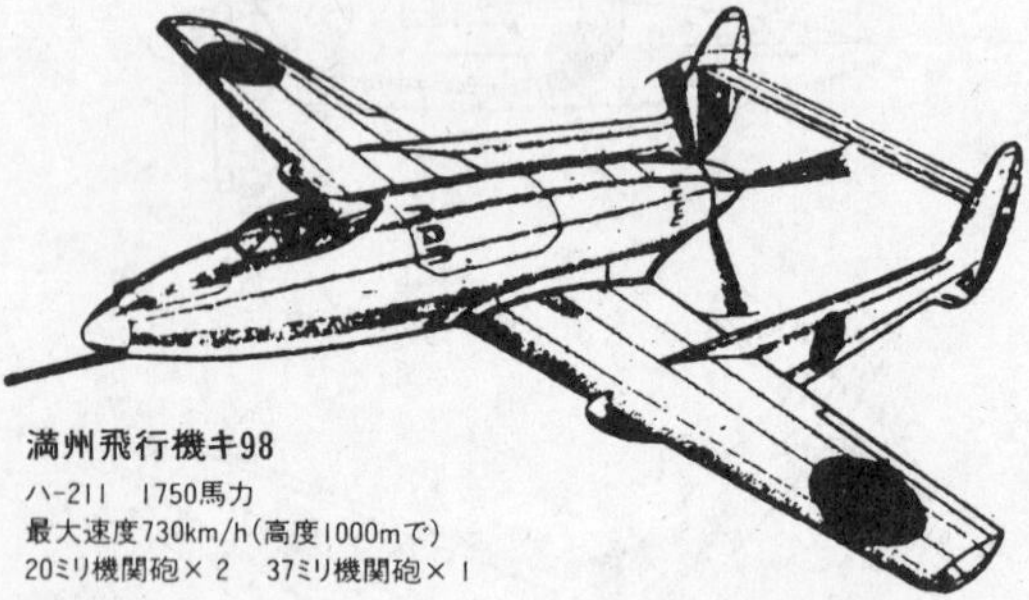

満州飛行機キ98
ハ-211　1750馬力
最大速度730km/h(高度1000mで)
20ミリ機関砲×2　37ミリ機関砲×1

の戦闘機が日本にもうひとつある。満州飛行機というところで設計したキ98がそれで、空冷エンジンの空気抵抗が少ない装着法であること、前方にじゃま物がないから思い切った重武装ができるなどの特長は同様であった。

ただし、前二者が先尾翼形式であるのに対して主翼から二本の桁を出して尾翼を支える方法をとった。

武装は機首に二十ミリ二門、三十七ミリ一門の強力なものだったが、空中でのパイロットの脱出はやはり困難だった。これまた現在のような射出座席の装備があれば問題はなかった。

18　機関銃と機関砲のちがい

これまでに機関銃と機関砲という二つの言葉が使われていることにお気づきの読者も多いと思う。この区別について説明しよう。

たとえば日本陸軍は口径七・七ミリのものを機関銃とよび、十二・七ミリ以上は機関砲とよんで区別していた。ドイツやフランスでは炸裂弾を発射するもの（二十ミリ以上）はすべて砲とよんでいた。

これに対して同じ日本でも、海軍は火器は七・七ミリであろうと二十ミリであろうとすべて機銃とよんでいた。外国式にいえば機銃はマシンガン略してMGだし、機関砲はマシンキャノンすなわちMCということになる。

イギリスでは二十ミリまでをマシンガンとしていたようだ。なおいまの日本の航空自衛隊では主として十二・七ミリと二十ミリが使われているが、どちらも機関銃とよんでいる。

飛行機に搭載される機関砲の口径は、十二・七ミリあるいは二十ミリがもっともふつうだ

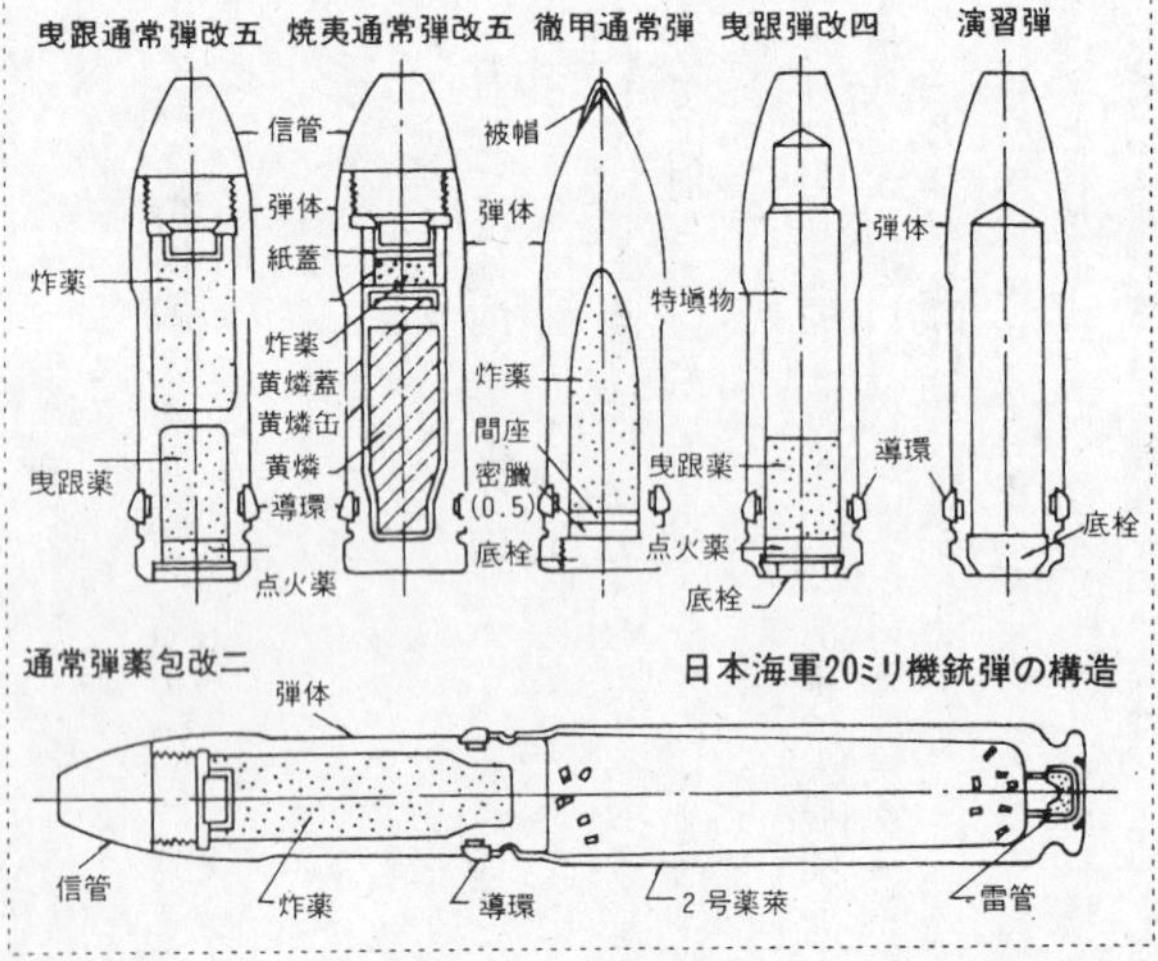

日本海軍20ミリ機銃弾の構造

が、三十ミリ、三十七ミリ、四十ミリといった大口径のものもある。まれには、五十七ミリあるいは七十五ミリを装備したものもあったが、これは例外中の例外に属するし、戦闘機用というよりは攻撃機用として地上攻撃に使われたものである。

七・七ミリとか十二・七ミリといった半端な寸法は、もともとインチ寸法でできたものをミリ換算したために生じたもので、〇・三口径（機関銃あるいは砲の内径のことで、弾丸の方からいえば直径に相当する）とか〇・五口径と呼ばれていたものである。一インチは約二十五・四ミリだから、〇・三（インチ）口径は七・七ミリ（厳密には七・六二ミリ）〇・五（インチ）口径は十二・七ミリになることは容易に理解できよう。

寸法の単位は世界がメートル式とインチを使うフート・ポンド式に二分されている

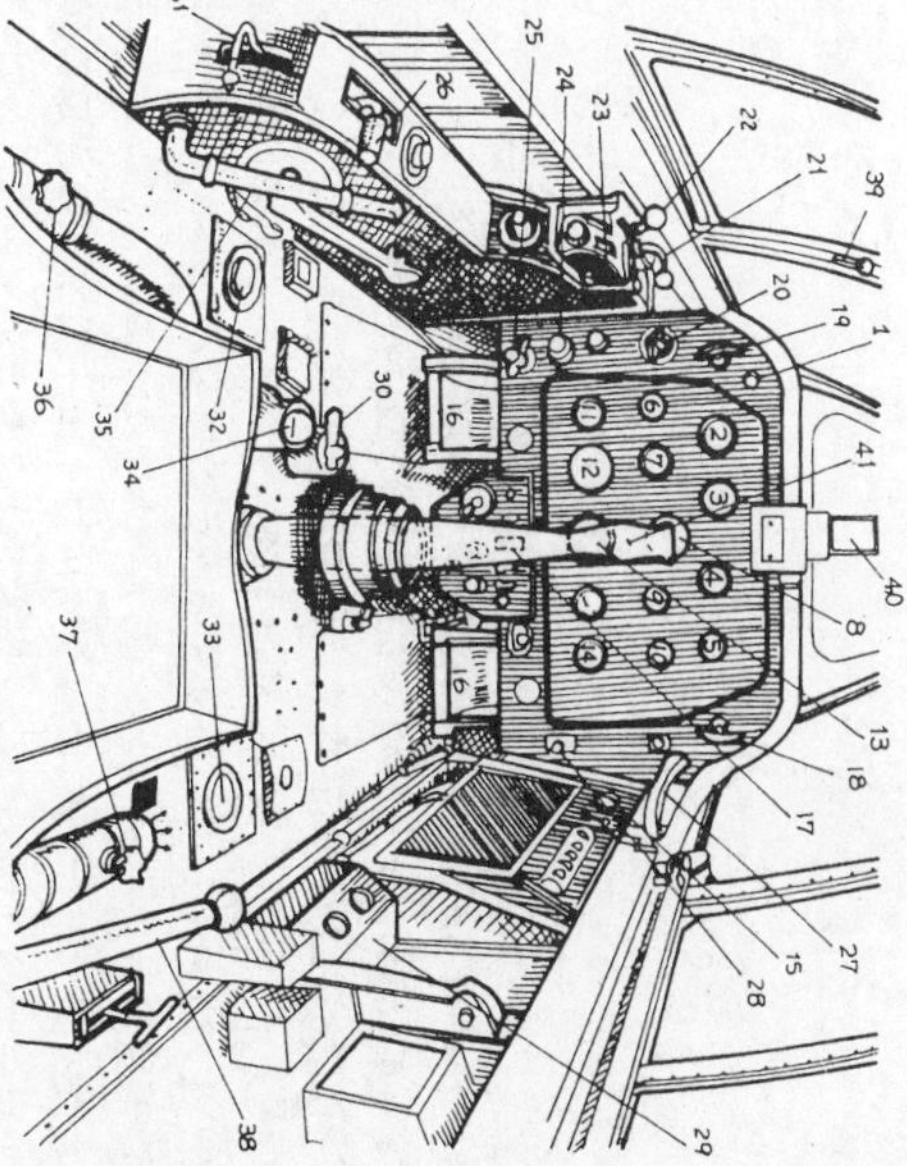

ノースアメリカンP51B「ムスタング」
戦闘機操縦席（1942年）

20ミリ機関砲４門と左右主翼に２門ずつ装備
発射ボタンは㊶操縦桿に配置されていた

1　風防防水装置
2　時計
3　静圧計
4　エンジン関係
5　グリコール温度計
6　OPL照準器・加減抵抗器
7　速度計
8　人工水平儀
9　上昇計
10　エンジン回転計
11　引込脚位置表示器
12　高度計
13　旋回計
14　マニホールド圧力計
15　発電機主系統
16　フットバー
17　エンジン・スターター・ボタン
18　右側機関砲装塡
19　左側　〃
20　機関砲セレクト・レバー
21　混合気調節レバー
22　スロットル・レバー
23　プロペラ・ピッチ手動調節レバー
24　油圧装置圧力コントロール
25　機関砲加熱コントロール
26　ラジエーター空気取入口コントロール・レバー
27　非常用風防飛散装置
28　ラジオ・コントロール
29　酸素装置コントロール
30　燃料コック
31　フラップ・コントロール
32　左燃料タンク・ゲージ
33　右燃料タンク・ゲージ
34　冷空気取入口
35　尾輪固定レバー
36　冷空気バルブ
37　暖房コントロール
38　油圧手動ポンプ
39　風防開閉レバー
40　OPL照準器
41　操縦桿

ところから、機関銃あるいは機関砲の口径もまちまちになってしまったものだ。

日本の陸海軍は機関銃や機関砲の呼び方についてもちがうように、それぞれ外国から別系列のものを輸入して別個に改良を加えたため、口径も弾丸もちがうというムダなことをやった。たとえば十三ミリ級についていえばアメリカのコルト・ブローニング系の海軍十三ミリ機銃は厳密には口径十三・二ミリだったし、ドイツのマウザー系の陸軍十三ミリは口径十二・七ミリといった具合だ。さらにつぎの二十ミリでは海軍がスイスのエリコンを、陸軍はイギリスのヴィッカース社のものを採用するというチグハグさであった。

機関銃（機銃）がいいか、機関砲がいいか、つまりどのくらいの口径の火器をつむかはむずかしいところで、戦闘機の目的、対戦相手によってちがう。しかし、飛行機の速度がおそく、構造的にもあまり頑丈ではなかった第一次大戦当時は機銃でじゅうぶんだった。それがヨーロッパで第一次大戦が終わり、ドイツの再興によってふたたび大戦がはじまるまでの約二十年の間にすっかりかわってしまった。

19　小口径多銃主義のイギリス・一撃必殺のドイツ

たいていの武器がそうであるように、大口径機銃すなわち機関砲を飛行機用に開発したのもドイツだった。もちろん戦闘機にはムリで爆撃機用の旋回式二十ミリだったが、重いのと反動が大きくて射手があつかい切れないので姿を消してしまった。

その機関砲がふたたびカムバックし出したのは一九三〇年前後のことで、まずアメリカがコルト・ブローニング十二・七ミリを、つづいてスイスのエリコン社が第一次大戦で失敗したドイツのベッカー二十ミリを改良したものを完成させ、その後も各国で十三ミリから二十ミリ級の機関砲がぞくぞくと完成された。

地上の戦闘とちがって、空中戦はたがいに高速で移動しているので、射撃できる時間はきわめて少ない。たとえば一千メートルの距離から発射を開始したとすると、時速七百キロで反航（たがいに向き合って進むこと）する場合はわずか二・六秒、五百キロの速度で飛ぶ相手をうしろから七〇〇キロで追う場合でも十五秒ていどの時間にすぎない。しかも一千メートルから撃ったのでは弾道がそれてしまって当たらないので、実際は、その半分あるいは二百メートル、百五十メートルといった近距離から発射するから、有効な射撃時間はもっと短くなる。

このわずかな時間に敵機を照準器の中に入れるような微妙な操縦をし、距離を判断して射撃し、すぐに回避の操作をしなければならないのだから、勝負はほんの瞬間に決することになる。相手が爆撃機であっても、高速になればそう何回も攻撃をくり返すわけにはいかず、しかも長時間攻撃することは、それだけこちらも敵の強力な編隊火網にさらされる時間が長くなることを意味する。だからどうしても最初の一撃で敵を撃ち落とすか致命的な打撃を与える必要がある。

このむずかしい要求をみたすための火器の要求としては、①短い時間に発射する弾数が多いこと、②一発の弾丸の威力が大きいこと、③有効射程が大きいこと——の三つがある。

このうち、短時間に発射する弾数を多くすることと、一発の弾丸の威力を大きくすることはたがいに矛盾する要素で、口径の小さい弾丸は発射弾数は多いが威力は小さく、口径の大きい弾丸はその逆となる。そこで口径の小さいものを多数装備し、命中弾を多くすることによってその欠点を補う方法が考えられる。

この反対に大口径の機関砲を装備し、発射弾数は少ないが一発で相手を仕止める方法もあり、いちがいにどちらがいいとも言い切れない。このため、たいていは両者の中間をとっているが、戦闘機の武装にもそれぞれのお国ぶりがうかがわれていておもしろい。

　話を第二次大戦中のことに限定してみると、もっとも好対照なのがイギリスとドイツだ。

　イギリスは第二次大戦の前半を戦った二種の主力戦闘機ホーカー・ハリケーンとスーパーマリン・スピットファイアに対し、それぞれ七・七ミリ機銃八梃のいわゆる小口径多銃主義をとり、しかも胴体内装備はなく、すべてプロペラ回転圏外の主翼内に装備した。

　これに対して、ドイツの主力戦闘機メッサーシュミットMe109は胴体に七・七ミリ機銃二

各国戦闘機の代表的な装備方式

イギリス
スーパーマリン・スピットファイアー2型A（1939年）
7.7ミリ機銃×8

ドイツ
メッサーシュミットMe109E3（1939年）
7.9ミリ機銃×2
20ミリ機関砲×3

日本
零式艦上戦闘機21型（1940年）
7.7ミリ機銃×2
20ミリ機関砲×2

アメリカ
リパブリックP47「サンダーボルト」（1942年）
12.7ミリ機関砲×8

梃、左右両翼に二十ミリ機関砲をそれぞれ一門ずつ装備していた。

ハリケーンやスピットファイアは主翼に機銃を装備したために発射速度に制約がなく、八梃の機銃から毎分九千六百発（実際は携行弾数に制限があってこれだけは撃てない）の速度で弾丸を撃ち出すことができた。メッサーシュミットの方は全部合わせても毎分三千六百発で、ハリケーンやスピットファイアの半分以下の弾数だった。

しかし七・七ミリだと当たりどころが悪ければ弾丸が相当数命中しても落ちないことがあるが、二十ミリが当たると一撃で相手を落とすことができた。イギリスとドイツのこの武装に対する考え方のちがいは、戦闘機の用法、ひいては設計方針のちがいによるものだ。

戦闘機を設計する際、速度と格闘性（せまい意味の操縦性）のどちらを重視するかで武装の方針も決まってしまう。ドイツは翼面積を小さくして大出力エンジンを装備し、その速力と上昇力、降下速度を大きくして一撃で相手をほうむり去るいわゆる重戦闘機（重戦）を指向したのに対し、イギリスは翼面積を大きくするとともに機体を軽くし、軽武装ながら旋回や宙返りなどの特殊飛行によってしつこく相手に食いさがる軽戦闘機の方をとった。つまり後者ではどうしても空戦時間が長くなるし接近戦になりがちだから、携行弾数が多くしかも重量の軽い小口径機銃の方が好ましかった。

そのかわり、一弾当たりの破壊力が小さい欠点を発射速度と装備する機銃の数をふやすことによって補った。対照的に武装および性格の異なるハリケーン、スピットファイアとメッサーシュミッMe109の対決は、〝英国の戦い〟で実現した。

20　十二・七ミリ砲を愛用したアメリカ

もともとが空戦中の敵を照準することのできるごく短い時間に最大の効果をあげようというねらいだったイギリスの多銃主義は、ドイツ空軍の防弾装備が貧弱なうちはたしかに威力を発揮した。だが、ドイツ空軍が戦闘機操縦席の背後に鋼板を取りつけ、燃料タンクにもゴムを張って防弾に力を入れ出してからは撃墜が困難になった。イギリス空軍がそれまでの多銃主義に修正を加えなければならなくなったことはいうまでもない。

一発当たりの威力は小さいが発射速度と携行弾数の多い七・七ミリ機銃と、威力は大きいが発射速度が劣り（一分間に発射できる弾数が少ないこと）、携行弾数も少なくなる二十ミリ機関砲のそれぞれの特長を生かすべく、その中間をとったのがアメリカだ。

アメリカはコルト・ブローニングという十二・七ミリ機関砲を開発し、これを四門から六門ついにはリパブリックP47サンダーボルトのように八門装備の重戦闘機まで出現した。このコルト・ブローニング十二・七ミリは弾丸の初速がはやいので弾道の直進性にすぐれ、遠

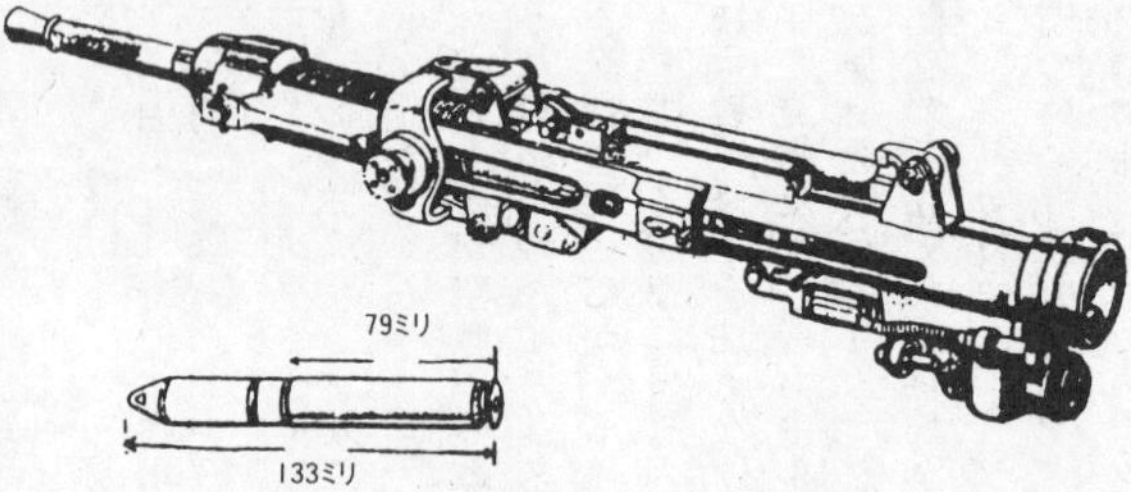

メッサーシュミットM109のエリコン20ミリ機関砲と弾丸

距離からの射撃が可能だったので、多銃装備の威力と相まって日本とドイツの戦闘機や爆撃機は手痛い損害をこうむった。

アメリカ軍の使っている十二・七ミリ機関砲の優秀性に手を焼いた日本海軍は、昭和十九年末ごろ、七・七ミリと二十ミリで武装していた零戦を急遽、改造し、胴体の七・七ミリ二梃のかわりに十三ミリを一門、主翼の二十ミリの外側に十三ミリを各一門ずつ、合わせて十三ミリ三、二十ミリ二門という強力な零戦五二型丙（A6M5C）をつくり、十二・七ミリ六門のグラマンF6Fヘルキャットに対抗させた。

また、昭和十八年夏、ニューギニアのウエワク方面でアメリカ陸軍航空隊と対戦していた日本陸軍の新鋭三式戦闘機「飛燕」は、十二・七ミリ四、二十ミリ一のロッキードP38、十二・七ミリ六のカーチスP40、十二・七ミリ八のリパブリックP47サンダーボルトなどを相手に苦しい戦いを強いられていた。飛燕にも「ホ一〇三」十二・七ミリが胴体と主翼と合わせて四門装備されていたが、弾道の直進性がコルト・ブローニングより劣るうえに故障が多く、せっかくの「飛燕」の優秀な性能を生かし切れなかった。

ちょうどこのころ、ドイツから潜水艦で運ばれて来たマウザー二十ミリ機関砲を翼内十二・七ミリと換装した「飛燕」が前線に到着した。油圧操作でとかく故障がちの「ホ一〇三」十二・七ミリにくらべ、すべてが電気操作で、ボタンを押すだけでジーッという小気味よいモーター回転音を立ててなめらかに作動するマウザー二十ミリ砲は、パイロットたちを喜ばせた。それればかりか、実戦での十二・七ミリと二十ミリの威力の差は大きく、双発爆撃機ノースアメリカンB25の主翼を一撃で吹き飛ばしたのをはじめ、一時的にせよ「飛燕」戦闘機隊はニューギニア戦線に明るさをもたらしたという。

すべての兵器の中で機銃あるいは機関砲の開発はもっともむずかしいといわれ、日本とドイツとの経験ならびに技術水準の差をまざまざと見せつけられたできごとだった。

21　日本ではじめて二十ミリ砲を装備した「零戦」

陸軍の九七式戦闘機、海軍の九六式艦上戦闘機はともに昭和十二年（一九三七年）ごろに完成した日本の代表的な戦闘機で、つぎの陸軍一式戦闘機「隼」および海軍零式戦闘機が出現するまでの四年間、日華事変（一九三七年）あるいはノモンハン事件（一九三九年）などでアメリカ、イギリス、ソビエトなどでつくられた戦闘機と対戦した。

当時の日本陸海軍の戦闘機に対する考え方は、戦闘機どうしの格闘戦すなわちドッグ・ファイティング重視であった。したがって九七戦も九六艦戦も、速力より格闘性を重視した軽量軽武装の、いわば〝空の狙撃兵〟的な戦闘機だった。これは何も日本に限ったことではなく、世界的にも七・七ミリあるいは七・九ミリ機銃を胴体前方に装備するのが単座戦闘機のスタンダードになっていた。

いっぽう、飛行機の性能がしだいに向上するにつれ、戦闘法そのものに少しずつ変化があらわれはじめた。格闘性よりも高速を利して、一瞬のうちに相手に大きな打撃をあたえようという重戦の出現がそれだった。こうした動きを、昭和十一年ごろ、はやくも察して二十ミリ機関砲の戦闘機への使用を思いついたのは、当時、海軍航空本部首席部員だった和田操大佐だった。

そこへタイミングよくスイスのエリコン社から二十ミリ機関砲の売り込みがあり、これが日本の二十ミリ機関砲（海軍では機銃といっていたが）開発のきっかけとなった。

エリコン社からの技術導入によって浦賀ドック社で研究がすすめられ、昭和十四年には浦賀ドックから分離して新しくできた大日本兵器株式会社で本格的な生産にうつるところまでこぎつけた。

ちょうどこのころ、設計がすすめられていた零戦の母体となった海軍十二試（昭和十二年度計画の意味）艦上戦闘機では、すでにこの二十ミリ機関砲を主翼内に装備することが計画に入っていた。

ちょうど同じころ、中島飛行機では陸軍のキ43（のちの一式戦闘機「隼」）の設計が進められていたが、いぜんとして七・七ミリ機銃二梃だったのにくらべ、格段に進歩した考え方だった。

日本で最初の戦闘機用二十ミリ砲を装備した零戦は、そのすぐれた性能と相まってすばらしい威力を発揮した。これまでの七・七ミリ機銃では、運よく敵のパイロットに命中でもしない限りかなりの命中弾をあたえても落ちなかった敵機が、数発の命中弾で空中に飛散したのである。

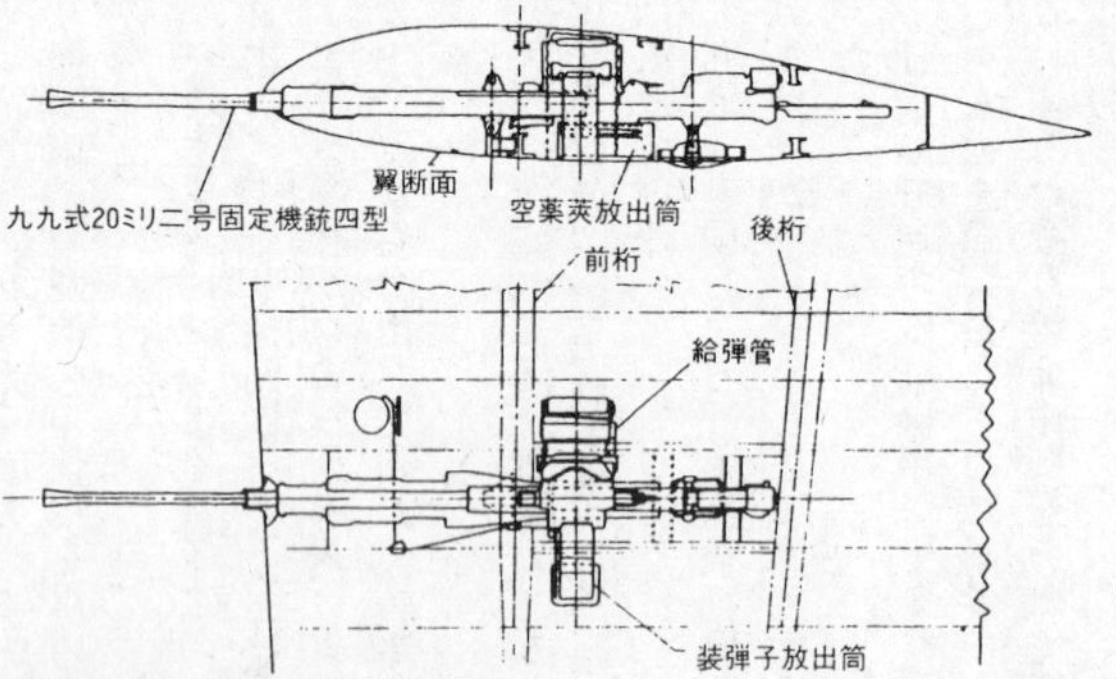

零戦の翼内20ミリ機関砲装備図

零戦の優秀性についてはあとで詳しくのべるが、はじめて経験した二十ミリ砲の威力にパイロットたちはすっかり喜んだ。しかし、すぐに弾丸が少ないという不満が起きた。

はじめのころの零戦に使われていたドラム型弾倉は六十発しか入らず、連続して撃つとおよそ十秒ぐらいでなくなってしまった。これではせっかくの二十ミリ砲の威力も充分に発揮できないという実戦部隊の要求で、百発入り弾倉が開発された。

しかし、それでも足りない、もっとふやせという要求がすぐ起きたが、そうなるとせいぜい厚いところで三十センチぐらいの零戦の薄い主翼内に収めることは不可能となる。そこで細長い箱を主翼内に設け、ベルト状につながった弾丸を収めるようにした。しかし、もともとの設計に無理があり、この改造によっても、百二十五発以上つむことはできなかった。

命中すれば威力は大きいが、携行弾数の少ない二十ミリに対し、七・七ミリの方は一銃あたり六百発以上つむことができ、これは連続発射にして四十秒以上に相当した。そこで零戦のベテラン・パイロットたちはまず七・七ミリ機銃を撃ち、曳光弾によって命中しはじめるのを見きわめてから、最後のとどめに二十ミリを撃ちこむという、両者の特長を生かした射撃法を行なっていた。

しかし、これでも二十ミリ携行弾数は不足で、パイロットたちはいわば撃ち惜しみのかたちだったが、つぎの戦闘機「紫電」および「紫電改」では最初から二十ミリ四門を装備するようになっていたので携行弾数も一門あたり二百発にふえ、安心して撃てるようになったらしい。ただし、いずれも主翼内装備で、イギリス戦闘機同様胴体にはなかった。

陸軍で最初に二十ミリ砲を装備したのは二式戦闘機「鍾馗」二型丙で、つぎが三式戦闘機「飛燕」一型改。さらに四式戦闘機「疾風」、五式戦闘機へとつづくが、いずれも十二・七ミリ二、二十ミリ二の組み合わせであった。なお「鍾馗」二型にはB29迎撃用として翼内の二十ミリ砲を四十ミリ砲にかえたものがあった。

めずらしいのは、「飛燕」およびその改造型である五式戦闘機が胴体に二十ミリを装備したことで、これはあとでのべるようにプロペラと同調させるのに苦労したようだ。

22 胴体に二十ミリ砲をつんだ「飛燕」

零戦にしても陸軍の「疾風」にしても、二十ミリ砲は翼内装備とし、胴体内に装備するのはせいぜい十二・七ミリどまりだった。これはもし胴体に二十ミリ砲を装備した場合、ほんのわずかな時間的な狂いが生じてもプロペラを吹き飛ばして、たちまち墜落ということになるおそれが多分にあったからで、世界でもプロペラ圏内から発射する二十ミリ砲の例はあまりない。

十二・七ミリ弾ならたとえプロペラに当たってもかろうじて不時着が可能だったが、弾丸の中に炸薬を仕込んだ二十ミリ弾ではまず望みはなかった。この点に不安を感じた日本海軍ではついに二十ミリ砲の胴体内装備をやらなかった。ところが、ドイツのマウザー二十ミリ砲の威力を知った陸軍は、どうしても「飛燕」に二十ミリ砲をつけることを命じた。「飛燕」の主翼はあらかじめ十二・七ミリ砲を装備する設計になっていたため、マウザー砲より大型の国産二十ミリ砲を装備するためには大がかりな主翼の設計変更を必要とした。当

陸軍三式戦闘機「飛燕」胴体内20ミリ機関砲発射連動機構

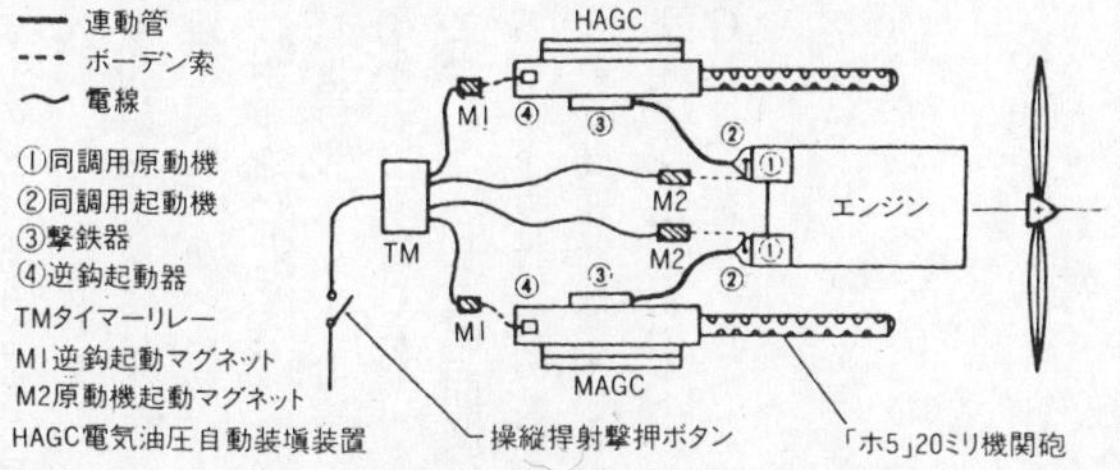

時、ニューギニア方面で苦戦していた第一線部隊からのさし迫った要求だから、時間のかかる大幅な設計変更はできない。そこで比較的改造のラクな胴体内に二十ミリ砲を取りつけることにした。

ここで問題なのは、取りつけるスペースの点では可能であっても、二十ミリ砲とプロペラとの発射同調装置に経験がないことだった。

軍から命をうけた川崎航空機では、ヴィッカース型十二・七ミリ砲をもとに発射連動機構の研究に着手し、わずか半年という短時間で完成させた。発射連動機構というのは、エンジンに直結する機関砲同調用原動機と連動起動器、機関砲に直結する撃鉄器と、これらをそれぞれ連結する連動管からなるもので、プロペラと同調して回転する原動機のカムによって起動器の連動子にショックをあたえ、連動管の中を通っているピアノ線を介して砲側の撃鉄器の撃鉄子に、同調された衝撃を伝える機構のことだ。

撃鉄子は機関砲の遊底部の撃針を起動させる役目をはたし、撃鉄は雷管をたたいて発火させる（ここで弾丸が発射される）点はふつうのピストルなどと同じで、起動機は連動作用の起動および停止の役目をするものであった。

射撃開始および停止の際の連動機、起動器と機関砲逆鈎起動器制御のタイミングはいかにも複雑で、むずかしい数式による解析の結果、プロペラに弾丸が当たらないようにするためには、射撃をはじめるとき連動機起動器の動作を逆鈎起動器制御より約二サイクル（約〇・〇四秒）早くし、——射撃をやめるときは逆鈎起動器を約八・五サイクル（約〇・一七秒）早く制御するようにした。

ここで、こうした時間関係が地上静止時ではなく飛行機が空中で激しい運動をしたときにかかるG（下方にはたらく重力の加速度）の変化で、機関砲の遊底の前進運動時間がどう変わるかという問題が残る。この場合は、急旋回や急降下の激しい引き起こしなどで最大六Gがかかるものとして計算された。

六Gとは、遊底の目方が六倍になったのと同じことで、動きは当然鈍くなるからである。

23　プロペラ軸から弾丸を撃つ

ふつうの牽引式タイプの単発戦闘機で前方固定機関砲を装備するには、プロペラ同調発射装置によってプロペラの間から撃つか、さもなければ主翼内に装備してプロペラ回転圏外から撃つようにしなければならない。しかし、命中精度の点からすれば激しい飛行による捩《よじ》れが心配される主翼よりは、胴体の方がずっと好ましい。そこで、牽引式単発戦闘機で、前方プロペラに関係なく弾丸を撃つ方法として考え出されたのが、エンジンを操縦者のうしろに置き、長くなったプロペラ軸を途中で歯車によって偏心させ、ここから先のプロペラ軸を中空にしてその中に機関砲を通すやり方である。

この方法で、最初に成功したのがアメリカのベルP39エアラコブラで、イギリスのホーカー・ハリケーンやスーパーマリン・スピットファイアが七・七ミリ、アメリカでもほとんどの戦闘機が十二・七ミリだった時代に、なんと三十七ミリ機関砲を装備した。というのもエンジンを操縦席のうしろに置いたことにより、前方にこのような大口径機関砲を装備するス

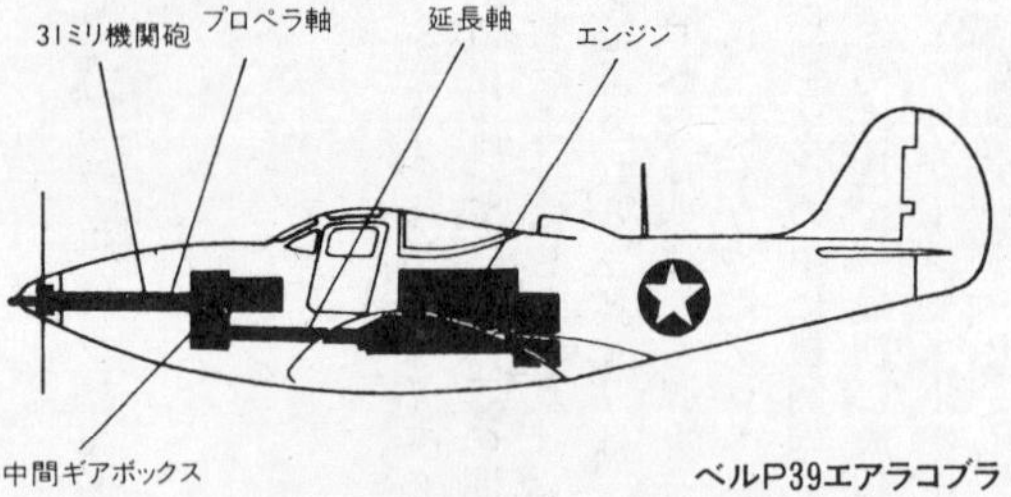

ベルP39エアラコブラ

ペースができたことと、中空のプロペラ軸に機関砲を通すことが可能になったためだ。

エアラコブラはこのほかにも同調装置によってプロペラの間から撃つ七・七ミリ機銃を二梃、さらに主翼内にも七・七ミリと十二・七ミリをそれぞれ二梃ずつ装備し、同時代の単発単座戦闘機の中ではもっとも強力な武装を誇っていた。

三十七ミリは三十発、十二・七ミリは五百六十発、七・七ミリは実に四千発（一梃あたり一千発）の弾丸をつむことができ、スピットファイアやハリケーンの七・七ミリ八梃、二千四百発にくらべて格段の開きがあった。

同じくプロペラ軸から機関砲を発射したものとして有名なのはメッサーシュミットＭｅ109で、この場合はエンジンが前方にあるごくふつうの形式だった。Ｍｅ109のエンジンは有名なダイムラーベンツＤＢ601系だが、このエンジンは水冷式で倒立Ｖ型であり、逆Ｖ型に並んだシリンダー列の間に二十ミリ機関砲の砲身部が入るよう縦方向の穴が貫通していた。倒立Ｖ型だからクランク軸は上方にあり、減速歯車によってプロペラ軸は下方にずれていたから、この軸を中空にすることによって機関砲を

プロペラ軸から機関砲を発射したメッサーシュミットMe109

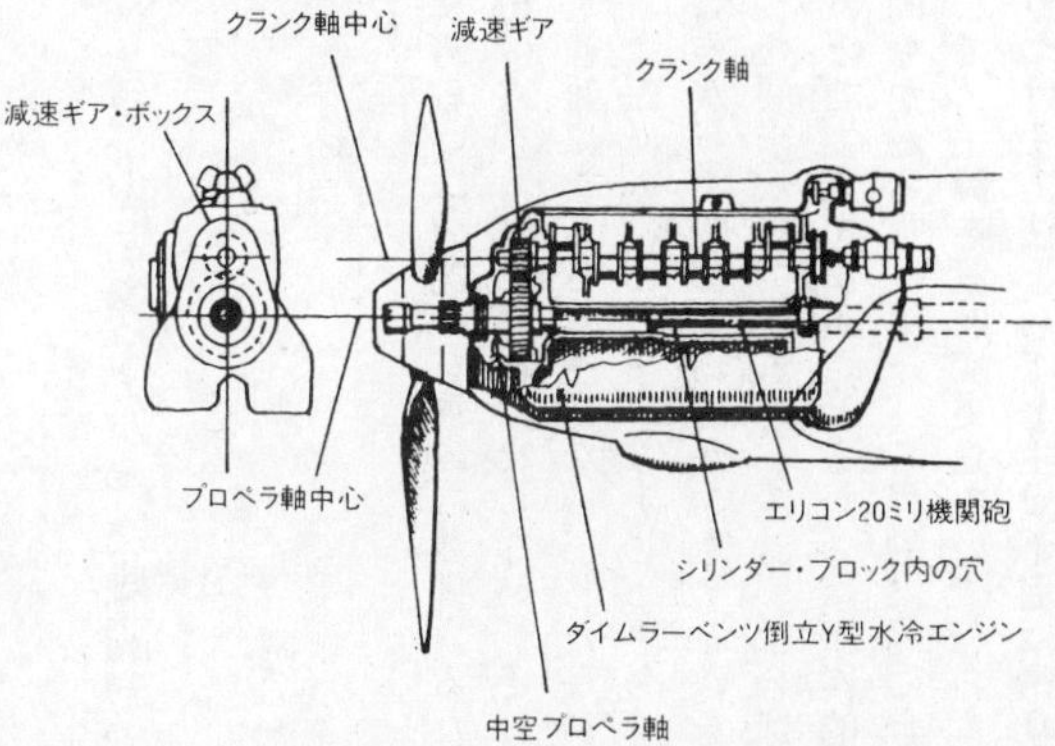

通すことができる。

このほかにも、ドイツのハインケルＨｅ112やフランスのドバティーヌＤ510などが同じ発想だったが、いずれも水冷エンジンであり、機関砲を駆動する動力をエンジンのクランク軸から取る、いわゆるモーターカノンとすることができた。

ダイムラー・ベンツを国産化した「ハ40」および「ハ140」もエンジン・ブロックに機関砲発射ができるよう穴があいていたが、日本でも唯一の水冷エンジン付き戦闘機「飛燕」をつくった川崎航空機ではＭｅ109と同じ方法をとらず、むしろアメリカのベル・エアラコブラと同じ形式の三十七ミリ砲装備の戦闘機キ88を試作したことがあった。

プロペラ軸というのは飛行機の機軸そのものだから、ここに機関砲を装備することは射撃精度の点では最高にいいのだ。

24　翼下にぶら下がった機関砲

機銃あるいは機関砲を翼内に装備するためには、主翼の強度を受け持つうえにもっとも大切な桁に穴をあけなければならない。それに弾倉のスペース、空薬莢の排出孔など、主翼の構造も複雑にならざるをえない。したがって強度と必要なスペースの両面から、最初の設計のときにこれらのことをあらかじめ決めておくのが理想だ。

ところが、実際にはあとからもっと数をふやせとか、より口径の大きいのにつけかえろとかいった要求がでてくると、設計の都合ばかりもいっていられない。さりとて要求を満足させるために根本的に主翼を再設計しなければならないとなると、金も手間もかかるし、第一、日程的に間に合わない。

そこで、主翼を設計変更しないで、あるいは最小限の変更におさえて口径の大きな機関砲を取りつける方法として、主翼下面に吊り下げることが考えられた。

昭和十八年に川西航空機が完成した日本海軍の戦闘機「紫電」は、水上戦闘機「強風」を

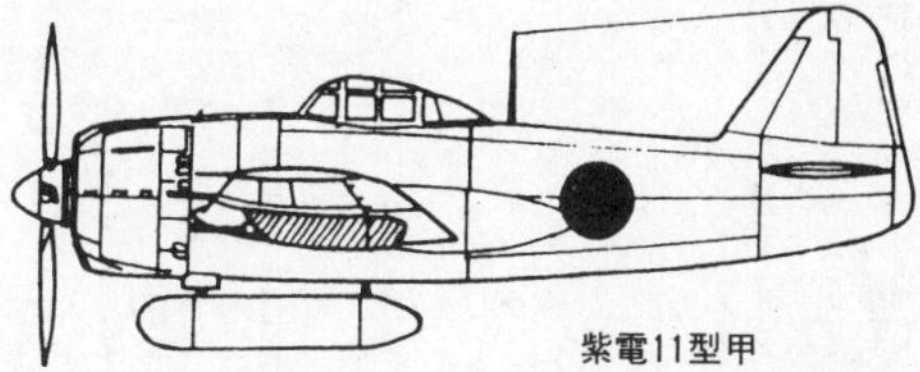

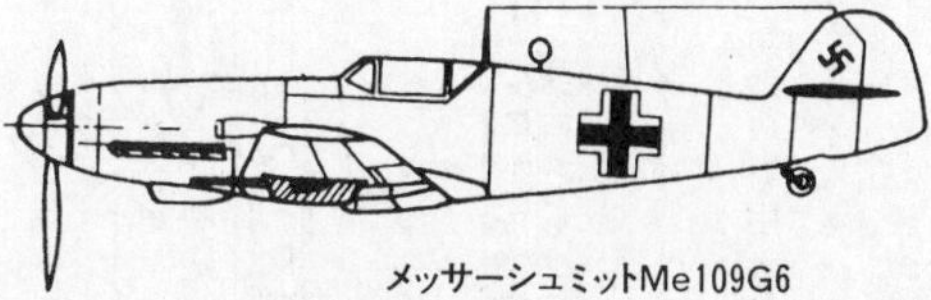

ベースにして陸上戦闘機に仕上げたものだが、もともとの「強風」は初期の零戦と同じように胴体に七・七ミリ二梃、主翼に二十ミリ二門の武装だった。

それが陸上戦闘機とするに際して、二十ミリ四門に強化することになったが、完成を急ぐために主翼の改造が間に合わず、増加分の二門は主翼下面に取りつけられ、これを流線型のカバーで覆うようにした。

この方法は「紫電」より前にドイツのメッサーシュミットMe109G6で実施され、二十ミリや三十七ミリ砲の装備に用いられていたが、「紫電」はのちにこの応急的な装備法をやめ、二門とも主翼内に入れるよう設計変更を行なった。

なお、主翼構造が複雑で大口径砲装備のための改造が不可能だったイギリスの

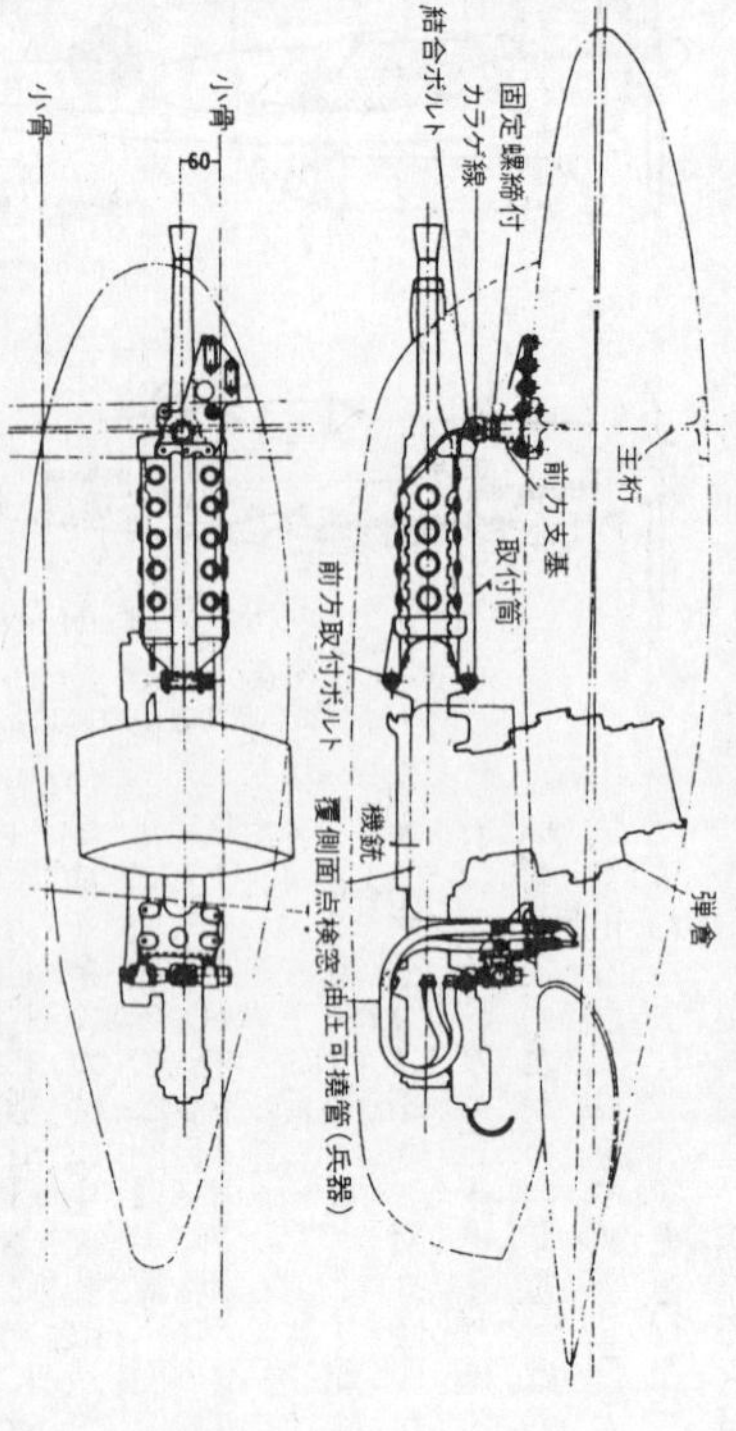

日本海軍「紫電」11型甲戦闘機の翼下面20ミリ機関砲ゴンドラ

ホーカー・ハリケーンにも、対地攻撃用として左右両翼下面に四十ミリ砲を一門ずつ装備したMK2Cという武器強化型があった。

現代のジェット戦闘機ではこれがごくふつうのことになった。

25　射撃装置の構造をさぐる

発射装置といってもボタン戦争といわれる最近のジェット機のものではなく、第二次大戦のときのものを例にあげよう。基本的にはいまだってかわりないのだ。

日本海軍ではエンジンの回転を調節するスロットル・レバーに発射レバーがついていたので左手で操作するようになっていた。これに対して陸軍は操縦桿に押しボタンをつけ、右手で発射操作を行なった。

空中戦で敵機を追うパイロットは、右手で操縦桿、左手でスロットル・レバーを持ち、小まめに飛行機の姿勢やスピードを変える必要があった。

だからどちらの手で操作してもいいわけだが、世界的には操縦桿に発射ボタンをつけたものが多かった。

零戦五二型丙は二十ミリ機関砲二、十三ミリ機関銃三をもつ強力な戦闘機だったが、スロットル・レバーの上部にある小さなレバーを親指の腹で前方に倒せば十三ミリだけ、手前に

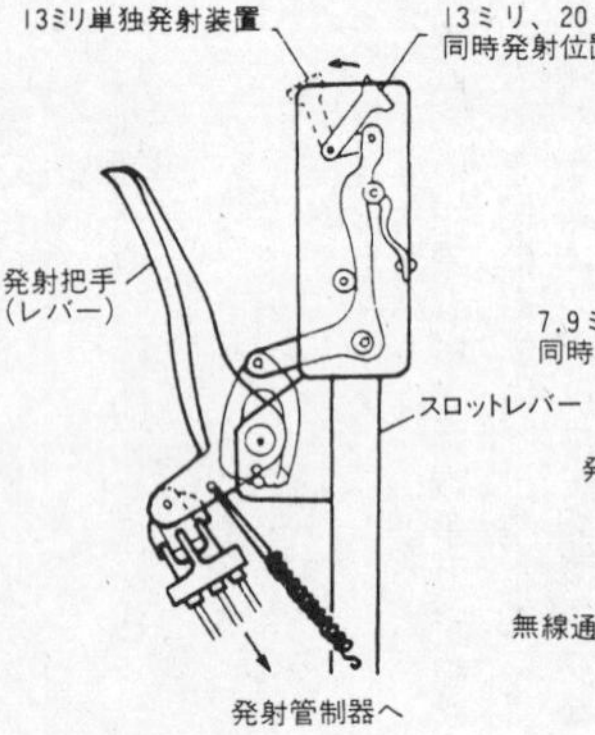

零戦52型丙
機銃発射装置

メッサーシュミット
Me109E3
機銃発射装置

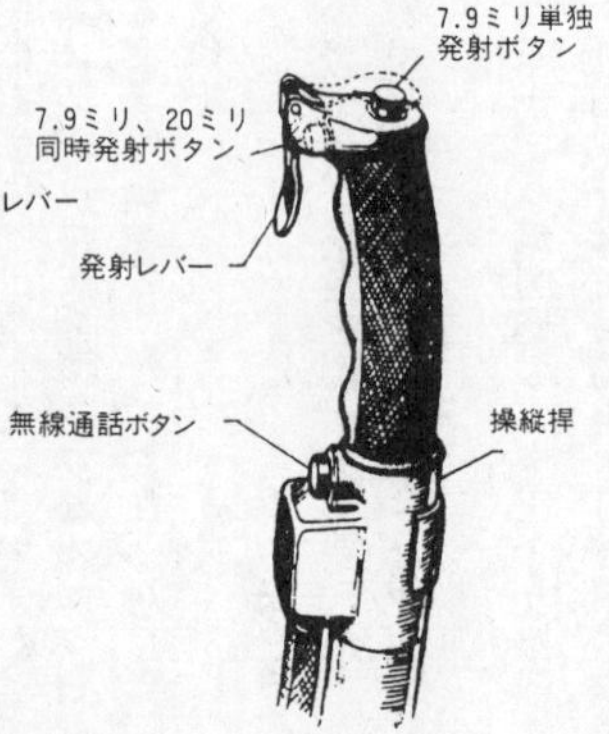

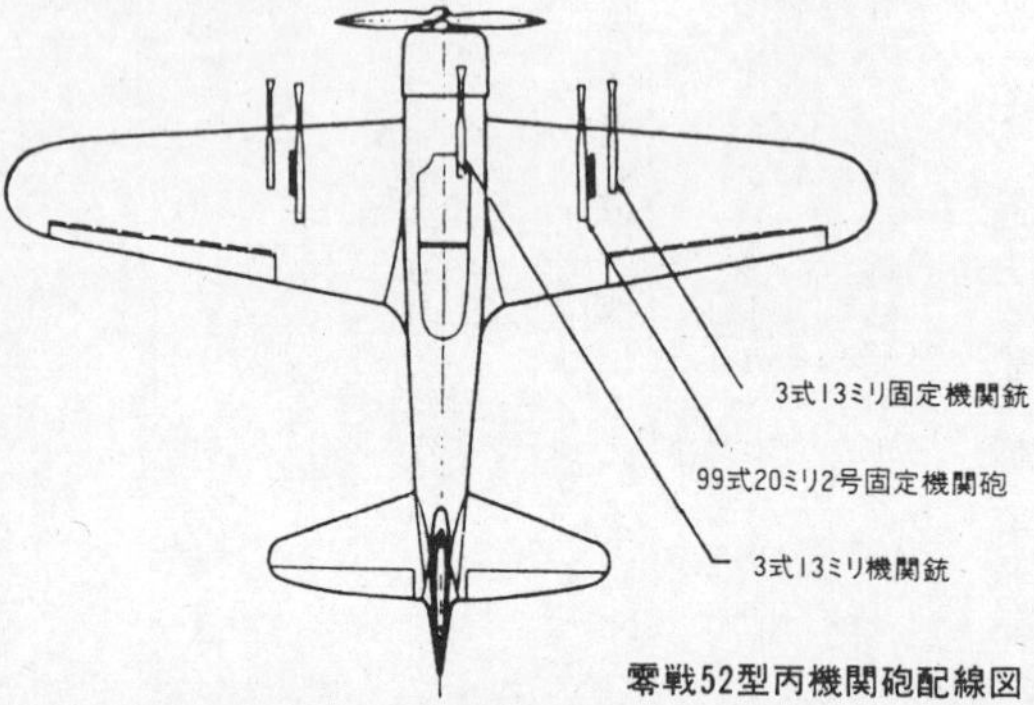

零戦52型丙機関砲配線図

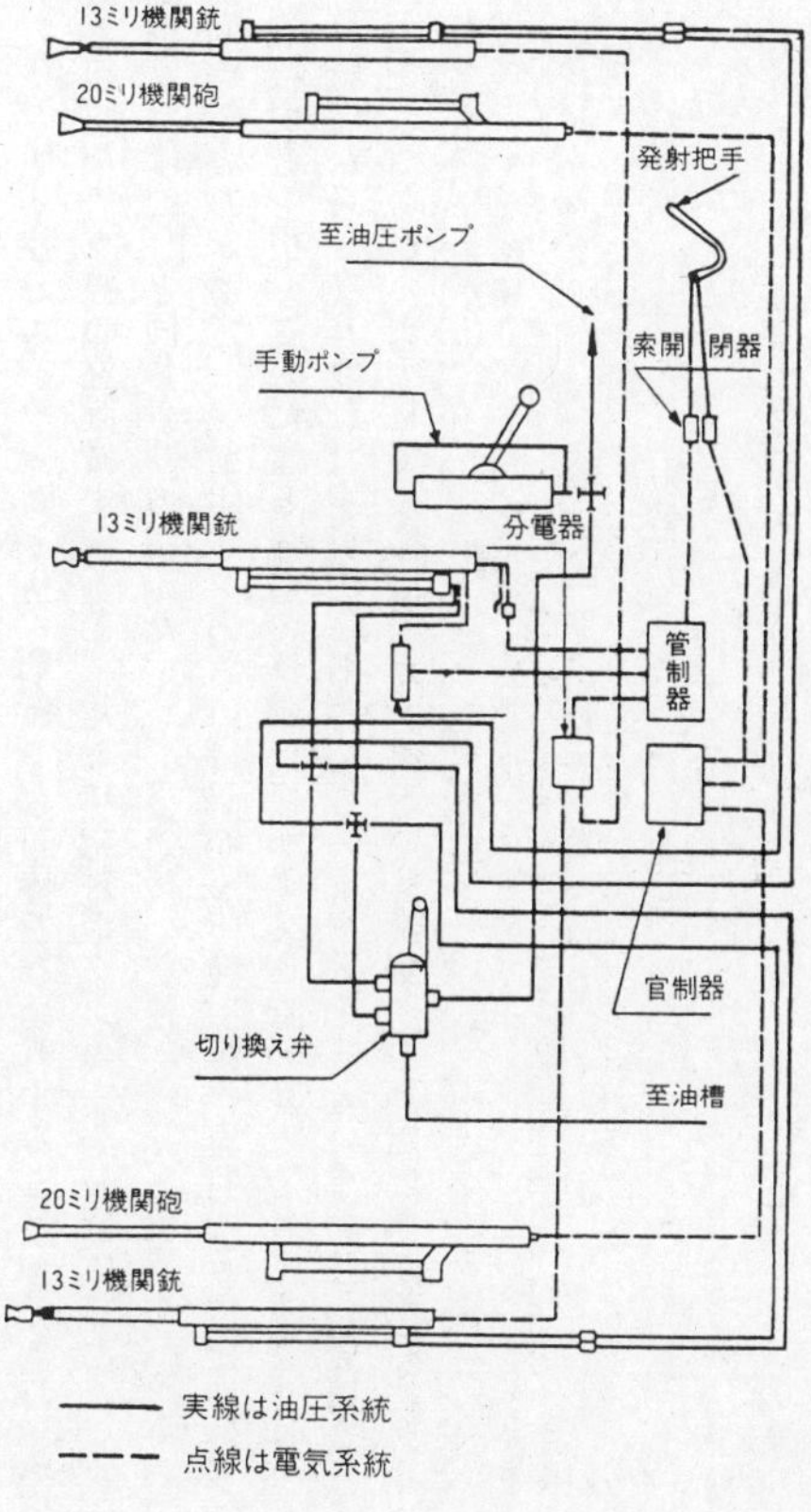

零戦52型機関砲発射系統図

倒して発射レバーを握れば両方同時に発射することができた。

メッサーシュミットMe109E3は七・九ミリ二、二十ミリ三で、操縦桿の頭部に発射ボタンがあり、切り替えスイッチにより、単独でも同時でも発射することができた。発射レバーは引き起こして点線の位置にすると七・九ミリ発射ボタンの安全装置になった。日本陸軍の戦闘機はほぼこれと同じやり方だった。

旋回機銃とちがって、発射ボタンあるいはレバーで発射操作を行なう固定機銃あるいは砲は、直接引金を引くことによる発射の衝撃は伝わってこないが、それでも二十ミリ砲ともなると操縦席からかなり離れた主翼内にあっても、ドドド……という力強い発射音はからだに伝わってきたらしい。そして最後に、ガタンという衝撃があったときが撃ち終わりの合図であった。

26　ＯＰＬ照準器への系譜

飛行機の速度が時速百キロ台からせいぜい二百キロ前後で、動きもたいして激しくなかった第一次大戦のころは、特別な照準器など使わず、もっぱらパイロットの肉眼で直視して射撃をやっていた。

機関銃自体も地上で歩兵が使っていたのを飛行機に取りつけられるよう改造したていどだったから、機関銃についていた照星と照門を利用すればよかった。

次頁の図は日本陸軍で使っていた旋回機銃の例だが、照門は金属性の円環の中央に四本の鉄線で小さいまるい穴を固定し、照星はとがった先端となっていて、この照門と照星を透視して見た前方に目標をとらえて射撃する。照門と照星はちょうど二百メートル前方で目標に弾丸が当たるよう調整されていた。

つぎに出てきたのが、単座戦闘機の操縦席の前方に取りつける望遠鏡式のもので、細長い円筒の中にはレンズが入っていた。パイロットは操縦席の中からこの照準器の付根にある接

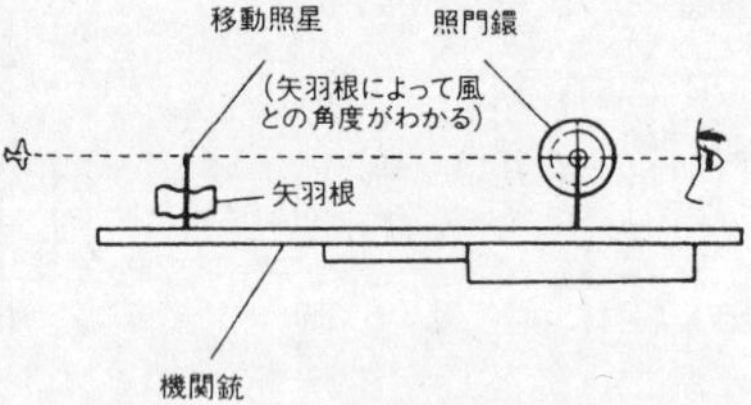

初期の旋回機関銃の矢羽根式照準法

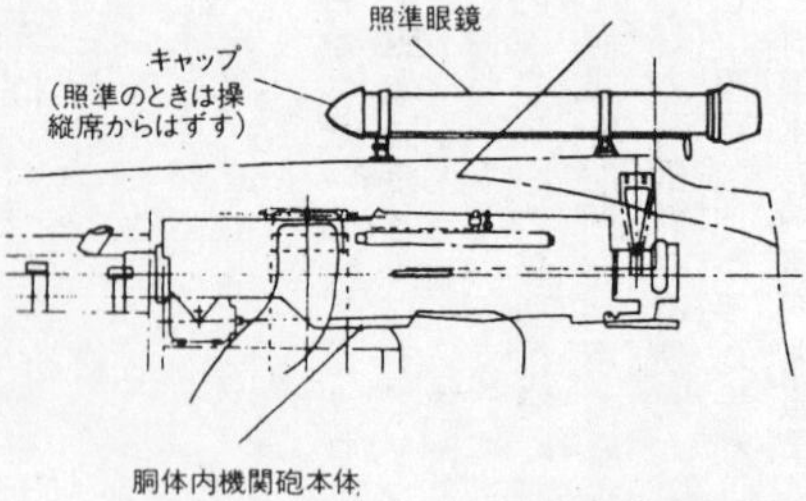

日本陸軍一式戦闘機「隼」一型
の眼鏡式照準器

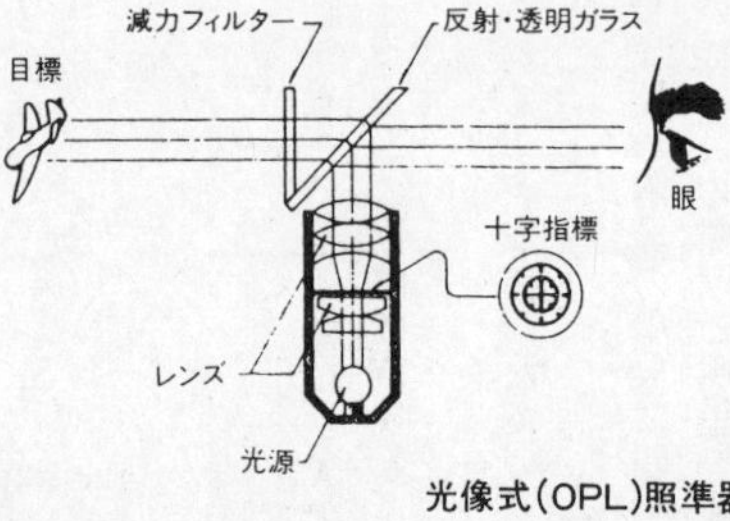

光像式(OPL)照準器による照準法

眼保護ゴムに片目をあて、内部のレンズを通して照準する。内部には照門と同じように十字型の目盛りがあり、この目盛りに目標を入れて射撃するわけだが、照準の間じゅう目を離すことができないので操縦姿勢にむりがあり、後方の見張りにも不便だった。しかも一部が機体の外に突き出ているため空気抵抗も多く、やがてより新型で照準のらくな光像式照準器にかわった。

これは別名ＯＰＬ照準器ともよばれたが、ひと口にいえばレンズ、フィルターおよび照明用のランプを内蔵した小型ボックスで、照準しようとするときスイッチを入れてランプを点灯するようになっていた。

ドイツ空軍ではやくから実用化していたもので、日本が太平洋戦争直前に輸入したメッサーシュミットＭｅ109戦闘機にはこの照準器がつけられていた。

日本ではこのころ「隼」や零戦にまだ望遠鏡式の照準器を使っており、このあとの改良型からＯＰＬ照準器を使うようになった。

まずランプが点灯されると、この光で上方の斜めになったガラス面に、レンズ系の中の照準点の十字型や丸型の指標が映し出される。パイロットはこの照門に相当する斜めガラス板上のパターンと照星に相当する前方の円型照準リングに目標を入れるよう照準する。

望遠鏡式とちがってパイロットが照準器に目をつけている必要がないこと、目の位置が少しぐらい動いても精度にたいした影響がないこと、目標がとらえやすいことなどの点ですぐれていたが、敵機との射距離はパイロットの目測にたよらなければならず、経験ずみの飛行

日本陸軍四式戦闘機「疾風」の光像式照準機

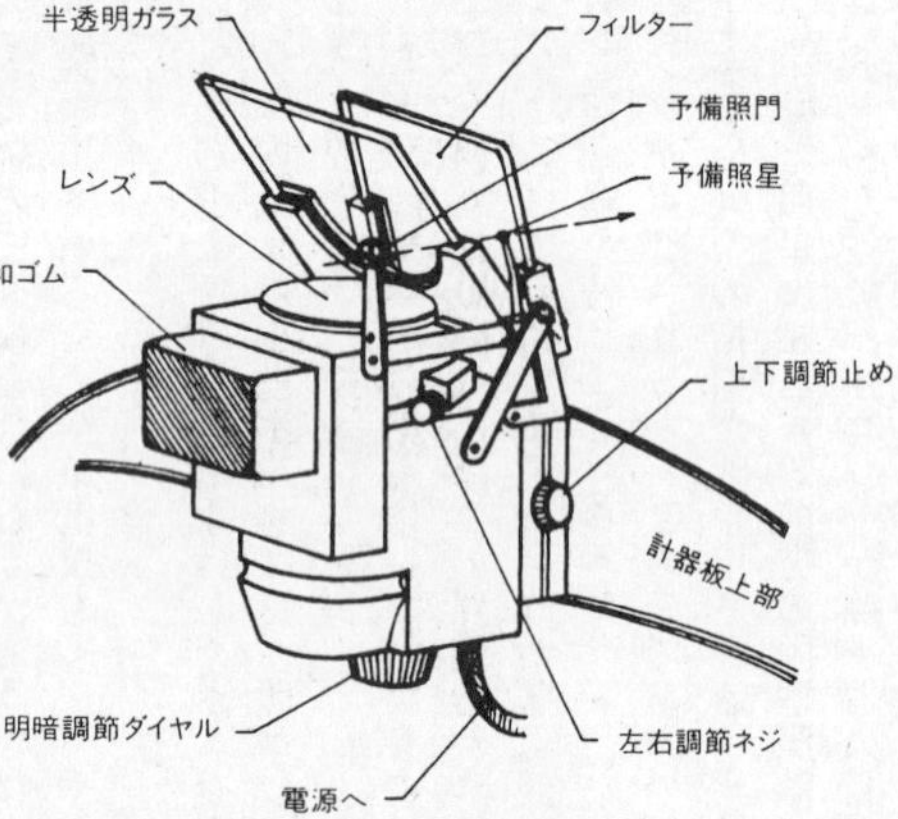

機ならともかく相手が予想外に大きい場合は距離の算定を誤って遠くから撃ってしまい、少しも当たらないということもあった。

太平洋戦争で日本の「隼」や零戦がはじめてボーイングB17やB29爆撃機に対戦したときがそれで、このため戦闘機をB17やB29の翼幅と同じ間隔で二機並べて飛ばせて、距離の目測の訓練を行なったという。

こうした距離算定の困難さは連合軍側とて同じだったが、大戦末期に敵機の翼長に合わせて光像の環の大きさを変える装置を取りつけてからは距離測定が正確になり、撃墜率は五倍にはね上がったという。

これをジャイロ・コンピューティング・サイトとよんでいた。

機銃の取付角度による火線の変化

日本海軍では200メートル前方で火線が集中するように取付角度を調整した

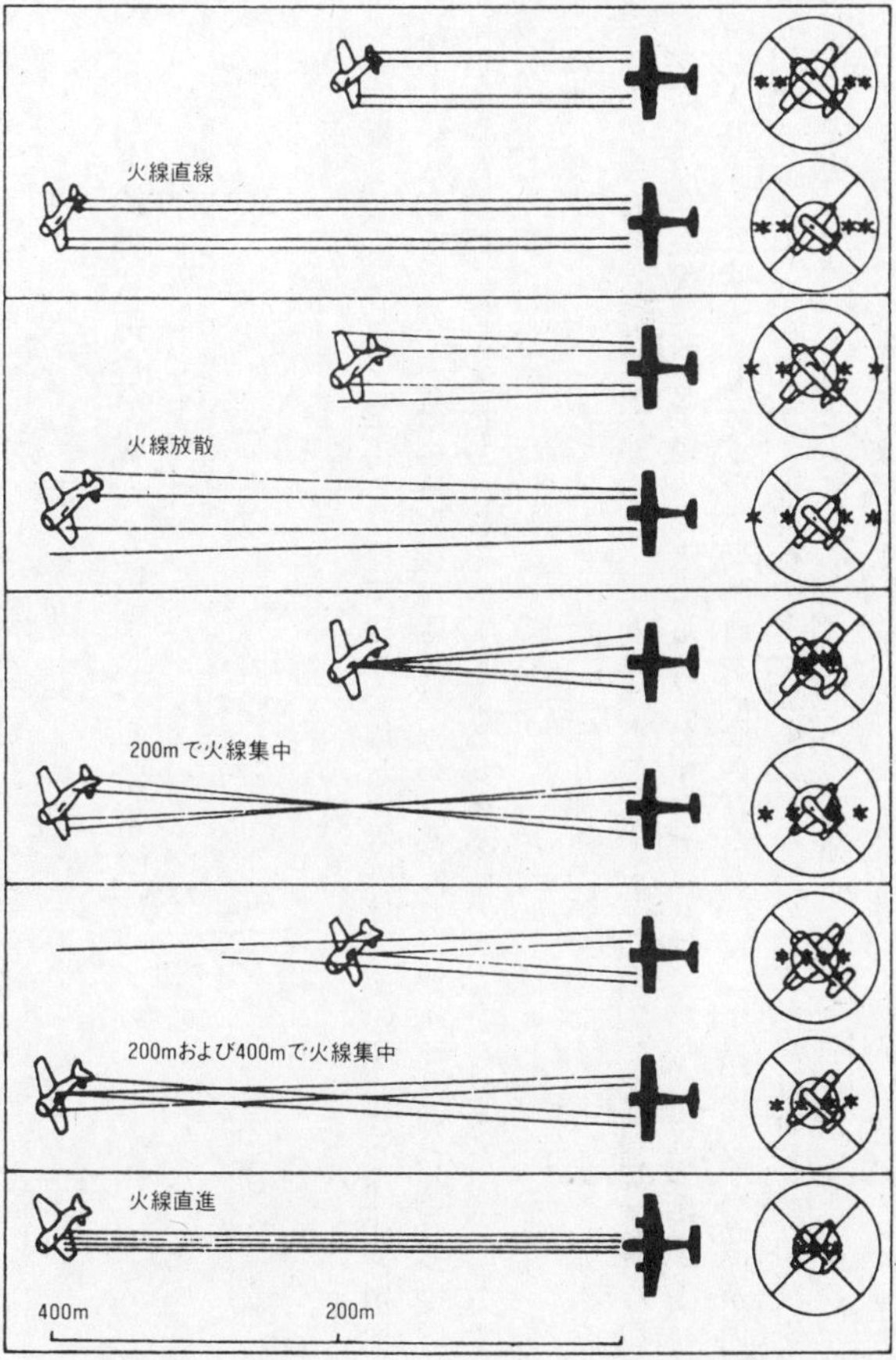

27 ベルト給弾式弾倉で威力を倍増した「紫電改」

日本の戦闘機としてはじめて二十ミリ機関砲を装備した零戦は、そのすぐれた性能と相まってすばらしい成功を収めた。敵の戦闘機は零戦に追いつめられ、二十ミリ弾の洗礼を受けて空中に飛散した。パイロットたちはこぞって二十ミリ機関砲の威力をたたえたが、一方では携行弾数の少ないことが不満のたねとなっていた。

というのは、当時はまだベルトで連結された二十ミリ弾用の弾倉がなく、六十発しか入らないドラム型の弾倉を使っていたからだ。エリコン型の二十ミリ機関砲の発射速度は毎分四百八十発だから六十発を連続して撃ったとすると、わずか七、八秒で撃ちつくしてしまう。そこで百発入りと百二十発入りのドラム型弾倉が計画されたが、百二十発入りだと直径が大きくなり、厚さ三十センチたらずの戦闘機の薄い翼に入らないので、結局は百発入りだけを進めて開発に成功した。

しかし、これでも零戦の翼内には収まりきらず、主翼の上下面にわずかなふくらみをつけることになった。先にのべた「紫電」一一型乙の翼面下にぶら下がった二十ミリ機銃の弾倉もこれであった。

ドラム型弾倉ではどうしても限界があるところから、二十ミリ弾のベルト給弾式が研究され、ようやく完成されたところで零戦五二型に装備された。弾丸の数は百二十五発、主翼を改造して弾倉をはめこむようにした。昭和十八年の夏、有名なラバウル航空隊がソロモン群

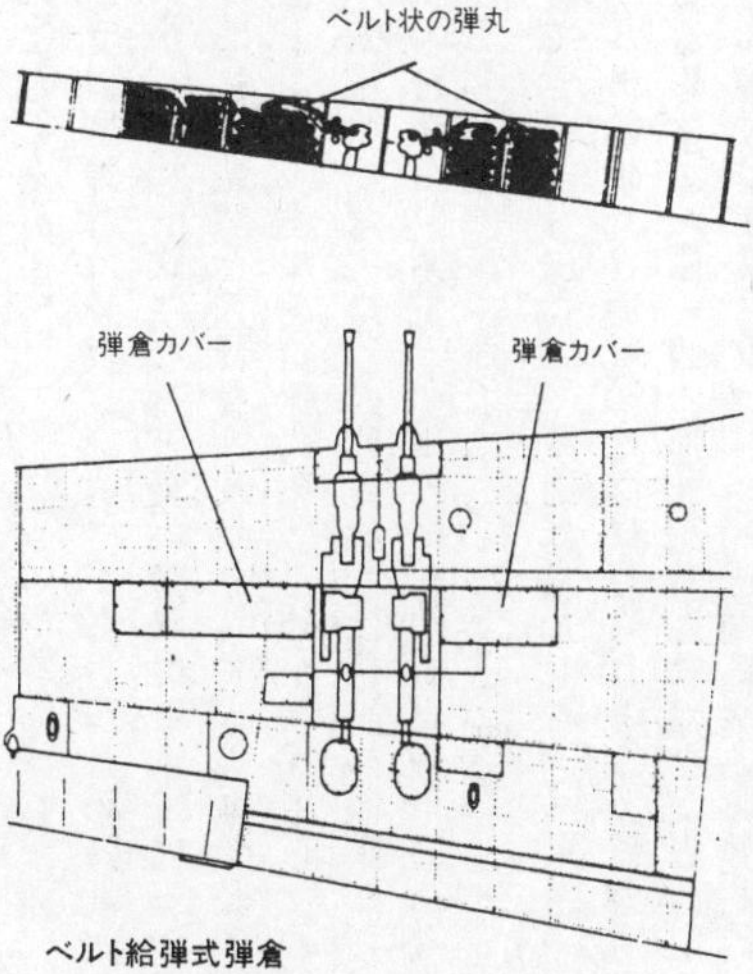

ベルト給弾式弾倉
（日本海軍の「紫電改」の20ミリ機関砲の例）

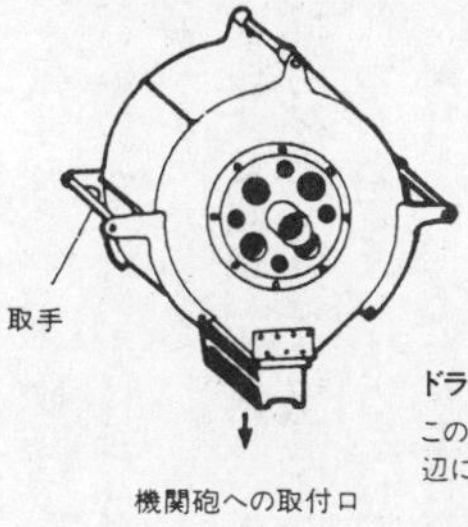

ドラム型弾倉
この中にマガジンの周辺に弾丸が入っている

島やニューギニア方面で、アメリカやオーストラリアの航空隊と激しい戦いを続けていたころのことである。

ドラム型弾倉はマガジン式で、あらかじめ弾丸がつめられた弾倉をそっくり取りかえればよいが、ベルト式になると長い帯状になっているので、細長い箱型の弾倉の中に折り重ねるようにして整然と入れなければならず、弾丸の装塡には時間がかかった。

二十ミリのベルト給弾式をはじめから採用したのは陸軍では四式戦闘機「疾風」、海軍では「紫電改」だった。「紫電改」は設計の段階からベルト給弾式を使うつもりで主翼の設計をやったから「紫電」のように一門を翼の下にぶら下げるといったぶざまなことをやらず、二門(片翼につき)ともきれいに翼内に収まっただけでなく、弾倉も一門あたり二百発以上収容できるようになって威力は倍加した。

ベルト給弾式というのは図に見られるように弾丸が一個、一個連結されてベルト状をしているもので、一個一個の弾丸があとにつながる沢山の弾丸の帯を引っぱる。したがって最初の方の弾丸は非常に重いものを引っぱらなければならず、しかも連続運動ではなく一秒間に十回以上も間欠運動を強いられるところにむずかしさがあった。この点ではマガジン式のドラム型弾倉はらくだった。

零戦などに使われていた二十ミリ弾は一個あたり百二十四グラムだったが、三十ミリ弾になると三百五十グラム、四十ミリだと八百グラムというように格段に重くなり、ベルト給弾式はむりだった。

28　主役の座を明けわたす光学照準器

光学照準器が大いに幅をきかせた第二次大戦が終わって、ジェットの時代になっても、いぜんとして光学照準器の時代は終わらなかった。しかし、それはたんなる照準、射撃の主役ではなく、火器管制装置というひとつのシステムの中の一機器としてであった。

航空自衛隊で迎撃専門に使われていたロッキードF104DJにはこの火器管制装置（ファイヤー・コントロール・システム）略してFCSがつまれており、これでバルカン砲、空対空ミサイル、ロケット弾などの照準発射をコントロールする。この装置はF15Jナサール、光学照準装置、レインジ・コンピューター（距離測定コンピューター）の三つで構成されていた。

F15Jナサールは、機首のコーンの中におさめられたレーダー・アンテナ、コンピューター、指示板などで構成され、その部品の数はざっと十万点といわれている。これでふつうの飛行のときは地形や障害物をレーダー・スコープに映し出し、攻撃のときは目標をとらえると現在の自機の飛行姿勢、搭載兵器、目標の動きなどからどの方向に飛行すればいいかを指示装置上にあらわすようになっていた。

だからパイロットはこの装置の指示どおりに操縦して発射ボタンを押し、退避操作をやればよく、光学照準器とレインジ・コンピューターはあくまでも補助的なものに過ぎない。

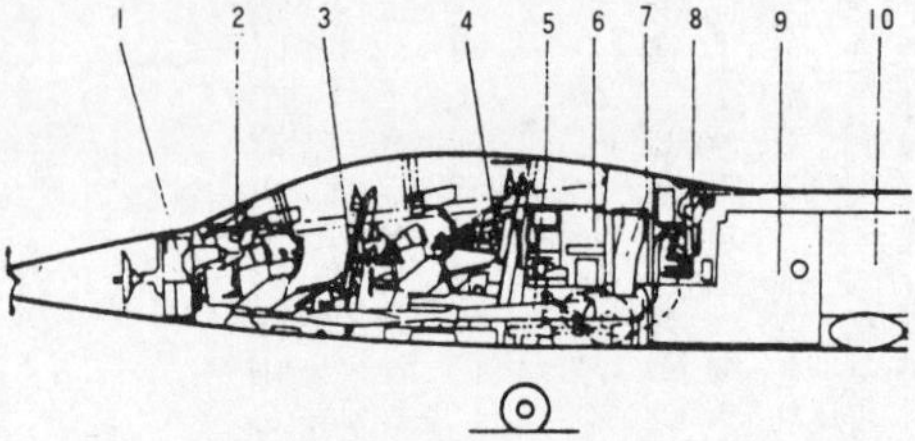

航空自衛隊のロッキードF-104Jの操縦席部分

1　ナサール　2　光学照準器　3　前部射出座席　4　後部射出座席　5　銃倉(TF型では増加タンクになる)　6　電子装置　7　弾倉(TF型では一部が電子機器)　8　与圧とエアコンディショニング装置　9 前部燃料タンク　10　後部燃料タンク

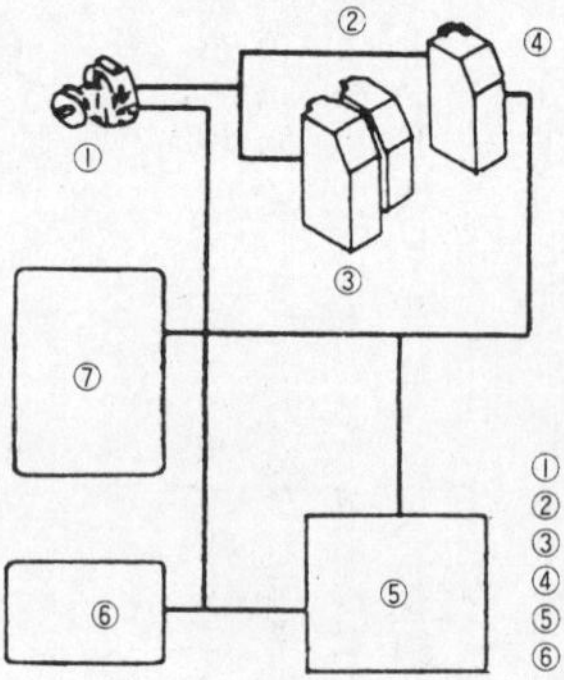

① レーダーアンテナ
② 電動管制増幅器
③ 低圧電源
④ 武器管制計算機
⑤ レーダー操作盤
⑥ 間隔面、アンテナ傾斜指示器
⑦ レーダー指示器

ナサール主要機械図

29　風防ガラスにデータを表示

F104ではパイロットの前面にレーダースコープや光学照準器がついていたが、もっと進んだものにヘッドアップ・ディスプレー、略してHUDとよばれる電子式の表示装置がある。

これはパイロットの前面にはじゃま物が何もなく、前面風防ガラス上に必要なあらゆるデータを映し出すようになっており、パイロットは計器盤に目をうつすことなく前方だけを見ていればよい。この映像はコンピューターによってわかりやすい記号に直されたデータを、ヘッドアップ・ディスプレーのブラウン管を通して前面風防ガラスに投射したもので、目の前に必要なデータがすべて図示されるので、ふつうの飛行はもちろん、攻撃の際の照準装置としてきわめて有効だ。

次頁の図はスウェーデンの最新鋭戦闘機サーブ37ビゲンのヘッドアップ・ディスプレーだが、ポーラー・トラックというのは飛行方向を示すもので、いくつかの縦線の真ん中をねらって飛べば安全ですよという表示である。人工水平線は二本の横線で水平面を示し、速度べ

サーブ37ビゲン（スウェーデン）のHUD表示

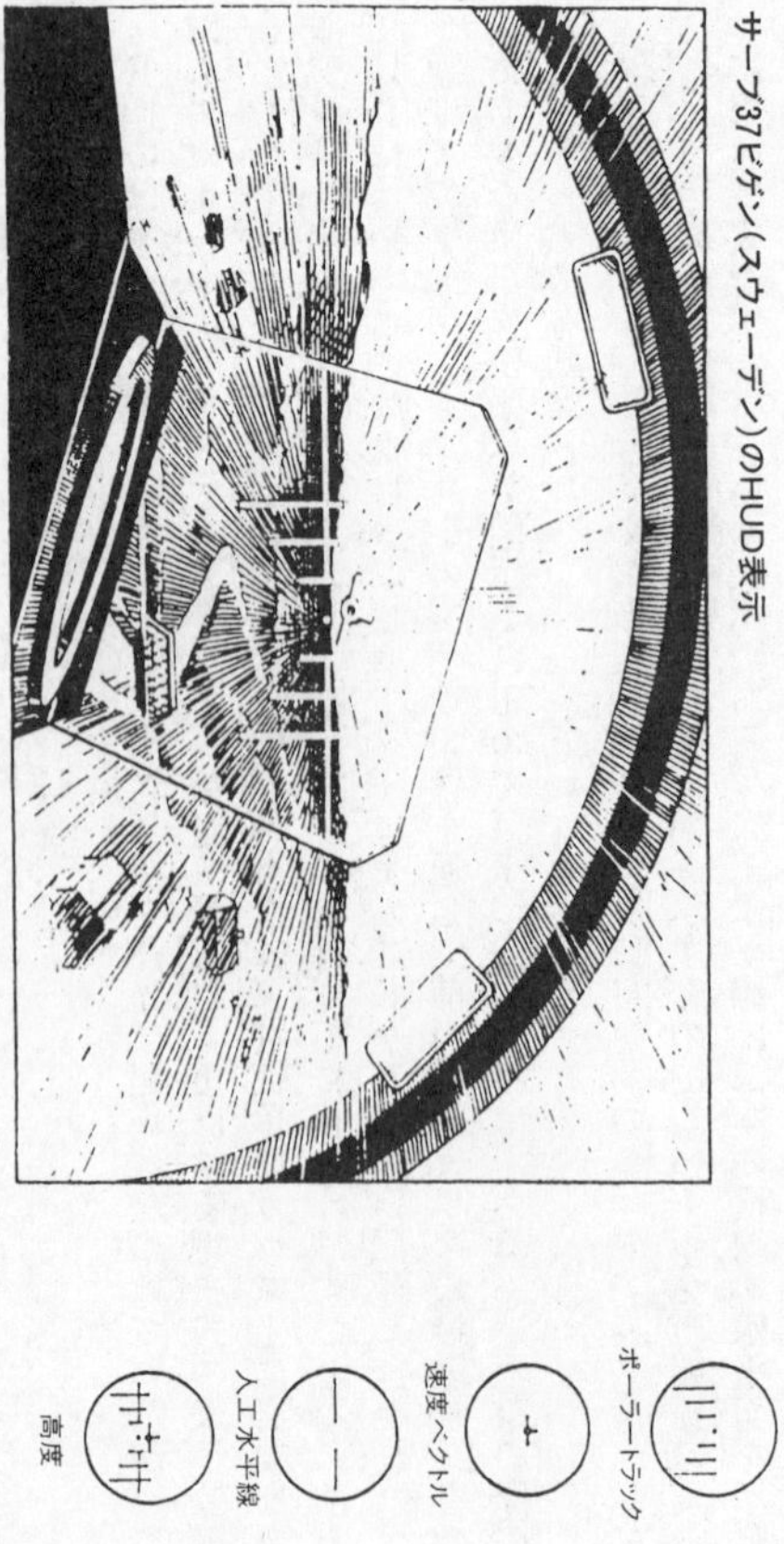

クトルは実際の飛行方向（風に流されているときは機首の向きと一致しない）を示す。人工水平線が上あるいは下にあるときは機首の上下がわかるようになっている。

要するにふつうならパイロットがいちいち計器を見て判別しなければならないことをコンピューターがかわりにやってまとめて見せてくれるわけだが、この装置をふくめた全体の電子装置一機分が約四十万ドル（一億二千万円）もするという。

30　迎撃システムの一部となった戦闘機

第二次大戦までの敵機迎撃法は、地上あるいは機上のレーダー、もしくは前方に配置した監視所からの報告で敵編隊の来襲時刻を予想し、これから逆算して「迎撃待機」「発進」などの指令が出され、空中に上がった迎撃機に対しては地上でレーダー・スコープを見ながら対空音声無線機で誘導を行なうというものだった。

このレーダーと対空無線機による新しい迎撃システムを最初に開発したのはイギリスで、戦闘機を集中的に使うことによって数のうえで優勢だったドイツ空軍を破り、イギリス本土攻略の夢を打ち砕いた。日本も大戦末期にはこのシステムを採用しようとしたが、なにしろ電波関係の技術が貧弱で、地上から空中、空中の飛行機同士の通話連絡がうまくいかないので、かたまってやってくる敵編隊に対してつねに少数機で迎撃しなければならず、集中使用による大きな打撃をあたえることができなかった。

第二次大戦後もイギリスが開発した迎撃システムが踏襲されていたが、この世界にも電子

早期警戒迎撃システム(縮図式)

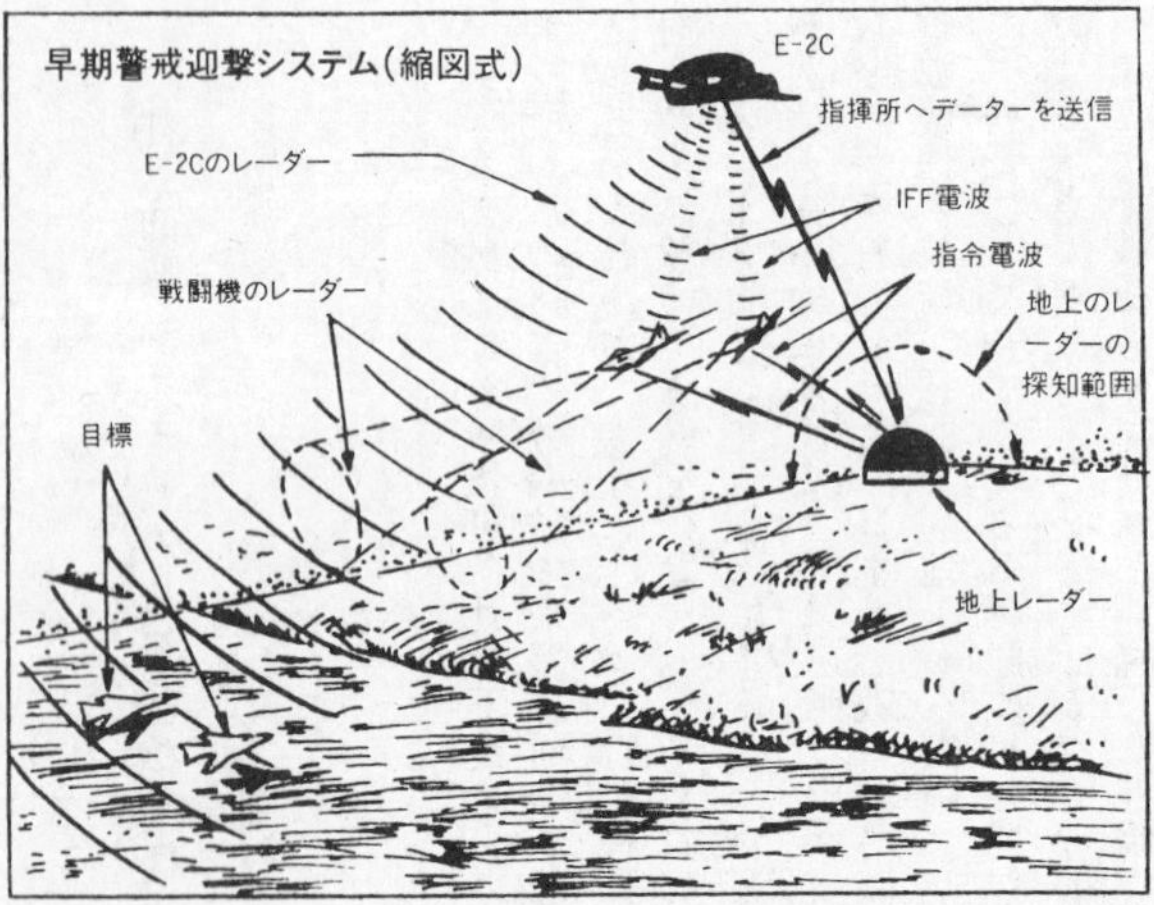

装置が導入されるようになると、迎撃もまたコンピューター・システムによって行なわれることになった。

従来の迎撃システムだと、地上からは単に情報を送ってくるだけで、それを受けたパイロットなり指揮官が自機の速度、高度、飛行方向、飛行姿勢などをメーターを見て知ると同時にすべての必要な動作を自分でやらなければならない。この判断なり操作が悪いと、せっかくの地上からの情報もむだになってしまうことが起こる。人間の感覚による操作にはどうしても正確さに限界があるし、それに視界が悪いときにはなおのこと困難になる。

パイロットがすべての操作をやらなければならない繁雑さを避けるため、全天候型戦闘機などでは別に専門の航空士(あるいは航法専門のナビゲーター)を乗せるようになっているが、それでも人間の判断やカンに頼らなければならない部分が多いことにかわりない。

こうしたことから、人間の判断の部分はすべてコンピューターにまかせてパイロットはただその指示どおりに機を操作すればいいようにしたのが、現在、日本の空の防衛に使われているバッジ・システム（半自動警戒管制組織）だ。

日本各地に配置されたレーダー・サイト（監視所）が目標を捉えると、その飛行方向、距離、高度などが自動的に警戒管制センターの迎撃コンピューターに送り込まれ、迎撃機のスクランブル（緊急発進）となる。必要なデーターは迎撃機にも送られ、パイロットはその指示にしたがって機を目標に向ける。もっと進んだ戦闘機はスイッチをセットしておけば自動的に機械がやってくれるようになっている。

以前、北海道の函館にミグ25がやって来たとき、バッジ・システムによって緊急発進したF4EJファントムが目標を見失ったということで問題になったが、低空で進入して来る敵機に対しては電波が障害物にさえぎられレーダーが役に立たないことがある。

このために、地上の障害物の影響を受けないAEW（早期警戒発見）機の装備がクローズアップされた。

31　金のかかるジェット機の出動

「早く、早く！」

ひと戦闘終わって着陸したパイロットが機体を叩きながらもどかし気に叫ぶ。それッとばかり弾薬を肩にかついだ整備員がかけつけ、燃料補給は簡単なタンク車から、それがなければドラム缶からの直接給油で、せいぜい四、五人で寄ってたかって十分から十五分もあればふたたび離陸して行くことができたのが第二次大戦のころの話。それが現代のジェット機になるといささか、かってがちがってくる。

かつて日本の航空自衛隊をはじめ、西側諸国で迎撃戦闘機としてかなり使われていたロッキードF104戦闘機の西ドイツ空軍での例をみよう。

F104戦闘機を戦闘のため短時間に再発進させるためには、さまざまな支援機械がいる。図でAは燃料補給車、Bは機関砲整備車、Cは液体酸素補給車、Dは操縦席乗降用はしご、Eは爆薬補給車、Fは爆弾ホイスト、Hは圧縮空気始動および動力車、Iは動力源車、Jは作動油補給車、G、Kはミサイルホイストである。このうちミサイルを使って迎撃する場合はB、E、Fはいらないし、地上攻撃の場合はミサイルをつけないからGとKはいらない。しかしいずれにせよ、着陸した戦闘機のまわりに十台前後の各種車両がわっと集まり、いっせいに作業を開始するのだからたいへんだ。しかも補給される燃料、弾薬、つみこまれる爆弾の大きさも第二次大戦当時の数倍から数十倍になっている。

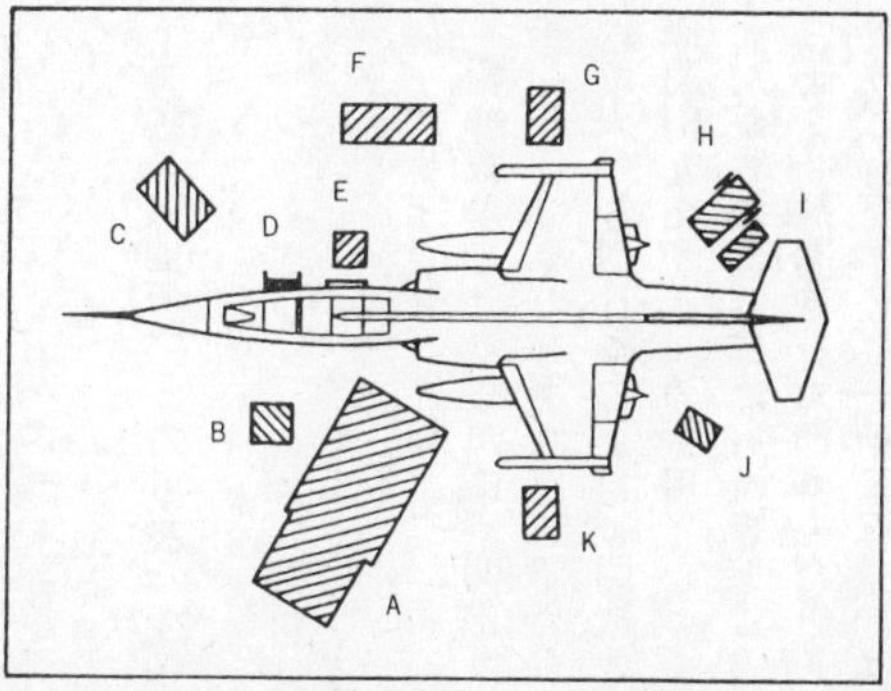

航空自衛隊ではF104Jを二十四ないし二十五機で一個戦闘単位としていたが、この部隊を維持するためには人員だけでもパイロット五十名、地上整備員百二十名、その他百五十名となっていた。

しかもパイロットはもちろん、地上整備員だって高度の訓練と知識をもった技術者だから、これらの人件費は一ヵ月にいまのお金にして一億円ちかくになるだろう。だがこれでもほかの費用全部を合わせた金額からすれば数分の一に過ぎないというから、超音速戦闘機部隊を維持するにはいかに金がかかるかがわかる。これがさらにF4ファントム、あるいはF14、F15、F16など、ソ連のミグ25あたりになるとさらに大きな費用となることは明らかだ。

32　みずからの重さに泣く機関砲

朝鮮戦争ではたしかに機関砲は威力を発揮した。そしてベトナム戦争でも中東戦争でもいぜんとしてその有用価値が認められ、アメリカでもっとも新しい制式戦闘機グマランF14トムキャットや日本の主力戦闘機となったマクダネル・ダグラスF15イーグルなども、武装は機関砲とミサイルの併用となっている。

だがこの機関砲にも泣きどころがある。先にものべたように機関砲自身の重量だ。かりに二十ミリ機関砲を六門つんだとした場合、重量は二百キロ以上となり、これに弾丸を一門あたり二百発として一千二百発ではざっと二百キロから三百キロ、合わせて五百キロとなる。もうひとつはスペースの問題で、この両方の制約があって携行弾数が意外に少ないことだ。

たとえば口径二十ミリ級ではアメリカのF４Eファントムが一門あたり二百八十発、A４Eスカイホークが二百発、ソ連のミグ21の二十三ミリ砲が二百発、三十ミリ級ではソ連のスホーイSU７Bが百七十発、フランスのダッソー・ミラージュが百二十五発である。毎分約一千発の二十ミリ砲の発射速度からすると、だいたい十秒ないし二十秒で弾丸がなくなってしまう。

もっとも実際に弾丸を撃ってみると二十秒というのはかなり長い時間で、現代の空中戦での攻撃可能時間はほんの数秒に過ぎないから、これでいいのかも知れない。

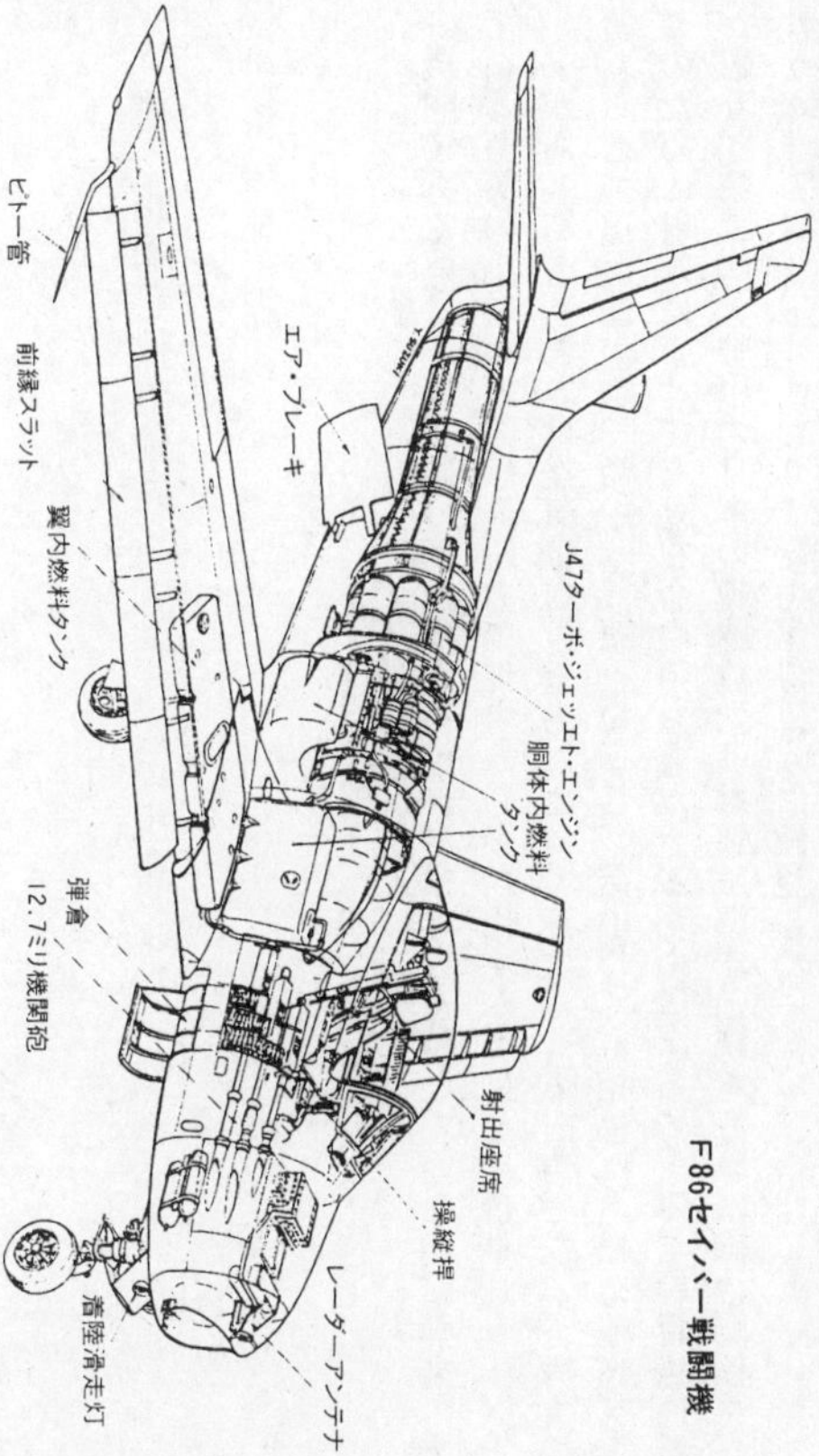

F86セイバー戦闘機

33　頭脳を持つ弾丸・ミサイルの出現

機関銃あるいは、機関砲の弾丸は、それ自身推進力を持っていない。弾丸のうしろについている薬莢の中の火薬の爆発圧力で銃身から飛び出すが、はじめは秒速一千メートルのスピードがあっても、あとは空気抵抗と重力によって速度はへる一方となる。弾丸のスピードが落ちると弾道が曲がって命中率は悪くなるし、命中しても相手にあたえるダメージがへる。このために射撃によって有効な命中弾をあたえるためには、できるだけ目標に接近する必要があり、第二次大戦中の日本の戦闘機では射撃照準器と銃あるいは砲の関係を、二百メートルから三百メートルあたりで命中するように調整していた。

速度が当時の二倍から三倍になった現在のジェット機でも、空中射撃の有効な距離はせいぜい七百メートルから八百メートルで、目標が移動しない対地攻撃でこの倍ぐらいといわれている。

有効な射距離をのばすことは、それだけ攻撃時間を長くすることができ、敵の反撃を避けるうえでも望ましいことだ。そこで第二次大戦の半ばごろから自身で推進力を持つロケット弾が登場し、さらにこれに誘導装置をつけたミサイルへと発展した。いってみれば誘導ミサイルはロケット弾に頭脳と追跡能力をあたえたものだ。

ミサイルとは矢とか飛び道具という意味で、広い意味では機銃や機関砲弾、ロケット弾、爆弾などもミサイルの一種だが、一般にはエレクトロニクスを利用した誘導装置つきロケット推進弾のことをミサイルといっている。したがって、この本でも単にミサイルといったらこの種の誘導ロケット弾と考えていただきたい。

ミサイルは目標や用途に応じて、じつにさまざまなものが各国で開発されているが、機関砲弾が単に内部に炸薬の入った弾丸だけなのに対し、ミサイルは誘導装置、弾頭、推進機関の三部で構成されている。

弾頭はふつうの機関砲弾のような通常弾頭が多いが、なかには核弾頭をつけられるものもある。推進機関としては固体あるいは液体ロケットが一般には使われているが、大型の戦略用ミサイルではターボジェット・エンジンを使ったものが多い。もっとも、これは大型になるので戦闘機用ではなく爆撃機用だ。

誘導装置はミサイルの頭脳であり、もっとも重要な部分だが、レーダーによるものと赤外線によるものとがある。ミサイルが目標を追跡していくことをホーミングといっているが、本来は家に帰ること、あるいは鳥が巣に帰る帰巣本能という意味で、ミサイルの目標になった相手にとってはあまりありがたくない性質だ。

マクダネルダグラスF-4Eの武装

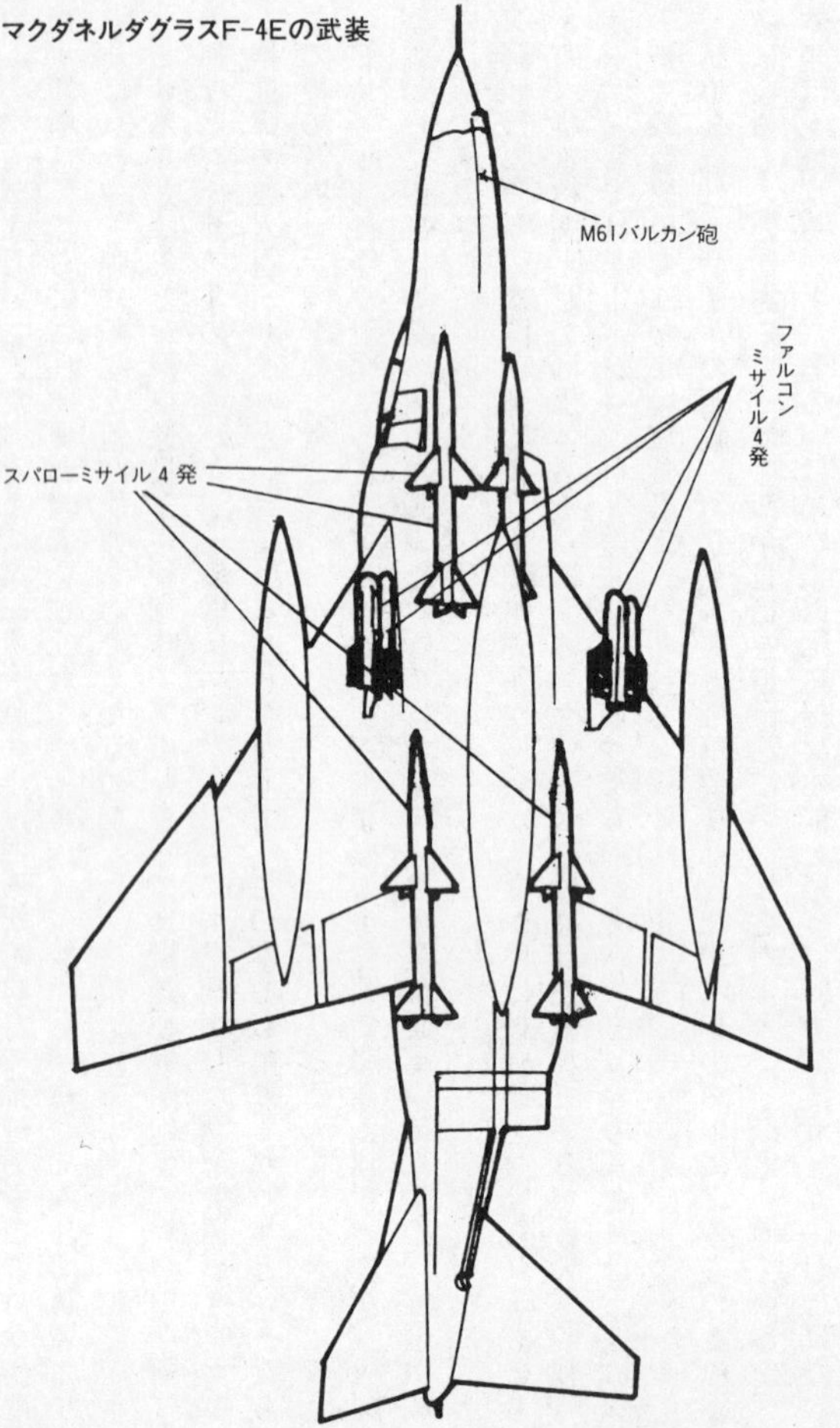

戦闘機につまれるミサイルの射程は最大数キロメートルといわれているが、これは実際に飛ぶ距離ではなく、誘導装置が有効に働く時間を距離に換算したもので、高度や飛行姿勢によってはかなり遠距離まで飛ぶ。強力なミサイルの流れ弾はきわめて危険なので、誘導装置の作動がとまってミサイルがホーミングをやめたあとは自爆するようになっている。

ミサイルには大きくわけて飛行機対飛行機の戦闘に使われる空対空ミサイル（ＡＡＭ）、空対地（もしくは艦船）ミサイル（ＡＳＭ）があり、いずれも機関砲の約十倍の有効射程をもっている。

アメリカ製の空対空ミサイルの場合、飛行速度は発射後二秒ないし三秒で最大になり、十秒たらずで速度は半分に落ちてしまう。最大射程の七～八キロに達する時間は七、八秒かかるので、あまり遠くから発射したのでは命中率がいちじるしく低下してしまう。したがって、命中精度が保証されるのはせいぜい最大射程の三分の二ていどがたしかなところだ。

ミサイルは射程も相手にあたえる打撃も大きいところから、いまや世界の超音速戦闘機の標準武装となっており、多少の飛行機の性能の差などは、搭載ミサイルの優劣にくらべれば問題にならないとまでいわれるほどだ。

34 排気焔を追う赤外線ホーミング・ミサイル

ミサイルの誘導方式には、赤外線ホーミングとレーダー・ホーミングとがあり、それぞれ一長一短がある。

赤外線ホーミングとは、ミサイルに組み込まれたセンサー（感知器）が赤外線（熱線ともいい、要するにジェット・エンジンの排気焔などのような高熱）をキャッチしてその熱源である敵のジェット機を追跡する方式だ。戦闘機が敵機を追跡し、ミサイルのセンサーが敵機の熱線を感ずると、操縦席内のブザーやランプの点滅によってパイロットに警告し、パイロットが発射ボタンを押せばあとはミサイルが自動的に赤外線の発生源である敵機をホーミングするようになる。

この方式はつぎにのべるレーダー・ホーミング方式にくらべてミサイル自体のホーミング装置が簡単で、母機の方にも特別の発射管制装置がいらないから安上がりだ。また、レーダー・ホーミングのように電波妨害によってかく乱されるのを防ぐための予防装置もいらないから、戦闘機用としてもっとも多く使われている。

欠点としては、射程が短いこと、天候の具合いによって使えないから全天候性に欠けること、また排気焔は飛行機の後方から出ているので、かならずうしろから攻撃しないとミサイ

空対空ミサイル(AAM)・その1

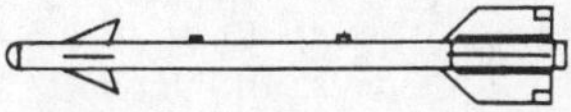

AIM-9B サイドワインダー(アメリカ)
射程 7 km　速度マッハ 2　重量72kg　全長2.87m　赤外線ホーミング　日本でも使用

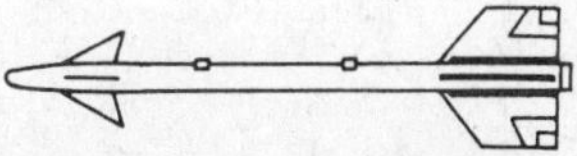

AIM-9D サイドワインダー(アメリカ)
射程18km　速度マッハ2.5　重量84kg　全長2.9m　赤外線ホーミング

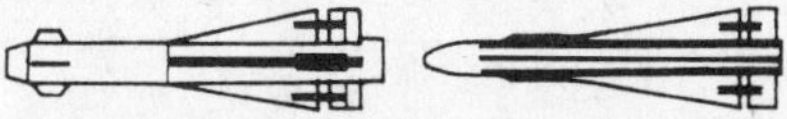

AIM-4Dファルコン　AIM-4Gスーパーファルコン
射程 9 km(11km)　速度マッハ2.5(3.0)　重量60kg(66kg)　全長1.98m(2.06m)　赤外線ホーミング、AIM-4DはF-4Eファントムに使用

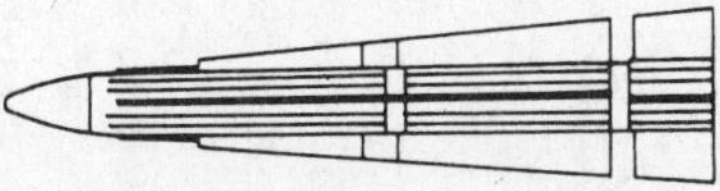

AIM-47A長射程ファルコン(アメリカ)
射程75km　速度マッハ 6　重量363kg　全長3.81m　赤外線またはレーダー・ホーミング　ロッキードYE-12に搭載予定だったが開発中止

ルの効果がないということだ。

しかも、赤外線センサーは熱源を区別することができないから、敵が太陽の方角にある場合はジェット機よりはるかに大きな熱源である太陽に向かってそれてしまうことがあるし、敵味方入り乱れた空中戦では味方機をホーミングしかねない危険がある。事実、ベトナム戦争では味方機を撃墜してしまったこともあったようだ。

赤外線ホーミング方式のミサイルでもっとも多く使われているのは、空対空ミサイルとしてアメリカ空軍が開発したサイドワインダーで、日本の航空自衛隊および西側諸国の空軍でひろく使われている。安価なことが最大の利点だが、細長いために大きなGがかかると折れてしまうことがある。

ファルコンもまたサイドワインダーについで大量に使われている空対空ミサイルだが、レーダー・ホーミング方式のものと数量的には半々につくられ、全天候型戦闘機の主武装になっている。

イギリスの代表的な赤外線ホーミング・ミサイルには空対空用のファイヤーストリークとレッドトップがあり、ＢＡＣライトニングやホーカーシドレー・シービクセン戦闘機に装備されている。

アメリカのサイドワインダーやファルコンが、発射重量五十五キロから八十二キロと、比較的軽量なのに対し、イギリスのファイヤーストリークとレッドトップは、いずれも百三十六キロと重量級である点は興味ぶかい。

フランス海軍および空軍が共同で使っているマトラR530になるとさらに重く、発射重量は二百キロ近くになっている。ソビエトはアメリカのサイドワインダーとよく似たアトールというのがあり、ミグ21戦闘機の主武装となっている。

いずれにしても赤外線ホーミング方式は熱源を追跡するという性質上、空対空が主で、その重量もせいぜい二百キロどまりとなっている。

空対空ミサイル(AAM)・その2

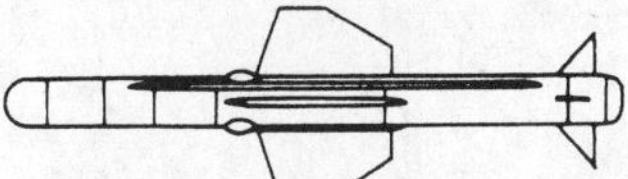

レッドトップ(イギリス)
射程11km　速度マッハ3　重量136kg
全長3.5m　赤外線ホーミング

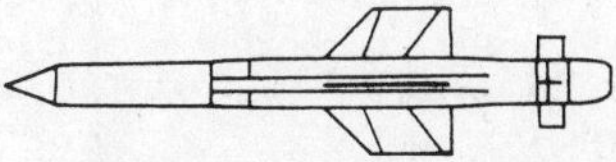

ファイヤーストリーク(イギリス)
射程8km　速度マッハ2　重量136kg
全長3.19m　赤外線ホーミング

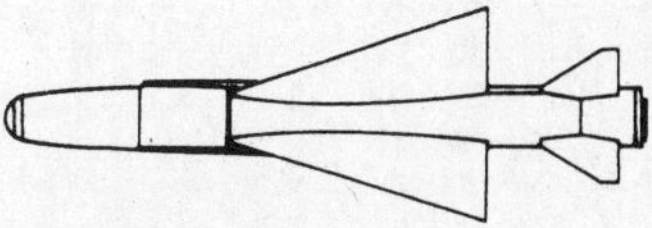

マトラR530(フランス)
射程18km　速度マッハ2.7　重量195kg
全長3.35m　赤外線ホーミング

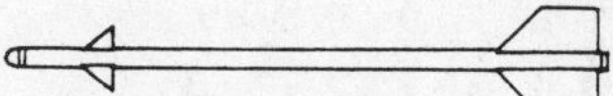

AA-2アトール(ソビエト)
射程3km　速度?　重量70kg　全長2.79m
赤外線ホーミング　ミグ21の標準武装

35　全天候型レーダー・ホーミング・ミサイル

レーダー・ホーミングとは、ミサイルが赤外線センサーのかわりに母機から発せられて目標から反射したレーダー波の受信装置を持ち、その反射波の方向にホーミングする方式だ。

この場合は、発射コントロールのための複雑で高価な装置を必要とするばかりでなく、敵の電波妨害（ECM）を防ぐための対策（ECCM）も必要だ。しかし、赤外線ホーミングのように、天候や攻撃角度の制約がなく、かつ遠距離から発射できるという大きな利点がある。しかし何ぶんにも赤外線方式にくらべて高くつくので、いまでは両方を半々ずつ装備する方法もとられている。

レーダー・ホーミング・ミサイルでは、何といってもベトナム戦で大量に使われたアメリカ海軍のスパローⅢBが有名で、赤外線ホーミング方式のサイドワインダーやファルコンの射程がせいぜい七キロから十一キロどまりであるのにたいし、二倍から三倍の二十二キロと長いのが特長だ。ファルコンとともにF4ファントムの標準装備となっている。

空対空ミサイル(AAM)・その3

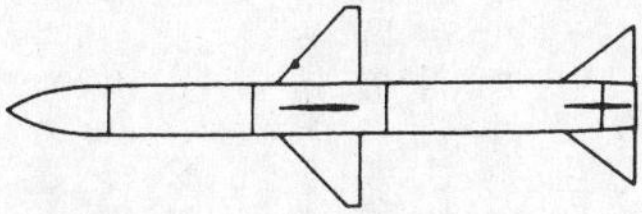

AIM-7EスパローⅢB(アメリカ)
射程22km　速度マッハ2.5　重量204kg
全長3.66m　レーダーホーミング

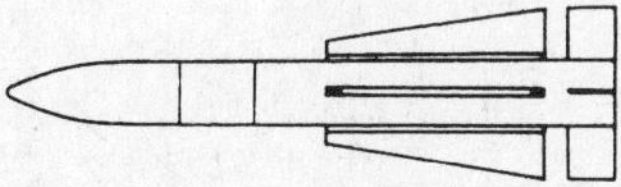

AIM-54Aフェニックス(アメリカ)
射程11〜16km　速度マッハ？　重量380kg
全長3.96m　レーダーホーミング

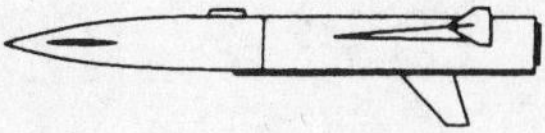

マトラR511(フランス)
射程7km　速度マッハ1.8　重量176kg
全長3.2m　レーダーホーミング

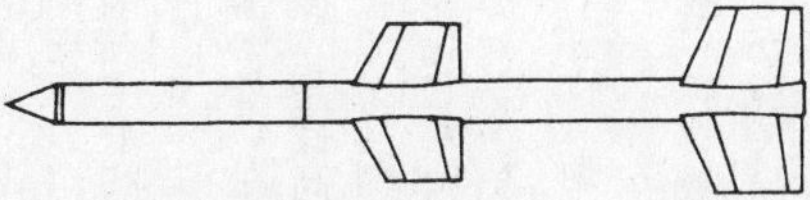

AA-4アウル(ソビエト)
射程8km　速度マッハ？　重量400kg　全長4.65m
赤外線あるいはレーダーホーミング、ミグ25搭載

もっとも恐るべきものは、現在もアメリカ海軍で使われているグラマンF14トムキャットに装備されているフェニックスだ。発射重量は三百八十キロで空対空ミサイルの中では最大であるばかりでなく、射程も百十キロから百六十キロにも達する。アメリカ海軍が行なった実験によると、ミグ25を想定した高度二万五千メートルをマッハ二・二で飛行中の無人標的

機を、高度一万五千メートルをマッハ一・三で飛行中のＦ14から発射してみごと撃墜したといわれる。また数発を同時に発射して一挙に四機に命中したとか、さかんにその威力のほどが宣伝されている。し二百キロも遠方の目標に命中したとか、高度三万メートルで発射

フランスのマトラＲ530はホーミング装置の入ったヘッドを交換することにより、レーダー・ホーミングにも赤外線ホーミングにもなる。中高度で太陽熱の影響のない曇天のときはレーダー・ホーミング・ヘッドを取りつけ、晴天のときあるいは高々度、超底高度、それに敵の電波妨害が激しいときは赤外線ホーミング・ヘッドを使う。主としてダッソー・ミラージュ戦闘機に装備されているが、現在の射程を二倍とし、さらに高性能化したマトラ・スーパー530が開発され、新鋭のミラージュＦ１戦闘機に装備されることになっている。

イギリスは金のかかるレーダー・ホーミング・ミサイルの開発を避け、アメリカのスパローを導入して生産している。

ソビエトの代表的なレーダー・ホーミング・ミサイルであるアウルも、フランスのマトラ同様赤外線ホーミングと両用できる。アメリカのスパローⅢＢにかたちが似ているがやや大きく、発射重量は約倍の四百キロに達する。命中すればそれだけ威力は大きいのだろうが、射程はわずか八キロで、このクラスとしてはやや物足りない。ミグ25戦闘機の標準装備といわれている。

こうしてみると、レーダー・ホーミングの分野では電子技術が発達しているアメリカが世界をリードしていることがわかる。

36　戦闘機の多様化が生んだ空対地ミサイル

これまでのべたのは空対空（AAM）すなわち飛行機から他の飛行機に対する攻撃用のミサイルだが、戦闘機が空中戦ばかりでなく対地攻撃用として軽爆撃機や攻撃機のかわりに使われるようになり、空対地（ASM）ミサイルにも各種のものが生まれた。

投下したあとは、風速、風向きなどで落下コースが左右され、爆撃精度をあげるのがむずかしいので、編隊爆撃によって目標を広く包みこむか、地上砲火に長時間さらされる危険を承知の急降下爆撃のいずれかの方法をとらなければならない爆撃に対し、目標まで誘導できるミサイルは一発必中が望めるので地上の目標を攻撃するにはうってつけだ。だから戦車、橋、トーチカ、海上の艦船などは空対地ミサイルの格好の標的となる。

空対地ミサイルは大きく分けると戦略用と戦術用に分けられる。戦略用ミサイルはB52とかTu95といった戦略爆撃機につまれ、敵国の奥深く侵入して戦略上の重要目標を攻撃するためのもので、当然、空対空ミサイルにくらべ大型となる。

主な空対空地ミサイル・その1

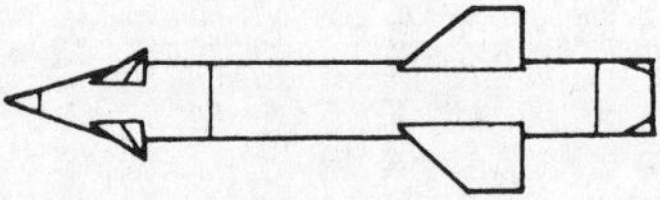

AGM-12Bブルパップ A（アメリカ）
射程11km　速度マッハ1.8　発射重量260kg　全長3.35m　無線誘導

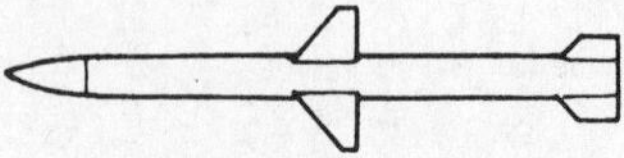

AGM-45Aシュライク（アメリカ）
射程16km　速度マッハ2.0　発射重量177kg　全長3.05m　レーダーホーミング

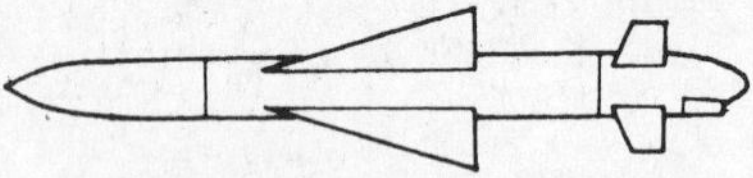

AGM-53コンドル（アメリカ）
射程60〜80km　速度？　発射重量966kg　全長4.25m　初期慣制、最後テレビ誘導

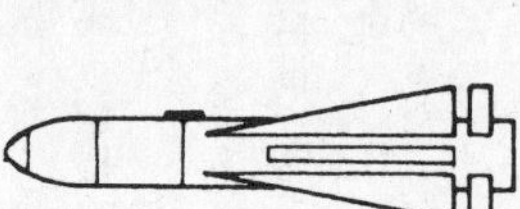

AGM-65Aマーベリック（アメリカ）
発射重量227kg　全長2.24m　テレビ誘導

たとえば、B52につまれるAGM28Bハウンドドッグは、全長約十三メートル、発射重量四・五トンで主翼をもち、胴体下にはターボジェットをつけた小型戦闘機なみの大きなもので、射程も九百六十キロに達する。

戦術用ミサイルは戦略用にくらべてずっと小型で戦闘機あるいは攻撃機につまれるが、空対空ミサイルよりは全般に大型である。

現在、世界でもっとも大量に使われ、またベトナム戦でも効果をあげたのがアメリカのブルパップで、北大西洋条約機構軍（NATO）の標準装備にもなっている。これはレーダー・ホーミングではなく、発射したあとパイロットが無線信号によってミサイルを目標に導く無線誘導方式だった。

ところがこの方式だと、パイロット自身が誘導しなければならないため、命中するまでのあいだは目標の見える範囲の上空にいなければならず、敵の対空砲火にやられる危険が多かった。

ブルパップとともによく使われたシュライクは、レーダー波ホーミングというめずらしい方式を使っていた。たとえば敵のレーダー基地を攻撃するようなとき、そこから発せられるレーダー波に向かってホーミングするものだが、これを知った北ベトナム側が途中でレーダー波をとめてしまったり妨害電波を出したりしたため、しまいには使いものにならなくなってしまった。

そこでこうした欠点を除くためアメリカ海軍ではアイ・シリーズとよばれた一連の空対地用兵器の開発をはじめたが、この中で出色だったのはウォール・アイだった。

これはミサイルではないが、ひれがついた滑空爆弾だった。この爆弾には小型テレビカメラがつき、パイロットはテレビカメラから無線装置で送られてくる画像を見ながら爆弾を誘導できるので、目標上空にいつまでもいる必要はなく、そのため対空砲火にやられる危険がへった。

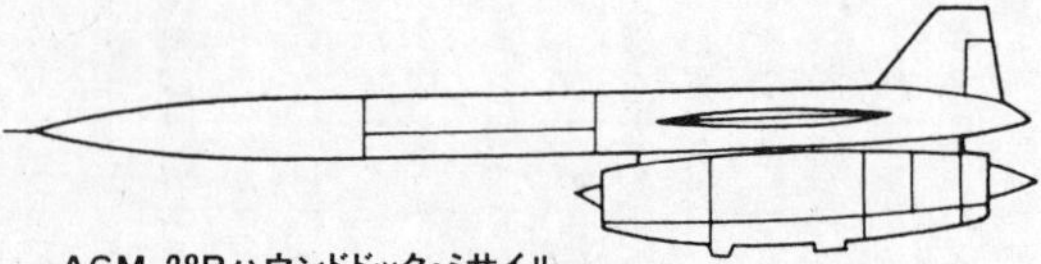

AGM-28Bハウンドドック・ミサイル
全長12.95m　重量4500kg　最大速度2134km/h

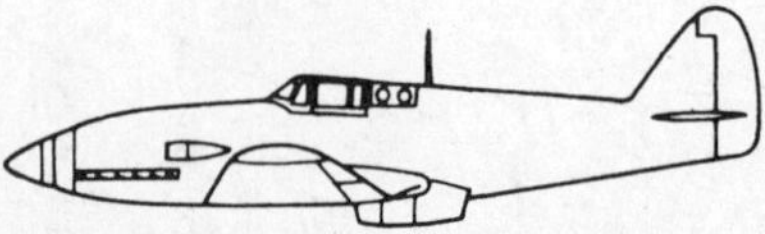

陸軍三式戦闘機「飛燕」
全長8.74m　全備重量3130kg　最大速度590km/h

このウォール・アイに日本製の小型テレビカメラが使われているというので、日本の国会で問題になったこともあった。

ウォール・アイの成功に気をよくしたアメリカは、その後、ぞくぞくとテレビ誘導ミサイルを開発し、パイロットがテレビを見ながら照準してボタンを押せばあとはミサイルがひとりでに目標に向かう自動テレビ誘導方式が生まれた。アメリカ海軍のコンドル、空軍のマーベリックなどがそれで、主として攻撃機用だが、コンドルはF14にも搭載される。

テレビカメラによる自動テレビ誘導方式にも問題がある。それはテレビカメラの感度により、あまり暗いと映像が出にくいことだ。

そこではじめはテレビ誘導方式、目標の近くになったらレーダー・ホーミング方式に切りかえるようにしているが、目標のはっきりした海上の艦船ならともかく、陸上の目標に対してはむずかしいようだ。
もっとも新しいものでは、レーザー波のかわりにレーザー光を照射し、その反射光に対してミサイルをホーミングさせるという、画期的ともいえるレーザー光線誘導方式も生まれている。

主な空対空地ミサイル・その2

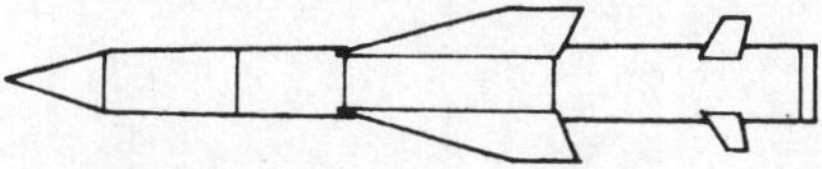

AS.30(フランス)
射程12km　速度マッハ1.5　発射重量520kg　全長3.9m　無線誘導

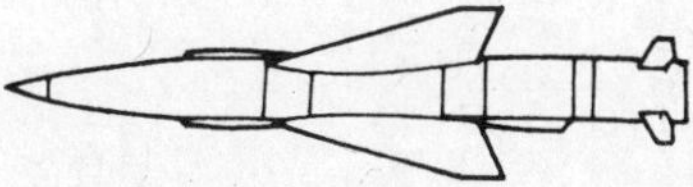

コルモラン(西ドイツ)
射程37km　速度マッハ0.95
発射重量600kg　全長4.4m

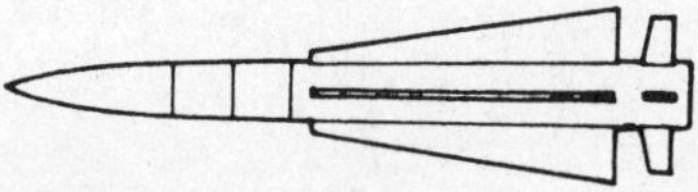

Rb.04C(スウェーデン)
射程61km　速度マッハ？　発射重量600kg
全長4.45m　レーダーホーミング

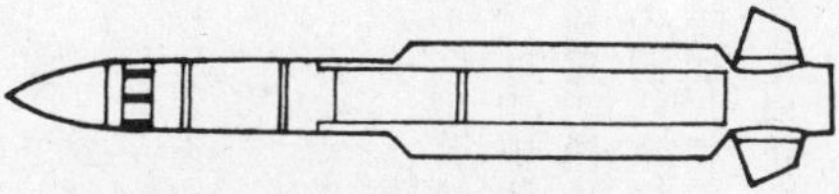

AGM-78Aスタンダード ARM(アメリカ)
射程25km　速度マッハ2.0以上
発射重量590kg　全長4.27m　レーダーホーミング

37　国産誘導ミサイル〝エロ爆弾〟

誘導ミサイルの研究は、第二次大戦中に日本でも行なわれていた。ドイツが敗戦間際に誘導なしのロケット弾V1号およびV2号を飛ばしていたころ、日本陸軍では無線誘導によるロケット推進爆弾つまりいまでいう誘導ミサイルの試作を三菱および川崎航空機に命じた。

三菱の試作機はイ号一型甲とよばれて弾頭重量は八百キロあり、陸軍の四式重爆撃機「飛龍」の胴体の下に吊り下げて発射するようになっていた。射程は十一キロとまずまずだったが、誘導装置が貧弱だったので発射高度は七百メートルに過ぎず、母機は発射後命中するまでその後を追いながら誘導しなければならず、敵戦闘機や敵艦の対空砲火でやられる確率はきわめて高かった。昭和十九年末に試作機十機がつくられてテストが続けられたが、実用化以前に戦争が終わってしまった。

操縦はそれぞれ補助翼と昇降舵を動かすイ号内部のジャイロを、母機からの無線信号でコントロールして行なうようになっていた。

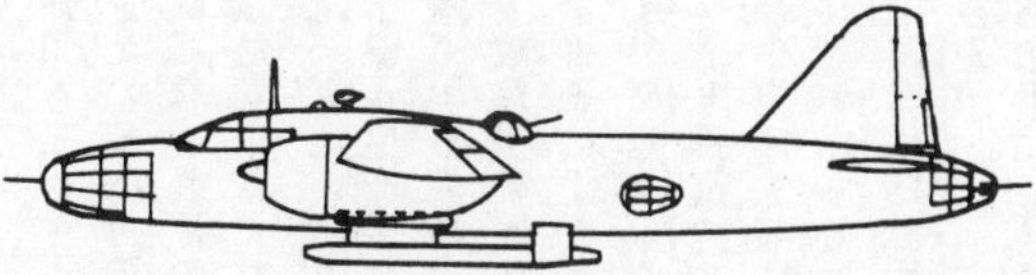

母機四式重爆撃機「飛龍」に搭載されたイ号一型甲

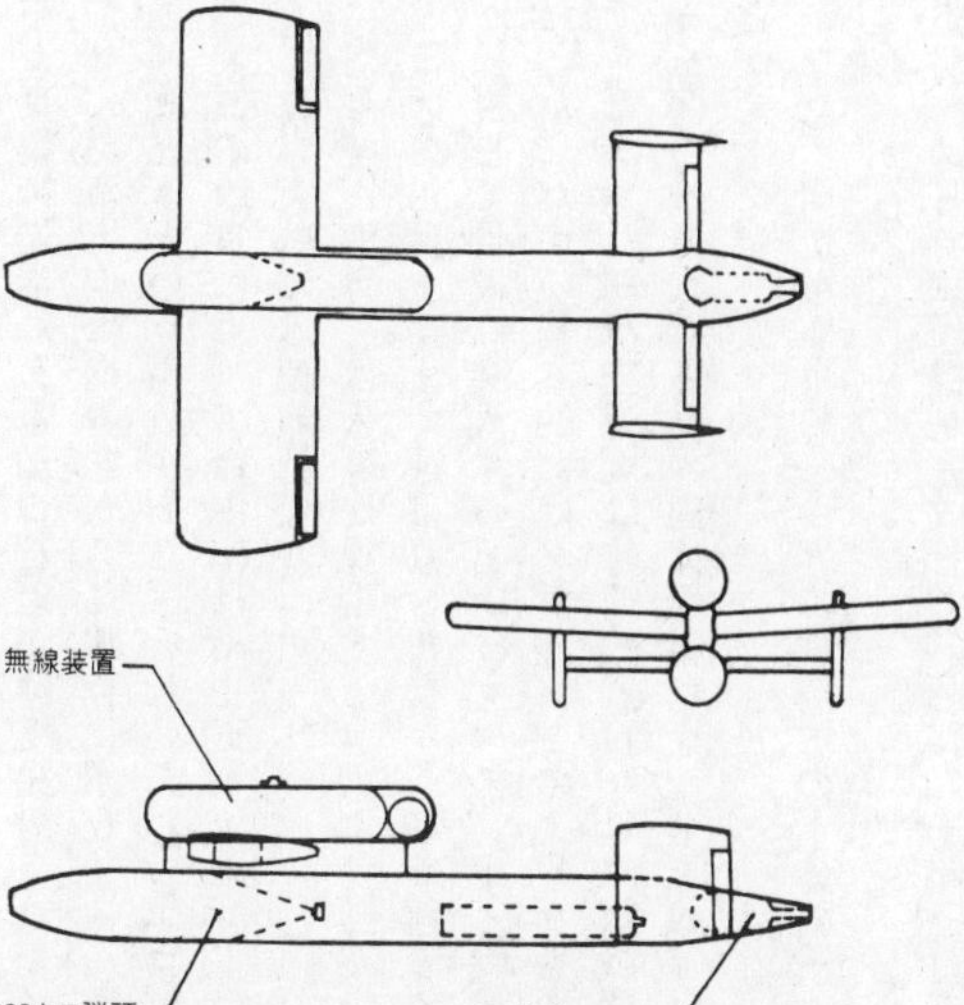

イ号一型甲

火薬ロケット　スラスト150kg　全幅3.6m
全長5.77m　翼面積3.6㎡　全備重量1400kg
最大速度550km/h　弾頭800kg

川崎航空機で試作したイ号一型乙もほぼ同じようなものだったが、三菱の甲よりやや小型で弾頭も三百キロ、したがって母機も四式重爆「飛龍」より小型の九九式双発軽爆撃機を使用した。熱海付近でテスト中、真鶴岬先端にある三つ石めがけて発射されたイ号一型乙の一機は、誘導装置の故障でとつぜん熱海方向に向きをかえて旅館に飛びこみ、ちょうど入浴中だった女中さんたちが裸で逃げまどうという事故があり、それいらい〝エロ爆弾〟とよばれるようになった。しかし誘導装置の改良によって命中率は七十五パーセントに向上し、約百五十機が生産されたものの、これも実戦には使われなかった。

陸軍の無人誘導ミサイルに対して、海軍では人間が操縦する有人ミサイルを考えた。一式陸上攻撃機の胴体下面に吊り下げて目標上空まで運ばれ、母機から切り離されたあとはロケット推進によりパイロットが操縦して目標に突入するというもので、ドイツの無人飛行爆弾V1号にヒントを得たものだった。だが、基本的にはグライダーのようなもので、全飛行をロケット推進でやることはできなかった。滑空速度は時速約五百キロ、敵戦闘機に追われた場合や突入寸前に尾部にある三個の推力八百キロの固体燃料ロケットを順々に噴かせば、六百五十キロまで加速することができた。

操縦席には計器が三個しかなく、構造も簡単でふつうの戦闘機の十分の一ぐらいの手間でできた。

昭和十九年夏に着手、わずか一ヵ月で試作機が完成した。昭和二十年三月二十一日、十六機の「桜花」が一式陸上攻撃機に抱かれて敵機動部隊攻撃に向かったが、「桜花」を発進可能なところまで達しないうちに敵グラマン戦闘機群の待ちぶせにあい、母機もろとも撃墜されるという悲惨な結果に終わった。その後、二一型、二二型、三三型、四三型と改良が続けられる一方では、沖縄周辺の敵艦船に対して散発的な攻撃が行なわれたが、ほとんど戦果はなかった。頭部には一・二トンの徹甲爆弾が使われていた。

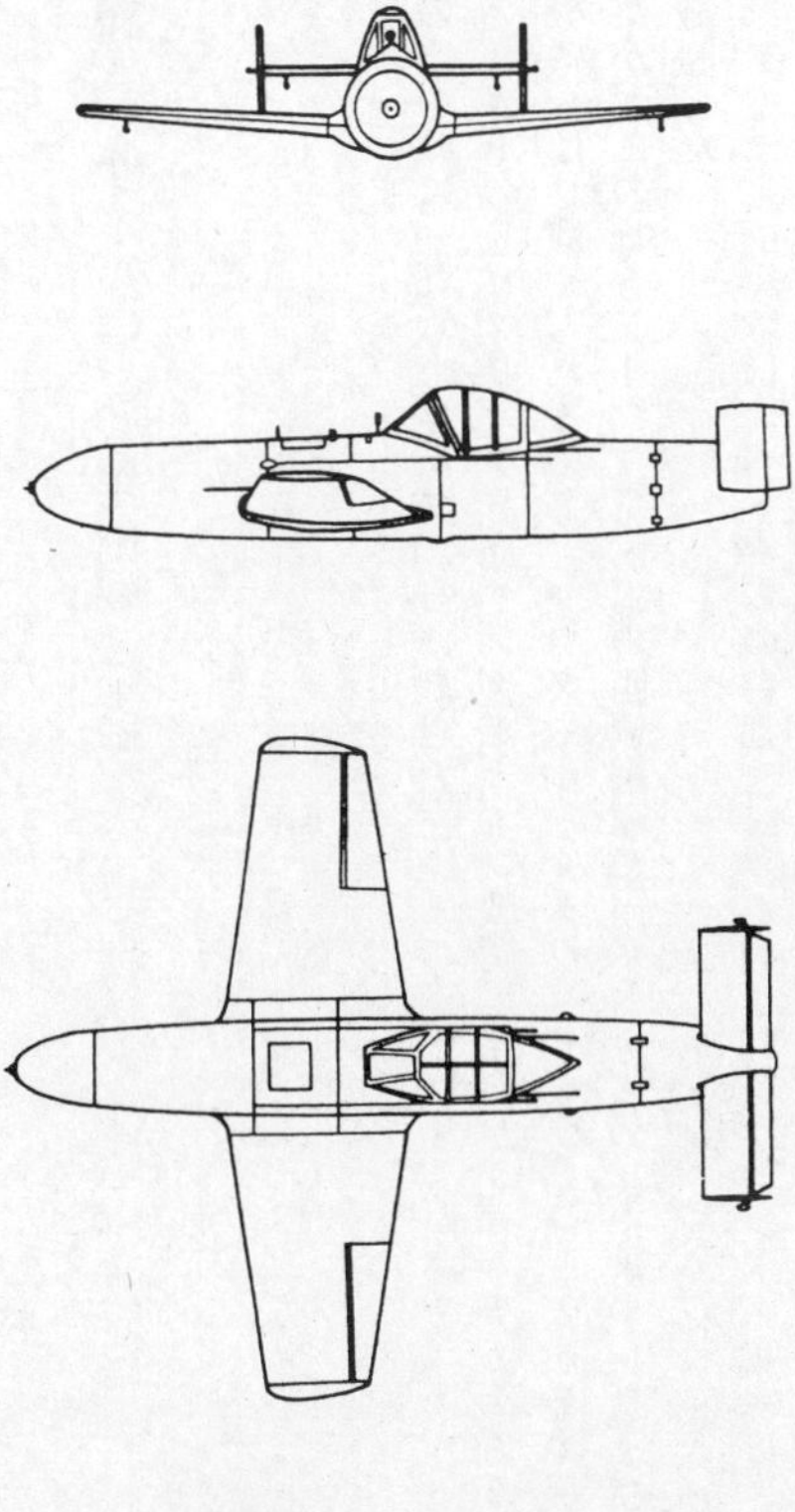

桜花11型

火薬ロケットスラスト800kg　全幅５m　全長6.07m
翼面積６㎡　全備重量2140kg　最大速度650km/h
弾頭1.2トン

38 ミサイルによる空中戦

その空中戦は一九六七年一月二日に起きた。アメリカ軍のリパブリックF105サンダーチーフ戦闘爆撃機が北ベトナムのミグ17やミグ19戦闘機にしばしばやられるので、マクダネル・ダグラスF4ファントムがその援護にあたっていたが、この日もF4ファントムの四個編隊が南ベトナムのユーボーンおよびダナンの基地を離陸した。

サンダーチーフ編隊は北ベトナムの首都ハノイをめざし、ファントム編隊はミグ基地ブーク・イエンをめざした。目的地に近づくと基地は雲に覆われていたので、サンダーチーフ編隊は雲の峰の西側を飛び越えた。これはSAM（地対空ミサイル）の攻撃をかわすためであり、この地域には三十七ミリの対空砲火陣地も多数配されていたからだ。

先頭のファントム編隊はすでにミグと交戦に入ったらしかったが、雲にさえぎられて後続編隊には見えなかった。このときややおくれていた第三編隊は六機のミグ21が雲間から突如として出てくるのを発見した。このミグ編隊は北ベトナムの地上管制システムの誘導にしたがって、ファントムの第二編隊を攻撃に向かうところだった。

「ミグ発見!」第三編隊の編隊長が僚機にそう告げる間もなく、ミグはかれらの前方を右から左に横切った。ファントム編隊はミグを三十秒ほど追跡してから、敵を七時の方向におくべく急旋回を行なった。するとミグ編隊もかなり急な旋回に入った。双方ともに六Gはかかっているはずだ。編隊長機の後席のレーダー手は、ミサイル発射のチャンスをねらっていたが、なかなかそのときがおとずれない。ミグにミサイルを撃ちこむためには、敵機との間隔を常に適当に保っていなければならないからだ。

「つかまえたぞ!　ねらえ」ひたすらミグを追っていたファントムのパイロットが後席のレーダー手にそう叫ぶと、二、三秒して、「ロック・オン・OK」の返事が返ってきた。このことは、機のレーダーがミグを照準に入れたことを意味する。

「距離よし!」二、三秒して最初のスパローが発射された。これはレーダー・ホーミングの空対空ミサイルだが、じゅうぶんな距離がとられていなかったため、スパローはミグの後方にとどまったにすぎなかった。

単機戦闘となり、両機とも左へ激しく旋回した。高度は二千五百から三千メートル。ミグを追い越さないようアフターバーナーをつけたり消したりしてなおも追跡した。

最初のスパローを発射してから十秒か十五秒して、二発目が発射された。つぎの瞬間、ミグは大爆発を起こし、大きなオレンジ色の炎のかたまりとなった。一機を撃墜した編隊長はなおもつぎの獲物を求めて左に旋回しながら上昇した。ちょうど十時の方向やや下方にミグ21が二機が見えた。その後方につくべく急激な旋回、Gメーターは八Gを指した。もう一機のファントムも機体をシャープに捻じ曲げながらミグを追った。すると二機のミグ21は攻撃に気づいたのか急上昇に移った。そして一機は上昇し、一機は機首を下げた。

編隊長機は上方の、他の一機は下方のミグを追い、一分後には完全に追いつめた。射撃のチャンスだ。しかし、ミグには機関砲があったが、ファントムにはそれがない。そこで残っていた四発のサイドワインダーのうち、二発を発射した。このミサイルは赤外線ホーミングで、ジェット・エンジンの排気に向かって突進するタイプだ。だが、サイドワインダーが敵機の排気孔の下にもぐり込んだと見る間に破片が飛散した。追跡不成功だったのだ。

ミグは後方につかれているのを見ることができず、何とかふり切ろうと、一気に四千メートルまで上昇した。ファントムからはすぐに最後のサイドワインダー二発が発射された。サイドワインダーの発射はパイロットの仕事だが、その照準は針の穴に糸を通すほどにむずかしい。

今度は成功！　サイドワインダーがミグの尾部に吸い込まれるように命中し、一瞬起きた空中大火炎の間をファントムはすり抜けた。

これで二機を撃墜、いずれも高度一千メートル、マッハ一・七であげた戦果だった。

それにしても相手がミグ17でなかったことが幸いだった。サイドワインダーは優秀な赤外線ホーミング・ミサイルだが、ミグ21より操縦性のいいミグ17には回避されてしまうからだ。

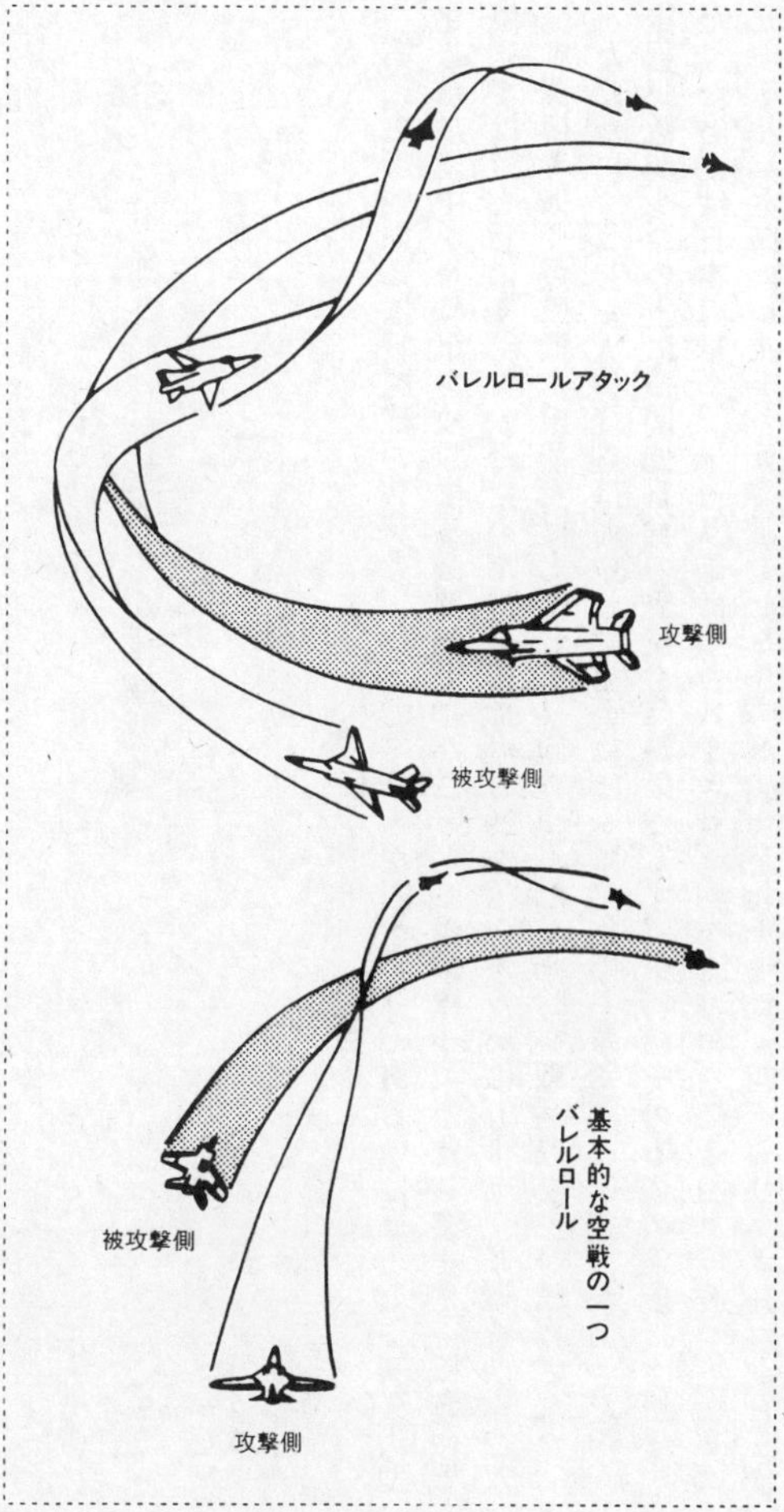

戦闘を開始して約十分、近代兵器の粋をつくしての空中戦は終わったが、ジェット・エンジンのアフターバーナーをフルに活用しての苛酷な追跡で、パイロットの腕はその後数日間痛みつづけ、からだの疲労もなかなか抜けなかった。

39　ミサイル時代に幅をきかす機関砲

第二次大戦末には戦闘機の兵装も、三十七ミリとか四十ミリ、あるいは五十七ミリと大型化した。空中から戦車を攻撃する必要が生じたことと、爆撃機が大型化して小さい機銃や機関砲では落としにくくなったためだ。日本でもB29を落とすために五十七ミリ砲をつんだ双発戦闘機キ102や爆撃機「飛龍」に七十五ミリ砲をつんだキ109防空戦闘機などが試作された。

たしかにこうした大口径砲は命中した場合には一撃で相手を撃ち落とす威力があったが、携行弾数が少ない上に機関砲自身の重量もばかにならず、飛行機そのものの性能にも影響した。たとえば日本海軍の三十ミリ砲は重さ八十キロ、四十ミリになると百八十キロ、陸軍の三十ミリ「ホ155」が八十キロ、三十七ミリ「ホ203」が九十キロ、四十ミリ「ホ301」が百三十キロ、五十七ミリ「ホ401」が百六十キロで、弾丸を撃たないとき、あるいは撃ちつくしてしまったあとは文字どおり無用の長物となってしまう。

それに大戦の中ごろからロケット弾が出現して機関砲と併用されるようになり、大戦後、自分で目標を追跡する能力を持つ誘導ミサイルが発達するにおよんで、かつては戦闘機の主武装だった機銃や機関砲をまったく持たない戦闘機が続出した。

だが、歴史はくり返すのたとえどおり、一九五〇年からはじまった朝鮮戦争ではいぜんとして機関砲が戦闘機の有力な武器であることが実証された。十二・七ミリ六のノースアメリカンF86セイバーと二十三ミリ二、三十七ミリ一のミグ15の対戦は、操縦性と射撃照準器にまさるF86セイバーが勝ったことになっているが、十二・七ミリ六の武装は第二次大戦当時のアメリカ海軍戦闘機グラマンF6Fヘルキャットと同じである点がおもしろい。

F86には負けたミグ15も、相手が旧式の爆撃機となると大いに強味を発揮した。第二次大戦末期に日本が総力をあげても撃墜することが困難だった超大型爆撃機ボーイングB29も、大口径機関砲とマッハ〇・九の高速を出すミグ15の攻撃によって大損害を受け、昼間爆撃をやめてしまったほどだった。

朝鮮戦争が終わって十年後、今度は舞台をベトナムに移して、ふたたびアメリカとソ連の対決となった。この十年間に双方の主役も入れかわり、アメリカがリパブリックF105サンダーチーフ、ソ連がミグ17となった。F105は二十ミリのバルカン砲を装備していたが、各種の爆弾やナパーム弾を大量に装備して地上攻撃を行なう戦術戦闘機として使われ、機体も全備重量十七トンに達する大型の単座戦闘機で空中戦には不利だった。これに対して全備重量がF105のほぼ三分の一の六トンに過ぎないミグ17は、ミグ15と同じ二十三ミリ二、三十七ミリ一の機関砲で武装され、F105との最初の対戦で二機を撃墜してアメリカ側を青くさせた。

エンジンパワーも三分の一、高度一万メートルの最高速度もマッハ〇・九五で、同じ高度でマッハ二・一を出すF105にはかなうはずはないのだが、低空ではパワーが大幅ダウンして速度がいちじるしく低下するばかりでなく、機体の外に最大十六発も爆弾をつんだのでは空気抵抗が膨大になって速度低下に拍車をかけたためにミグ17にやられてしまったものだ。このためF105の出動にはかならず援護戦闘機がつけられるようになったが、このこと自体はけっして新しいことではなく、第二次大戦末期には日本陸海軍でも爆装した零戦や「飛燕」戦闘機を爆弾を持たない同じ機種が援護するという戦法がとられた。

F105サンダーチーフにかわってベトナム戦の後半に出現したF4Bあるいは4Cファントムは機体に固有の機関砲を持っていなかったので、現地で吊り下げ式の二十ミリバルカン砲ポッドを翼下に取りつけるように応急改造され、つぎのF4Eでは最初から機首に二十ミリ六連装のM61バルカン砲が標準装備されるようになった。

空中戦ばかりでなく、一九六七年の第三次中東戦争では、ミサイルのかわりに三十ミリ機関砲をつんだイスラエル軍のフランス製ダッソー・ミラージュIII戦闘機が地上攻撃でアラブ側に大損害をあたえた。

こうしたジェット戦闘機での機関砲のリバイバルは決してミサイルを駆逐するものではないし、ミサイルには機関砲にはない多くのすぐれた点がある。だが、何といっても機関砲の強味は射撃装置が簡単で、しかもミサイルよりはるかに経済的な点で、よほどのことがない限り、当分は機関砲とミサイルの併用がつづくことになるだろう。

ミグ17戦闘機

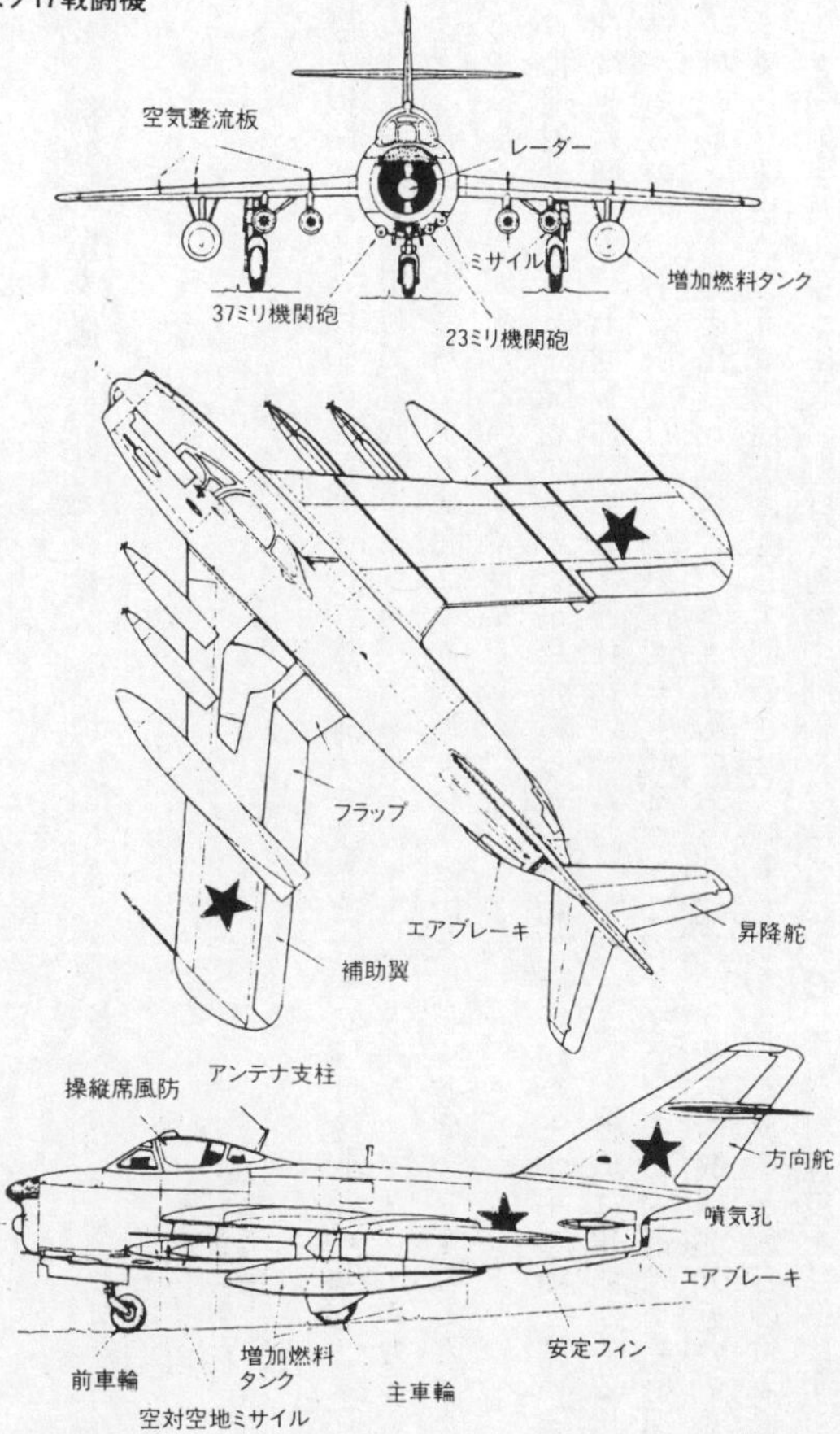
空気整流板
レーダー
ミサイル
増加燃料タンク
37ミリ機関砲
23ミリ機関砲
フラップ
エアブレーキ
昇降舵
補助翼
操縦席風防
アンテナ支柱
方向舵
噴気孔
エアブレーキ
安定フィン
増加燃料
タンク
前車輪
主車輪
空対空地ミサイル

40 機銃の壁を破るバルカン砲

一般の機関銃あるいは砲の発射サイクルは、弾丸を発射した際に発する火薬の爆発ガス圧あるいは反動力を利用して遊底を後艮させ、空薬莢を抜き出し、遊底がスプリングの力でもとの位置にもどるまでのわずかの時間につぎの弾丸を薬室に装塡し、遊底が完全にもどったところでふたたび発射するというサイクルである。

かりに発射速度を毎分千発とすると、重さのある遊底が動く距離がたとえ小さいとはいえ一秒間に十六回から十七回も往復することはたいへんなことだ。また、遊底に重さがある以上慣性があるので、ある限度以上は発射速度を上げることはできない。そこで何とか発射速度を上げたいとして考え出されたのがバルカン砲である。銃身のうしろの機械部分をいくつにもふやし、蓮根のように円周上に配して回転させ、弾薬を装塡された薬莢が銃身の位置に来たとき発射されるようにし、遊底の運動の制約を受けることなしに発射速度を数倍にすることを可能にした。

ロッキードF-104DJ、F-4EJファントムなどに
装備されているM61バルカン砲

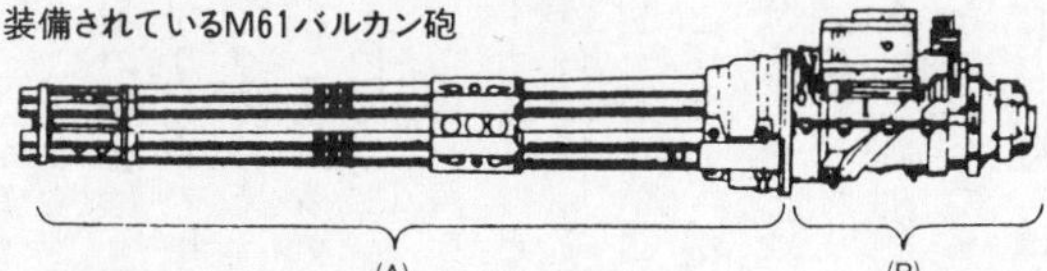

(A)は回転部分で砲身６こが束になっている
(B)は装塡部分で、ここに弾丸をこめて発射する

これを最初にやったのがドイツのマウザー（モーゼル）MG213で、この機構のおかげで弾丸も二十ミリの倍近い重さがある三十ミリ砲を毎分千発も発射できるようにした。アメリカのM39二十ミリ、イギリスのADEN三十ミリ、フランスのDEFA三十ミリなどもこのマウザー方式のロータリー・リボルバー（回転連発）式を採用している。これを二連装にすれば発射速度は倍になる理屈で、アメリカのヒューズMK11二十ミリは、二本並べた砲身から毎分四千発の速さで撃てるという。

アメリカには百年前の西部開拓時代に使われた銃で、ガッドリング・ガンというのがあった。マウザーのリボルバー方式が銃身後部のメカ部分を回転させていたのに対し、束ねた数本の砲身を回転させるもので、馬車にのせて人がハンドルを手で回して発射していた。この方式を近代化して強力な兵器に仕上げようと、一九六〇年代の半ばにバルカン計画の名で陸軍と空軍が共同開発したのが多銃身回転式のバルカン砲で、二十ミリの砲身を六本束ねたM61がロッキードF104スターファイターとリパブリックF105サンダーチーフに装備された。

発射速度は砲身一門あたり毎分千発から千二百発、したがって六門で六千発から七千二百発という数字で、第二次大戦中、日本海軍の零

戦五二型が装備していた九九式二号二十ミリは一門あたり毎分五百発、二門でやっと千発だったことからすれば驚異的な数字である。かりに三秒以内にこの命中弾があったとすると、零戦の場合は五十発、F104やF105の場合は何と三百六十発の二十ミリ弾を撃ちこまれることになり、蜂の巣どころか一瞬にして爆発してしまうだろう。もっとも実際の空中戦ではそんなに連続して二十ミリ弾を撃つことはなく、ドドッ、ドドッといった具合に小きざみに発射することが多かったようだ。

二十ミリにくらべると、十二・七ミリあるいは七・七ミリの方は携行弾数もふえるので、もっと惜し気なく連続して撃てた。そこでバルカン砲にも機銃を使ったのができた。口径を七・六二ミリとし、銃身は四または六本で、わずか十六キロという軽さだ。これはとくに人員殺傷に対して効果的で、戦闘機ではなくヘリコプターや輸送機のような低速機につまれ、ベトナム戦などで地上攻撃に威力を発揮した。

これはミニガンとよばれ、発射速度は毎分六千発だったが、さらに口径を小銃と同じ五・五六ミリとしたものは発射速度が何と毎分一万発になった。ちょうどじょうろで水をまくように文字どおり雨あられと弾丸がまき散らされるおそろしい武器である。輸送機のような大型機だと弾丸を沢山つめるので、いやというほど撃ち続けることができる。

なお、ふつうの機銃または砲だと一対あるいは二対といった多銃装備となるが、バルカン砲だと一機一門となっている。だが、実質的には四ないし六門に匹敵するといえよう。

41 格闘性能に泣いた長距離援護戦闘機

戦闘機の分類法にもいろいろある。たとえばエンジンの数で単発戦闘機と双発戦闘機。乗員の数でいって単座（一人乗り）戦闘機、複座（二人乗り）戦闘機、多座（三人以上）戦闘機。

さらに、これらの組み合わせで単発単座、単発複座、双発単座、双発複座となる。しかし単発とか双発とかいうのは飛行機の形式であって、本来戦闘機の性格を決める種類の名称ではない。たとえば、太平洋戦争中に日本陸軍では二式単戦と二式複戦というのがあった。

これは二式単戦は単座戦闘機を意味し、単発戦闘機「鍾馗」のことであり、二式複戦は複座戦闘機を意味し、双発戦闘機「屠龍」のことだった。もちろん単発か双発かによってその戦闘機の性格がかなりかわることも事実だが、むしろ一人乗りか二人乗りかあるいは三人乗りといった乗員の数の方が重要な意味がある。エンジンの数をどうするかは、その戦闘機の使用目的によって設計の際に決まる問題、すなわち設計者の考え方や設計の時点で得られるエンジンの性能などによって決まる問題だ。

たとえば、日本海軍では太平洋戦争前に戦闘機をその目的によって艦上戦闘機、局地戦闘機、長距離援護戦闘機の三種類に分けて考えていた。

艦上戦闘機というのは航空母艦につむ小型の戦闘機で、来襲する敵の爆撃機や攻撃機から航空母艦や艦隊を守るのが主な任務で、もっぱら格闘性が重要視された。

局地戦闘機は陸上基地の防空に使われるもので、外国では迎撃戦闘機（インターセプター）とよばれていた。その性質上、上昇力が重視され、したがって格闘性は二のつぎとされた。

長距離援護戦闘機は、爆撃機と一緒に敵地に進攻して爆撃機を敵戦闘機の攻撃から守ってやろうというもので、長距離を飛ぶ関係から双発、そしてパイロットのほかに航法や通信、ときに後方射手となる乗員を一人あるいは二人乗せる大型戦闘機だ。

これらの三種類の戦闘機はそれぞれに格闘性、上昇力と速度、航続性と強力な火力という長所を持っていた。これを裏返せば艦上戦闘機は航続性や速度、局地戦闘機は同じく航続性と格闘性、長距離援護戦闘機は格闘性に欠けるということになる。とくに問題となったのは長距離援護戦闘機だった。

なぜなら、双発で大型なため、格闘性が劣ったことだ。これを後方射手の旋回機銃でカバーしようとしたが、水平に飛ぶ爆撃機ならいざ知らず、激しく動く戦闘機同士の空中戦では後方の旋回機銃の命中率など知れていた。むしろ後方射手は敵戦闘機のえじきにされることの方が多かった。しかも、相手はたいていの場合身軽な単発単座戦闘機であり、強力な機首前方武装の威力を発揮するチャンスはなかった。

となるとこの種の大型戦闘機は、その航続性を生かして長時間滞空し、来襲して来る敵の大型爆撃機を攻撃するのにその強力な武装を生かすより道はなくなった。事実、第二次大戦で爆撃機を援護してイギリス上空に出動したドイツのメッサーシュミットMe110双発戦闘機は、イギリス戦闘機のためにさんざんな目にあって、その任務からおろされてしまった。

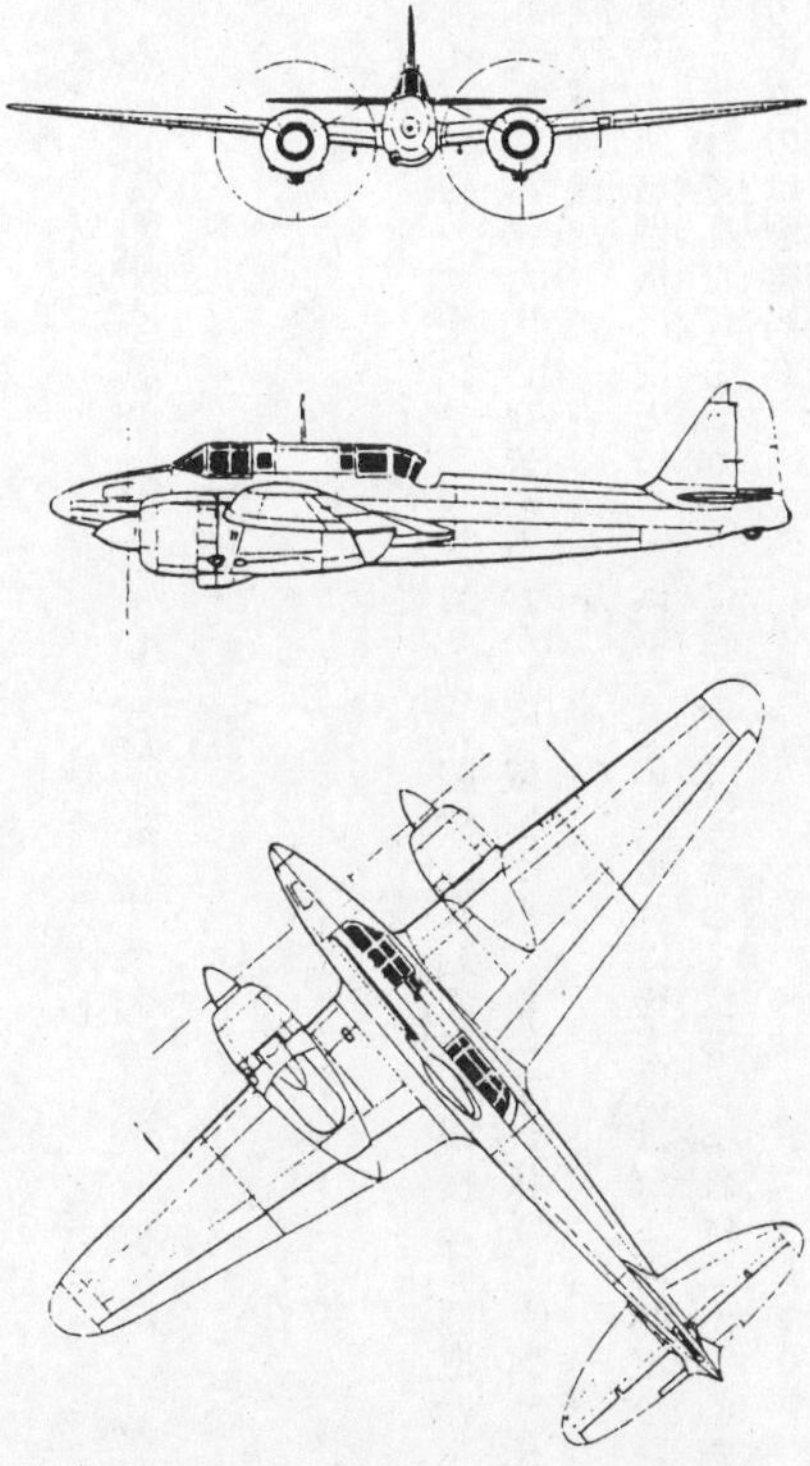

二式複座戦闘機「屠龍」(キ45改)

ハ-102空冷式複列星型14気筒950〜1080馬力×2
乗員２名　全幅15.02m　全長11.00m
全備重量5500kg　最大速度550kg/h
航続距離2000〜2260km

42　単発複座戦闘機に執心したイギリスの苦杯

ドイツのメッサーシュミットMe110戦闘機は双発の長距離援護戦闘機として失敗だった。イギリスもまた大きな失敗をおかした機種があった。それはイギリスが伝統的に好んだ単発複座戦闘機だ。

単発単座戦闘機は前方にしか武器がない。それに後方ははだか同然だから、うしろに着かれたら絶体絶命だ。もしうしろに目があり、そして武装があればこんな心強いことはない、と考えるのは理の当然。

というわけで、イギリスは第一次大戦中にブリストルF2Bという複座戦闘機を三千機もつくったばかりでなく、なんと一九三〇年まで愛用していた。ところが、この戦闘機は格闘性が悪く、後方射手の死角をねらって攻撃してくるドイツ空軍戦闘機のために多数が撃墜された。

にもかかわらず、がんこというか粘り強いというべきか、イギリス人のこの機種に対する

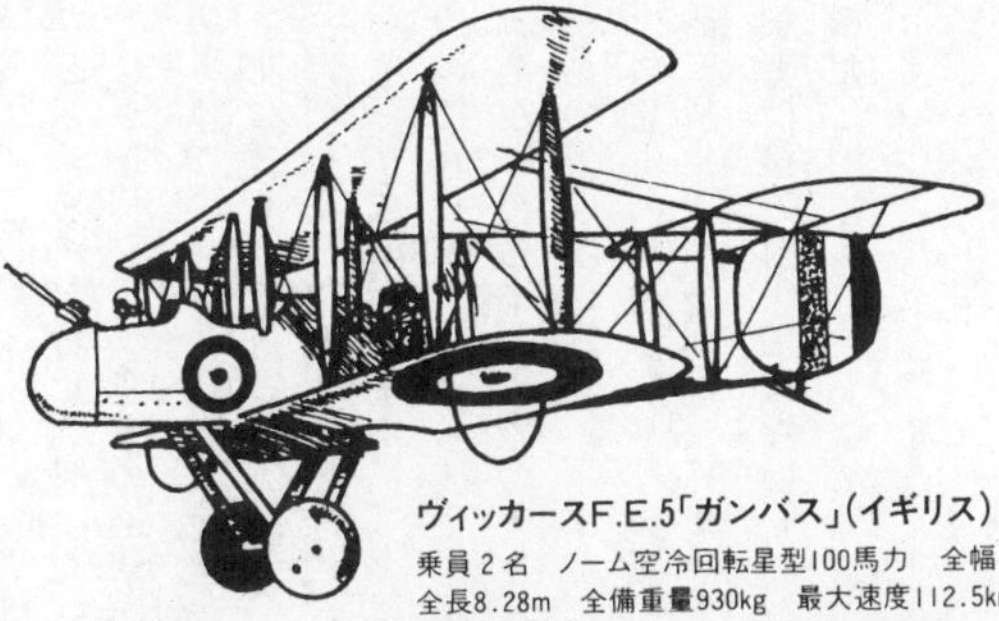

ヴィッカースF.E.5「ガンバス」(イギリス)
乗員2名　ノーム空冷回転星型100馬力　全幅11.13m
全長8.28m　全備重量930kg　最大速度112.5km/h
7.7ミリ旋回機銃×1

ブリストルF.2B(イギリス)
ロールスロイス・ファルコン　水冷V型12気筒275馬力
乗員2名　全幅11.96m　全長7.87m　全備重量1261kg
最大速度191.5km/h　7.7ミリ固定機銃×1　7.7ミリ旋回機銃×1

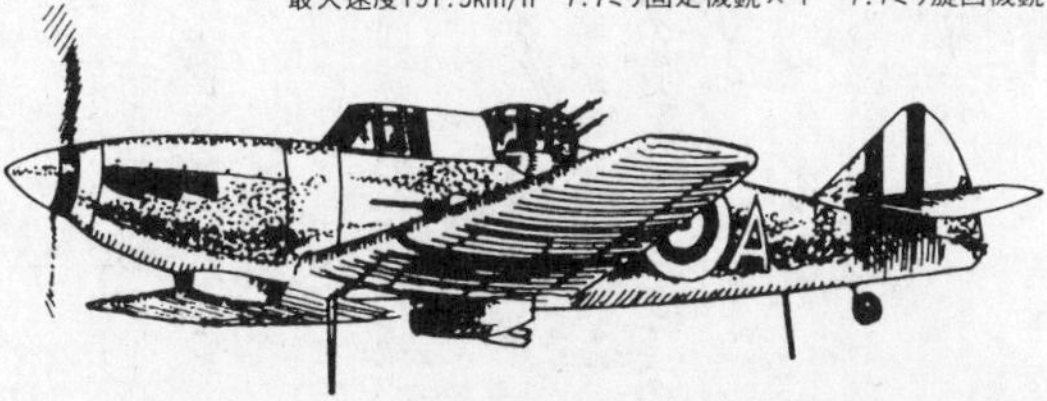

ポールトンポール「デファイアント」(イギリス)
ロールスロイス・マーリン　水冷V型12気筒1030馬力
乗員2名　全幅12m　最大速度480km/h
7.7ミリ旋回機銃×4

執着には強いものがあり、ブリストルF2Bのあとにも単発複座戦闘機をいくつかつくり、第二次大戦の初期にも使った。

しかし、ドイツ空軍の迎撃に上がったイギリス空軍の次期単発複座戦闘機ボールトンポール・デファイアントは、敵の爆撃機を一機も落とさないうちに全機がメッサーシュミットMe109にやられてしまった。

万全を期した七・七ミリ機銃四連装の後方銃座は、まったく役に立たなかったのだ。

イギリス海軍もまた、ブラックバーン・ロックという後方旋回銃座のついた複座戦闘機を持っていたが、これも航空母艦ハーミスにつまれて太平洋戦線に姿をあらわしたまではよかったが、たちまち零戦のえじきとなり、母艦ともども印度洋に沈んでしまった。

この失敗にこりて、さすがのイギリスもその後、単発複座の戦闘機をやめてしまった。

スピードが速くなり、複雑な電子装置をいっぱいつみ、地上の管制システムとの連繋を必要とする現代のジェット戦闘機では、ふたたび複座型がふえている。しかし、この場合の同乗者は後方射手ではないし、単座も複座も性能にほとんどかわりないのがジェット複座戦闘機だ。

43　爆撃機を転用した多座戦闘機の死角

　爆撃機と行動をともにできる長距離援護戦闘機の必要性が叫ばれていたころ、それならいっそのこと爆撃機の一部に爆弾をつむかわりに多数の機銃や砲を装備して空飛ぶ要塞化し、爆撃機編隊のところどころに配して援護戦闘機の役目をさせようという考えが生まれた。この目的のため、フランスではブレゲーとかアミオといった爆撃機を改造し、多座戦闘機とよんでいた。

　爆撃機自体も高速化して性能アップにつとめ、爆弾搭載量を犠牲にして武装を強化し、編隊火網によって自らを守る能力を高めることにつとめていたが、目標が小さくて敏速に動きまわる戦闘機を撃墜することはいぜんとして難事だった。だから広い範囲に展開する爆撃機編隊を、行動の鈍い多座戦闘機――もともと同じ機体だから当然だが――でカバーすることは最初からむりな相談だった。

　だが日本でも一時こうした考えを持ったことがあった。それは昭和十二年（一九三七年）

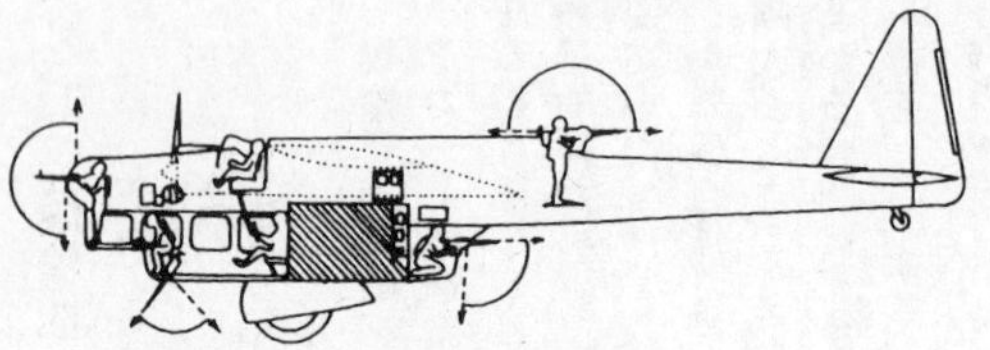

アミオ143重爆撃機(フランス)の銃座配置

銃座をたくさん持った爆撃機をベースに爆弾のかわりにさらに銃座をふやして、多座戦闘機にするアイデアはフランスが先鞭をつけた。

にはじまった日華事変で日本陸海軍の爆撃機や攻撃機が、味方戦闘機の航続力不足から援護なしで進攻して、敵戦闘機によって大きな被害を受けたからだ。とりあえず応急措置として性能低下をしのんで銃座を増設したが、編隊のもっとも外側の機がやられることが多いところから——爆撃機の搭乗員たちは、この位置をカモ番機といって嫌がった——ここに強力な武装を持った援護機を配置することになった。

当時、海軍で使われていたのは九六式陸上攻撃機だったが、ちょうど試作中の十二試陸上攻撃機の高性能に目をつけて胴体下面に整形した砲塔を設けるとともに前後および後上方の旋回銃を二十ミリ機関砲とし、乗員も陸上攻撃隊の場合七名を十名にふやし、燃料タンクも防弾化するなどして援護戦闘機化したものを三十機つくった。

本来は九六式陸上攻撃機にかわるべきものとして開発を急いでいたものを、急遽、九六陸攻の援護機として先行したものだが、この思惑はみごとにはずれ、陸攻としての開発をおくらせる結果となった。

すなわち、この改造によって重量が増し、燃料搭載量も減るなどして期待した結果が得られず、結局は、任務をはずされて練習機や輸送機に転用されてしまった。

同じころ、陸軍でも百式重爆撃機「呑龍《どんりゅう》」の胴体下面に大きな砲座を張り出して設け、機体各部に二十ミリ機関砲五、十二・七ミリ機関砲三という重武装の多座重戦闘機を三機試作した。乗員は十名ないし十一名で、百式重爆がキ49とよばれたのに対し、キ58の番号があたえられた。

しかし、予期した成果は望めそうもなく、十二試陸上攻撃機はのちに制式となって有名な一式陸上攻撃機となったが、陸海軍の改造型長距離援護戦闘機ができ上がったころ、皮肉にも海軍は零式艦上戦闘機すなわち零戦、陸軍は一式戦闘機「隼」とそれぞれ優秀な単発単座の長距離戦闘機を持つようになり、爆撃機改造多座戦闘機の是非にピリオドが打たれた。

機首の密閉式機関銃座

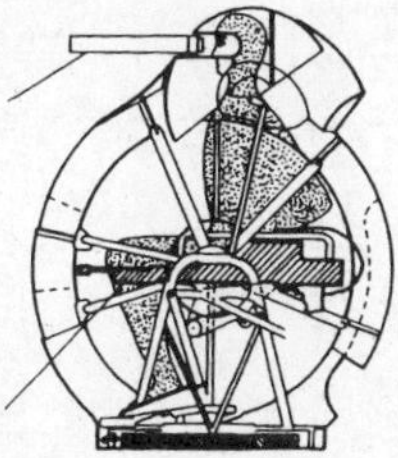

射手の入ったゴンドラ全体が回転する。顔の部分だけがガラス張りで機首から露出していた。

アメリカでもP51ムスタングやP47サンダーボルトなどの優秀な長距離援護戦闘機が出現するまで、ドイツ戦闘機の脅威をまぬがれるためボーイングB17を多座戦闘機に改造したものを試作した。いずれにせよ第二次大戦当時、二座あるいはそれ以上の多座戦闘機で成功した例はほとんどない。

44 速度と格闘性の両立を実現した「零戦」

戦闘機を局地戦闘機とか長距離援護戦闘機とかに分けなければならないのは、一機で種々の異なった任務をはたせるような戦闘機をつくるのがむずかしいからだった。ところが、メッサーシュミットMe110の例でもわかるように、戦闘機の相手は軽快性を誇る単座戦闘機の場合もあれば、機体の各部に重武装を施した爆撃機のときもある。

こちらが不得手な相手だからといって、相手を避けるわけにはいかないのだ。そこで、できることなら格闘性も航続力もあり、そのうえスピードも速い万能戦闘機があればいうことはない。そういった万能戦闘機の夢を最初に実現したのが、日本海軍の零戦だった。

零戦が実戦に参加した一九四〇年ごろの世界の水準からすると、零戦二一型の最大速度は五百十五キロで世界の水準からやや劣るといったていどだが、これはあくまでも陸上戦闘機との比較であり、いろいろな制約のある艦上戦闘機である点を考えればりっぱな数字だったといえる。しかも、空中戦での戦闘機の生命である格闘性では世界のどの戦闘機よりもすぐれ、むずかしい速度と格闘性の両立を実現させた理想的な戦闘機となったことは、その後のかずかずの実戦記録が何よりもそれを物語っている。

しかし、零戦が本当に世界でもっともすぐれた戦闘機のひとつにあげられたゆえんは、航続距離が抜群に長かったことだ。これは機体が軽くつくられ、エンジンが優秀で燃料消費量が小さかったことと、胴体の下に吊るした世界最初ともいえる流線型の落下式燃料タンクによるものだった。

もちろん、次表に見られるように主翼内や胴体にも合計五百六十リッター（零戦三二型および五二型）の燃料をつんだが、三百三十リッターの落下タンクの威力は絶大だった。また軽くつくられ、積載量に余裕があったことがこれだけの大きく重い落下タンクの携行を可能にしたのだった。

ちなみに、ドイツの主力戦闘機メッサーシュミットMe109の航続距離はわずか七百キロ（当時の戦闘機としてはごくふつうだったが）しかなかったため、イギリス本土への進攻作戦に支障をきたし、おそまきながらE7型になってようやく二百五十リッターの落下タンクをつけるようにしたが、それでも一千キロがやっとだった。

ところが、零戦は落下タンクなしでも二千キロ近い航続性能を持っていたし、落下タンク付きでは三千キロ以上を飛ぶことがで

高度 m	速　度 km/h	航続時間 時間：分	航続距離 km
3000	260	11:35	3028
	300	8:54	2637
	330	6:44	2245
	370	5:32	1867
6000	260	12:41	3287
	300	10:24	3082
	330	8:15	2748
	370	6:35	2437

注：これは航続距離のテスト・データであり、実際には空中戦で激しい燃料消費があるので、この数値を下回る。

零戦の燃料タンク配置図(32型、52型)

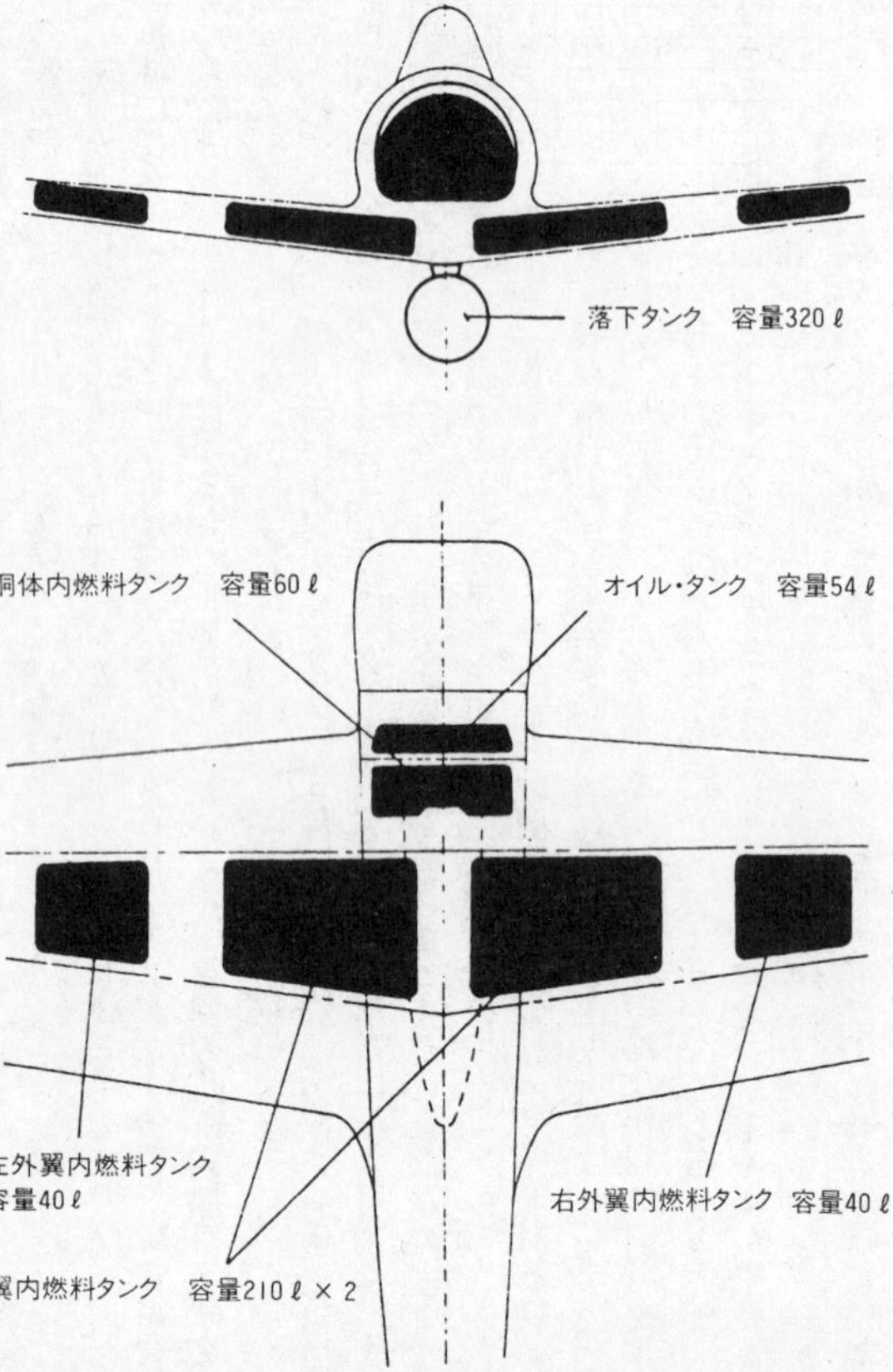

き、それまでは双発戦闘機でなければむりと思われていた爆撃機の長距離援護飛行を単座戦闘機で実現したのだ。

太平洋戦争で最初の天王山となったガダルカナル航空基地の争奪をめぐる戦闘では片道約一千キロの海上を進攻して空中戦をやり、ふたたび一千キロを飛んで帰るという離れわざを連日にわたりやってのけたばかりでなく、基地を攻撃にやってきた敵機群に対しては迎撃戦闘機としてもめざましい活躍をしめした。

零戦の威力を決定的にした落下式燃料タンク

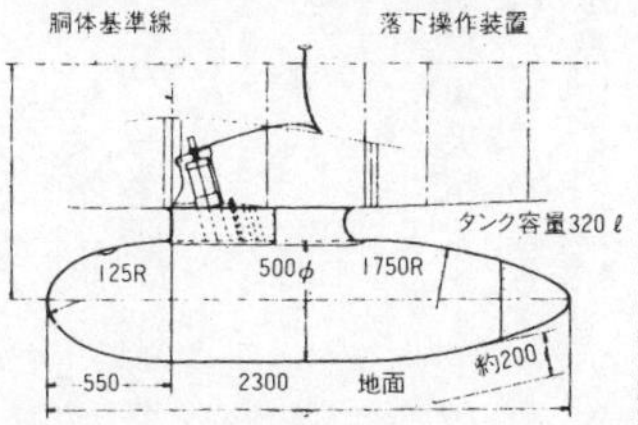

せまい航空母艦の甲板で発着しなければならない艦上戦闘機でありながら、陸上戦闘機をふくむすべての敵機にうち勝ち、迎撃戦闘機と長距離援護戦闘機の役もかねた万能戦闘機としてひろく活躍した零戦の偉大さは、その後の相手側のあたらしい戦闘機の出現によってしだいに押されるようになったとはいえいささかも損われるものではない。

長距離援護戦闘機として爆撃機と行動をともにすることができた世界最初の単発単座戦闘機である零戦の成功は、その後、リパブリックP47サンダーボルトやノースアメリカンP51ムスタングなど、いずれも大型の落下タンクをつけて三千キロ以上の航続距離を持つ単発単座の長距離戦闘機の出現をうながし、爆撃機の損害を減少するとともに、日本やドイツの敗北を早めるのに大いに役立つことになったのだ。

45 「零戦」の優秀性を立証するある仮説

第二次大戦でドイツがイギリス本土に上陸できなかったのはMe109の航続距離が短かったせいだと言われる。

実際にこの点については、どれほどこの戦闘機にホレこんでいたパイロットにとっても不満のタネだった。ふだんの数倍もの燃料をくう敵地上空での空戦を勘定に入れると、Me109の航続半径はせいぜい二百キロどまりだった。これではドーバー海峡のもっともせまいフランスのカレー地区にある基地からロンドンか、あるいはシェルブール地区の基地からポーツマス軍港（イングランド西部のイギリス海峡沿いにある）の少し先ぐらいまでしか進出できなかった。

四発の強力な戦略爆撃機を持たなかったドイツ空軍の主力は、双発もしくは単発爆撃機であり、武装は決して強力とはいえなかったから、イギリス戦闘機隊の攻撃に対してはきわめてモロかった。そこで爆撃隊はMe109の護衛なしではイギリス本土進攻はおぼつかず、この

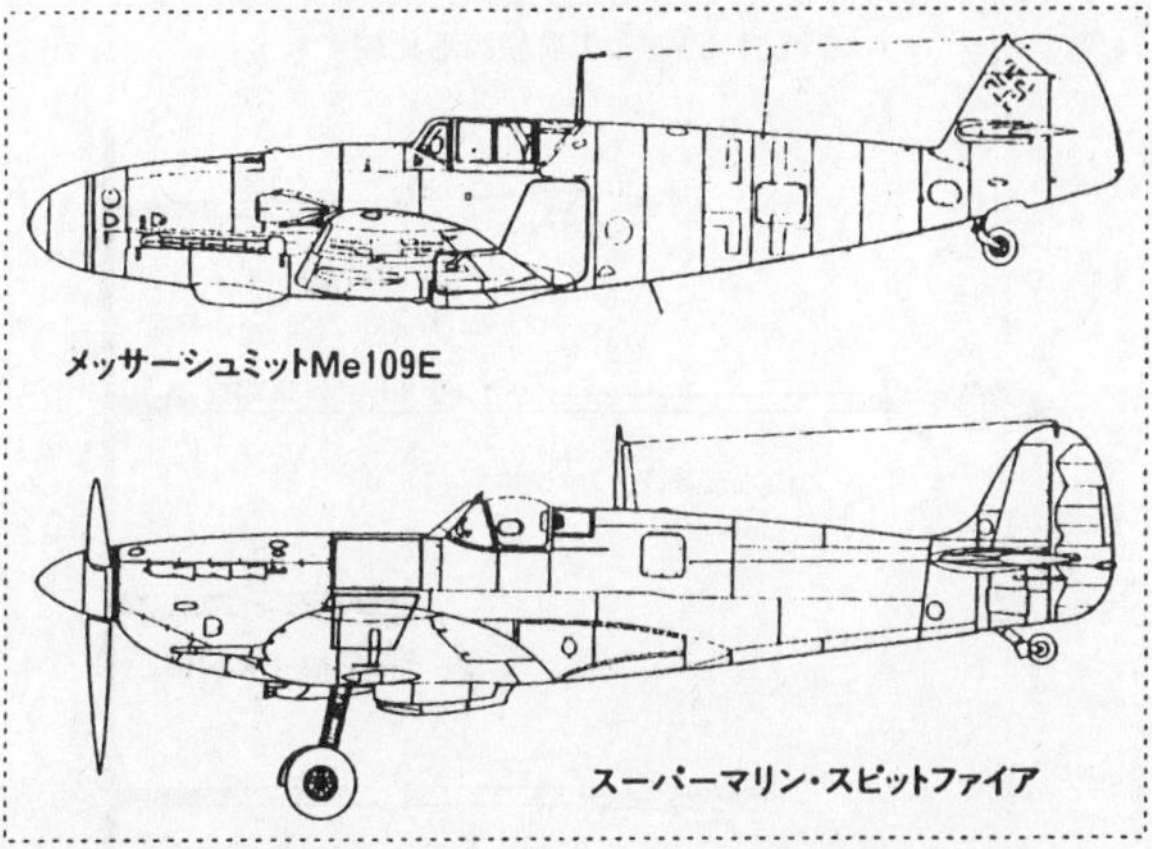

ためにすべての戦闘行動はＭｅ109の航続距離によって制約されるという事態になった。しかもイギリス戦闘機隊はドイツ空軍の手のとどかないところに基地を移すにおよび、Ｍｅ109やＨｅ111による航空撃滅戦はますます困難なものとなった。

護衛のＭｅ109が燃料不足で帰還したあと、もしドイツ爆撃機がはだかでそれから先に進攻しようとすれば、その結果は、あまりにもみじめであった。とくにヨーロッパ大陸の戦いでは威力をしめしたユンカースＪＵ87急降下爆撃機などは、低速ゆえにイギリス戦闘機になぶり殺し同然の目にあった。

これではいくら飛行機の数があっても、彼らの手のとどかないスカパフロー軍港でイギリス艦隊は悠々と待機していられたし、イギリス中部から北部にかけての重工業地帯や主な港湾施設も何ら損害を受けないから、ドイツ空軍を叩くための戦闘機や爆撃機の生産にも支障はなかった。

零戦とドイツ機との航続距離比較

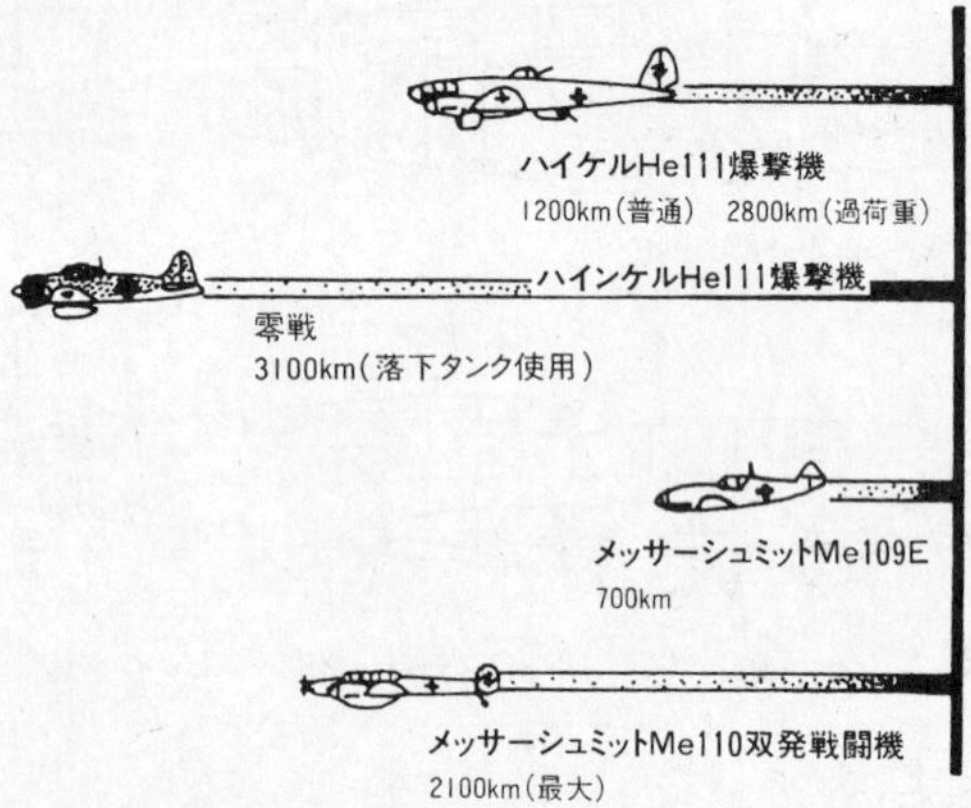

「二週間でイギリス空軍を全滅させてみせる」と豪語したゲーリングは、一九四〇年八月八日に開始されたいわゆる〝イギリスの戦い〟（バトル・オブ・ブリテン）で勝利をおさめることができず、ヒトラー総統の信任を失う端緒ともなった。

それもこれもひとえにMe109のアシの短かさがもたらした悲劇だが、もしドイツ空軍に日本海軍の零戦に匹敵する長距離戦闘機があったとしたら、あるいは現在の歴史は書きかえられていたかも知れないのだ。

ちょうどバトル・オブ・ブリテンと同時期にあたる一九四〇年（昭和十五年）八月中旬以降、中国大陸に進出した零戦隊は、Me109の行動半径の約五倍に相当する九百キロ以上を進攻して敵戦闘機と空戦をまじえ、そのつど圧倒的な勝利を収めていた。

九百五十キロという距離は、かりにフラン

スのカレーを中心に半径を描いてみると、イングランドはおろかアイルランドをふくむイギリス全土がふくまれてしまう。ドイツ占領下にあったノルウェーの南部基地からも同様なことがいえる。

こうなると事情は一変する。スカパフローのイギリス艦隊も空からの攻撃にさらされることになるし、何よりもイギリス中部以北の鉱工業地帯の爆撃により軍需生産の息の根がとめられてしまう。

また戦闘機同士の空中戦においても、零戦の格闘性能はハリケーンはいうにおよばずMe109と互角といわれたスピットファイアを上まわっていたから、爆撃隊はたいした損害を受けることなくかれらの破壊作業にいそしむことができたはずである。これから三年後、実際に零戦とスピットファイアは太平洋戦線で対戦することになったが、ヨーロッパ戦線でドイツ空軍を相手に勇名をはせたコールドウェル少佐指揮のスピットファイア戦闘機隊も、長駆海を押し渡ってやって来た零戦隊に手痛い敗北を喫している。

「もしドイツ空軍に零戦があったら」はかえらぬ繰り言とはいいながら、零戦のすぐれた一面を語るにふさわしい仮説ではないか。

46　近代戦で脚光をあびる制空・戦術戦闘機

日本海軍の一式陸上攻撃機を援護した零戦、アメリカのボーイングB17爆撃機を援護したP47、B29を援護したP51などに代表される長距離援護戦闘機あるいは進攻戦闘機のはなばなしい活躍から、第二次大戦が終わってもなおしばらくは、この種の戦闘機が必要であると考えられていた。

しかし、戦闘機も爆撃機も動力がジェット・エンジンにかわって、速度がマッハで論ぜられるようになり、また武装も機関砲よりはるかに射程の長いミサイルが使われるようになると、爆撃機の援護のための戦闘機は必要でなくなってしまった。爆撃機そのものも戦闘機と同じくらい高速だし、敵の戦闘機あるいは地上からのミサイル攻撃に対しては、戦闘機も爆撃機もその危険にさらされる率はかわらないのだ。

そんなところから、爆撃機と一緒に行動するための長大な航続距離を必要としなくなったので援護戦闘機は自然消滅となった。かわって出現したのが制空戦闘機と戦術戦闘機という名称だ。

〝制空〟という言葉を日本で最初に使い出したのは海軍の源田実大佐である。この意味は文字どおり戦場空域の支配権を握ることで、これによって地上部隊の行動はもとより偵察機、攻撃機あるいは戦闘爆撃機などの活躍も思いのままとなり、敵機が姿を消した戦場ではたとえ劣性能の航空機でも戦力として活躍ができるようになる。

そもそも第一次大戦で戦闘機が出現したのも、その戦闘機同士がはなばなしい空中戦を演じたのも目的はこの制空にあった。したがって制空戦闘機は戦闘機の本来の性格であり、敵戦闘機との空戦を主目的とするところから格闘性も要求され、したがってあまり大型でない方がいい。

敵地の奥深く進攻して重要な基地や都市を攻撃する爆撃機を戦略爆撃機とよんでいるが、この戦略爆撃機に同行した零戦やP51のことを戦略戦闘機とよぶこともできよう。

いってみれば、長距離援護戦闘機や進攻戦闘機の別名だが、戦術戦闘機はこれと対照的に局地的な戦場のいわゆる戦術的な用途に使われるものだ。戦場には敵の戦車や対空火器、地上部隊、ときに敵戦闘機や攻撃機も出現するから、状況によって地上攻撃、制空、あるいは迎撃や偵察にも使えるという多用途性が要求される。現代のジェット戦闘機のほとんど全てが翼あるいは胴体下面の装備を取りかえることによって、この目的を達することができる。

第二次大戦当時から戦後の一時期にかけて戦闘爆撃機という名称が使われたが、その発展したものと考えていいだろう。しかし、多用途とはいってもすべての目的に対して百パーセ

ノースロップF-5Aの兵装変化

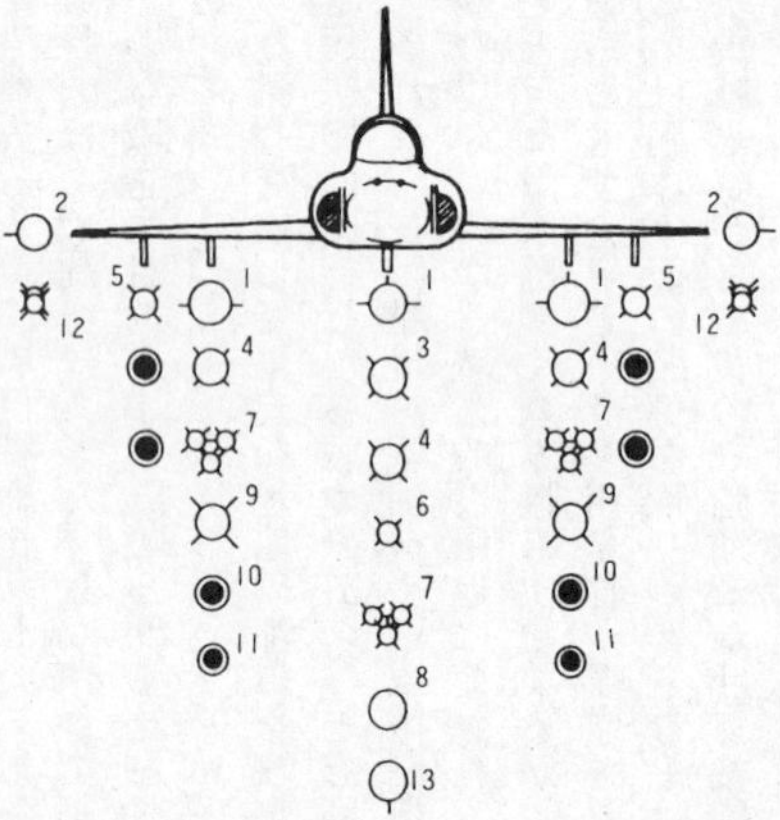

1　150ガロン燃料タンク
2　50ガロン燃料タンク
3　Mk84　2000ポンド爆弾
4　Mk83　1000　〃
5　Mk17　750　〃
6　Mk82　500　〃
7　Mk81　250　〃　×3
8　BLU-1　ナパーム弾
9　GAM-83　ブルパップASM
10　2.75インチ×19　ロケット弾ポッド
11　5インチ×4　〃　〃
12　AIM-9サイドワイダーAAM
13　写真偵察用ポッド

ントの能力をもたせることは不可能で、主任務はあくまでも対地あるいは対艦攻撃となる。すると本来の戦闘機という性格がうすくなるので、これから地上攻撃の任務だけを独立させた攻撃機が生まれた。かつての攻撃機あるいは軽爆撃機のリバイバルである。

第二次大戦当時の名称でいまだに残っているものに迎撃戦闘機と艦上戦闘機がある。しかし、その要求性能はますます高く、迎撃戦闘機はかつて一万メートルにあがるのに約三十分から五十分を要したものがわずか一分前後、三万メートル（第二次大戦当時の戦闘機ではせいぜい一万五千メートルどまり）まで四分と少々（ミグ25）、三分二十八秒（マクダネル・ダグラスF15イーグル）と、迎撃性のかなめともいうべき上昇力の向上はすさまじい。また、いつどんなとき、いかなる悪天候でも迎撃にあがれるよう全天候性が要求され、地上の防空管制システムに組み入れられるための電子装置も高度なものが要求される。したがって比較的大型となり複座が多い。

艦上戦闘機はかつて日本の零戦が陸上戦闘機との性能的な差を返上していらい、陸上戦闘機とのちがいはなく、カタパルト発進能力と着艦フックをもっている点でむしろ機能的には陸上戦闘機を上まわるものとなった。

したがって、艦上戦闘機といえども、装備を変更して制空、迎撃、戦術用の多目的に使えるものが多く、日本の航空自衛隊で使っているマクダネル・ダグラスF４EJファントム、現在の主力戦闘機F15イーグルなどいずれも艦上戦闘機としても使えるよう開発された戦闘機である。

零戦はそのすぐれた航続性能のゆえに艦上戦闘機でありながら航空母艦から陸上に上がって使われることが多かったが、現代のジェット戦闘機は世界のどこで起こるかわからない局地戦に対応するため、逆に航空母艦につんで運ばれることが多い。しかし専守防衛を任務とする日本ではその必要もなく、むしろ艦上戦闘機に要求される離着陸距離の短いことが基地のせまい日本にとって大きな魅力といえよう。

47 エンジン出力倍増の要求が生んだ双発戦闘機

双発といっても、この場合はプロペラ機についてだが、双発戦闘機の是非については第二次大戦前から戦中にかけて大いに論議が闘わされ、その活躍についてもさまざまである。

双発戦闘機の利点は第一にエンジンを二個つけるわけだからそれだけ大きな出力が得られるということ。第二に操縦席の前にエンジンやプロペラがないから胴体先端に武装が集中できることである。とくに適当な大出力エンジンが得られない場合は、出力をふやすもっとも近道だ。とくにまだ二千馬力級の大出力エンジンが出現していなかった一九三〇年代の後半には、ぞくぞくと双発戦闘機が出現した。

単発戦闘機の場合は推進式などの特殊な形にしなければ胴体前部に大口径機関砲をつむことができない。もし無理につむとすれば主翼になるが、主翼の構造上の制約もあるし、荷重をうけた場合のたわみや捩れを考えると取り扱い上も命中精度の点からも好ましくない。また発射孔が主翼前縁にあるため、これが意外に大きな空気抵抗にもなる。それやこれやで双発戦闘機がうかび上がってきたわけだが、いくつかの長所がある反面、どうしても大型となって重くなり、身軽な単発戦闘機を相手に対等に格闘戦をやることはまずムリだ。そこでいっそう重武装となり、動きの鈍さを火力で補おうとするようになった。

双発戦闘機誕生の背景にはもうひとつの理由があった。それは、まだ零戦やP51ムスタング、P47サンダーボルトといった単発で長距離を飛べる戦闘機が出現していなかった当時、爆撃機の援護を双発戦闘機にやらせようというものだった。そして片道数時間におよぶ援護飛行には一人よりも二人あるいは三人乗りとする必要があると考えられた。

この意味ではアメリカで試作されたロッキードP38やグラマン・スカイロケットのような双発単座戦闘機はむしろ例外中の例外で、多くの双発戦闘機は二人乗り以上で計画された。この形式の戦闘機にもっとも熱心だったのはフランスで、ポテーツ63型というスマートな三人乗りの双発戦闘機をつくったが、欲張って地上攻撃にも爆撃にも使おうと考えたところからかえって本来の戦闘機としての性格があいまいになってしまった。

双発戦闘機がはじめて実戦でその真価を問われることになったのは、一九四〇年夏にはじまったイギリス本土航空決戦だった。この航空戦で、機首にラインメタル七・九ミリ銃四、マウザー二十ミリ二、さらに後方に旋回機銃を持ったメッサーシュミットMe110は、ブローニング七・九ミリ八梃のホーカー・ハリケーンやスーパーマリン・スピットファイアの敵でないことがわかった。この場合、格闘性にまさる単座戦闘機は、行動の敏速さに欠ける敵の双発戦闘機の強力な武装を生かすスキをあたえなかったのだ。この結果、長距離援護戦闘機

ロッキードP38
「ライトニング」
アリソン水冷Ｖ型12気筒
1200馬力×２
全幅15.86m
全長11.53m
乗員１名
全備重量7950kg
最大速度665km/h
航続距離3600km
武装
12.7ミリ機関砲×４
20ミリ機関砲×１
450kg爆弾×２

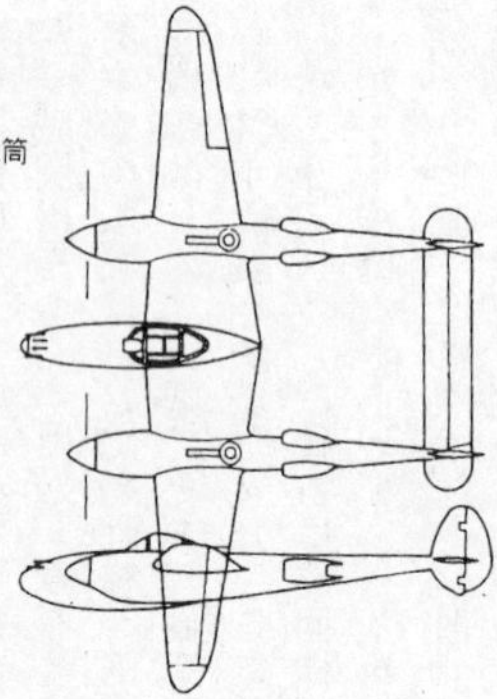

メッサーシュミットMe110
ダイムラーベンツDB601N
1375馬力×２
全幅16.75m
全長10.65m
乗員２名
全備重量6700kg
最大速度584km/h
航続距離1300km
最大2100km)
武装
前方：7.9ミリ機銃×４
20ミリ機関砲×２
後方：7.9ミリ機銃×２

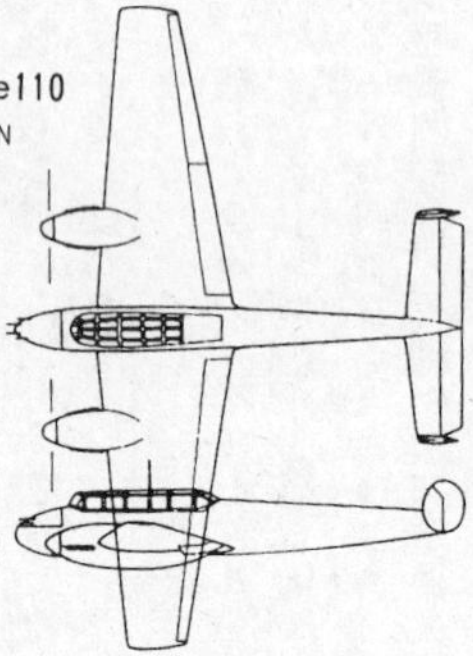

として不適格となったメッサーシュミットMe110は戦闘爆撃機として地上攻撃専門に格下げになってしまった。

イギリスにもデ・ハビランド・モスキートやブリストル・ボーファイターといった優秀な双発戦闘機があったが、もっぱら夜間戦闘機や偵察あるいは戦闘爆撃機として使われることが多かった。

48 夜間迎撃機として活躍・日本の双発戦闘機

ドイツ、イギリス、アメリカ、フランスなどで双発戦闘機がさかんに試作されていたころ、日本でも双発戦闘機の必要性が真剣に考えられていた。というのは陸軍は中国大陸の広大な戦場を進攻する必要性から、海軍は洋上はるか進出する攻撃機を援護する必要から長距離を飛べる戦闘機が要求されたからだ。

まだ「隼」や零戦といったアシの長い単発単座戦闘機ができる前で、爆撃機や陸上攻撃機（魚雷もつめる飛行機を日本海軍ではこうよび、爆弾しかつめない爆撃機と区別していた）と長時間行動をともにするためには双発、それも一人乗りではムリと考えられたからだ。

陸海軍とも昭和十三年（一九三八年）ごろからこの種の双発戦闘機の試作をはじめたが、ふなれな機種ということもあって開発に時間がかかり、中島飛行機の海軍十三試双発三座戦闘機兼爆撃機が十六年（一九四一年）八月、川崎航空機の陸軍キ45試作双発複座戦闘機が一ヵ月おくれて九月にそれぞれ完成したが、このころには「隼」や零戦などの単座戦闘機が予

海軍夜間戦闘機「月光」

全幅17m　全長12.77m　全備重量7250kg　最大速度506km/h
武装　前方20ミリ×１　7.7ミリ×３　斜め銃20ミリ×２(上方)
斜め銃20ミリ×２(下方)

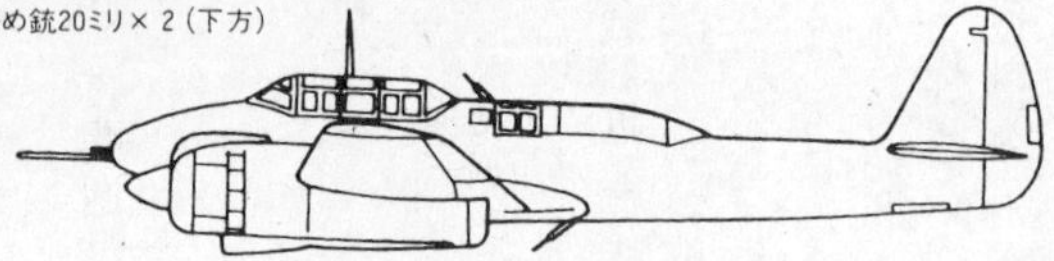

想を上まわる活躍で爆撃機や陸攻の援護をやってのけたため、出番がなくなってしまった。

このため海軍の十三試は二式陸上偵察機として使われ、陸軍のキ45も二式複座戦闘機「屠龍」として採用になったもののメッサーシュミットMe110などと同様、本来の戦闘機としてではなく地上攻撃に使われることが多かった。

戦闘機として失格と思われたこの両機が復活したのは、あまり軽快な運動を必要としない対大型機戦においては有効だと認められたからだった。

昭和十七年半ばごろ、ソロモン群島方面の日本軍最大の基地ラバウルは、夜どおし一、二機で交替でやってくる敵大型爆撃機ボーイングB17のゲリラ的夜間爆撃に悩まされていた。

さしもの零戦でも、夜間迎撃は苦手で、少数の敵機のためにパイロットをはじめ基地全体が安眠をさまたげられて、昼間の戦闘にもさしつかえた。

このとき、双発の二式陸上偵察機に斜め上方に射撃できるよう機関砲を取りつけることを提唱したのが、第二五一海軍航空隊司令の小園安名中佐だった。

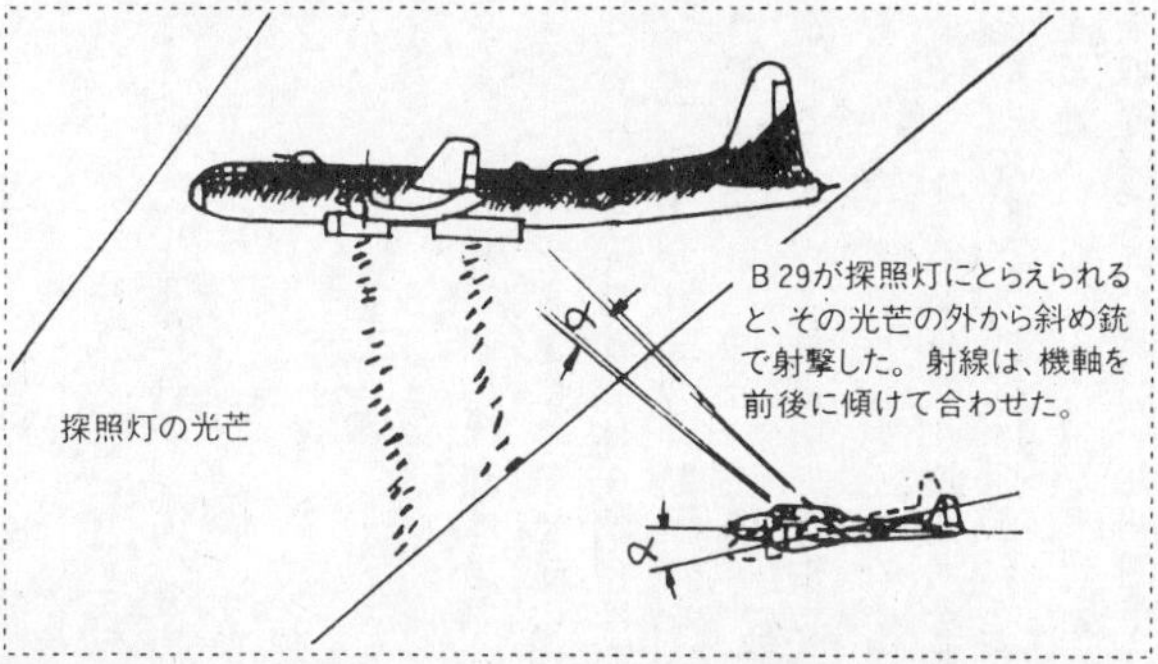
B 29が探照灯にとらえられると、その光芒の外から斜め銃で射撃した。射線は、機軸を前後に傾けて合わせた。
探照灯の光芒

多くの反対意見を押し切って二十ミリ機関砲二門を胴体上部に斜めに取りつけた二式陸偵の改造型二機が作られ、昭和十八年五月、ラバウルに進出した。

そして進出後間もない五月二十一日夜、操縦員工藤重敏上等飛行兵曹、偵察員菅原體中尉のペアで離陸した斜め銃装備の二式陸偵は、味方探照灯に映し出された敵B17の下方に接近して下から撃ち上げて一機を撃墜、さらにおくれて離陸したもう一機の二式陸偵もB17一機を撃墜し、これまでさんざん悩まされつづけていた地上の人たちの歓呼をあびた。

この攻撃法は、探照灯の光芒の外にいるこちらの戦闘機の姿は敵から見えず、しかも巨大な敵機の下方を平行して飛びながら撃つので安全で効果のたかい方法だった。

こうして二式陸偵は夜間戦闘機「月光」としてカムバックしたが、のちに日本本土上空の戦いで、B17よりさらに大型のB29の夜間爆撃に際しては、斜め銃装備の海軍「月光」と、同じように改造された陸軍の「屠龍」両夜間戦闘機が大いに活躍した。

49 道楽に終わった変形戦闘機の設計

エンジンを二個つければ出力は倍になるという双発戦闘機の最大の魅力は、同時に機体が大型化するとともに空気抵抗の増大というマイナスの面もあった。なぜなら、正面から見た場合に、単発機が胴体一個の断面だけですむのに対して、双発戦闘機は胴体のほかにエンジンが二個と合計三つの断面となるからだ。

正面から見た場合の面積が大きければそれだけ空気抵抗がふえることは容易に想像できるが、このために重量増加と相まってせっかくのエンジン出力を倍にした効果がくわれてしまい、かえって速度がおそくなってしまう場合もある。

そこで、空気抵抗が増すのを避けるため、胴体内にエンジンを二個とも入れてしまい、単発機なみの空気抵抗に押さえてエンジン出力増加の効果を最大限に生かそうという発想が生まれた。

戦闘機ではないが一九三四年に時速七百九キロの水上機世界速度記録をたてたイタリアの

マッキ・カストルディMC72がそれで、機首にエンジンを二個縦にならべてつないだ。この場合、強大なエンジンの駆動力によって機体が片側に偏向しようとするクセをなくすため、プロペラ軸を二重にして二個のプロペラを互いに反対方向に回す二重反転プロペラが採用された。

このことを専門的にはトルクを相殺するというが、双発に限らず、大出力エンジンを装備した場合にはしばしば試みられた方法である。

たとえばこのマッキMC72に限らず、日本でも陸軍の二式単座戦闘機「鍾馗」や海軍の高速水上戦闘機「強風」などで試みられたが、機構的にむずかしいのでいずれも試作だけで終わってしまった。

マッキMC72と似ているが、二個のエンジンを離して操縦席の前後に配置した双発形式を採用したのは日本陸軍の水冷式戦闘機「飛燕」をつくった川崎航空機の試作戦闘機キ64だった。エンジンを離すと間をつなぐ動力軸が長くなって重量の点で損だが、戦闘機であるためにパイロットをできるだけ重心位置に置く必要から重量配分上とられた配置だ。

「飛燕」と同じエンジンを二個つんだ野心的なキ64だったが、最大速度は「飛燕」試作型の時速五百九十キロに対して六百九十キロと百キロしかふえていないのは前にのべた理由による。

二個のエンジンをキ64よりさらに離してそれぞれ独立させ、前のエンジンは前方プロペラを、うしろのエンジンは延長軸によって尾翼後方の推進式プロペラを回すようにしたのが、ドイツの試作戦闘機ドルニエDo335（一九四三年完成）であった。ほかの推進プロペラ式戦闘機がそうであったように、このDo335もパイロットの緊急脱出法には苦労し、脱出時には上部の垂直尾翼と後方プロペラが爆薬によって飛散するようになっていた。

日本のキ64ではプロペラが前方にあったからその心配はなかったが、パイロットはエンジンで前後にはさまれたかたちなので、事故で不時着したときにエンジンの間でサンドイッチになりはしないかという恐怖感にたえずさいなまれたらしい。

「あー、これで今日も命びろいした！」

五回しか飛ばなかったこのキ64のテストパイロットが飛行を終えて降りて来るなり発する言葉がいつもこれだったという。

千八百馬力のダイムラーベンツDB603E型エンジン二基を装備したDo335はさすがに速く、試験飛行で時速七百五十キロの快速をマークしたが、出現がドイツの敗戦直前だったために大量生産に入る前に工場が連合軍によって占領され、実戦には間に合わなかった。

同じく操縦席の前後にエンジンを配した例では、もっと以前にオランダのフォッカーD23が試み、尾翼は主翼から後方にのびた二本の梁によって支えられていた。

日本でも第二次大戦末期に空冷エンジンではあったが、フォッカーD23と同形式の戦闘機キ94を計画したことがあった。これは実物をつくる前の審査の段階で、パイロット側から空中脱出時にうしろのプロペラで叩かれる危険性が指摘され、ふつうのかたちに設計変更され

胴体にエンジンを２基入れた双発型式

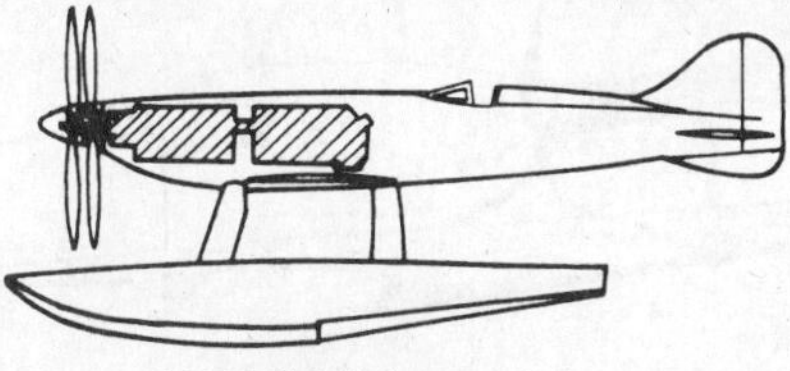

マッキMC72競争機（イタリア）

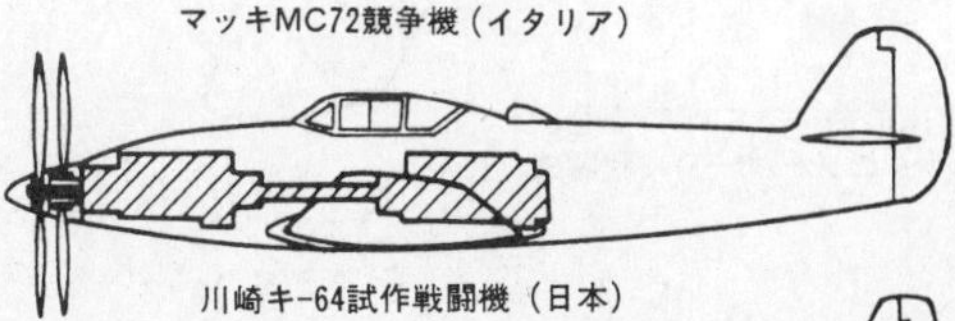

川崎キ-64試作戦闘機（日本）

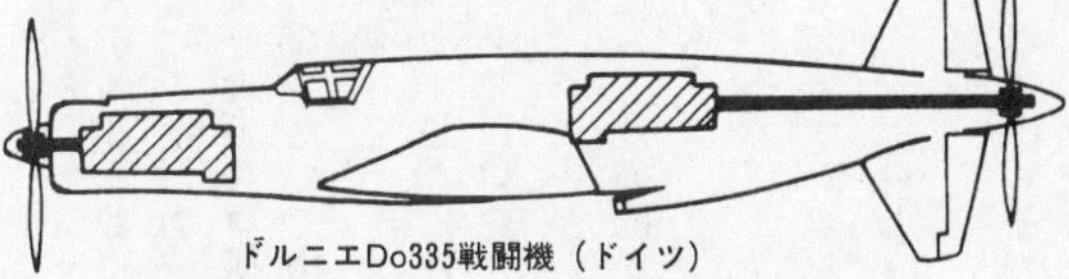

ドルニエDo335戦闘機（ドイツ）

二重反転プロペラの機構

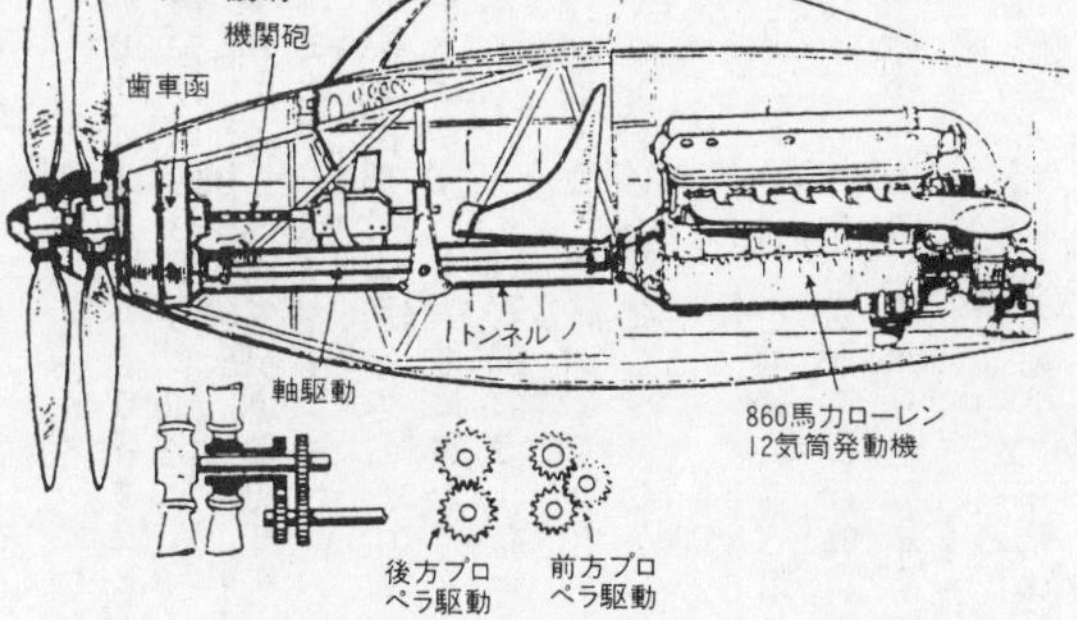

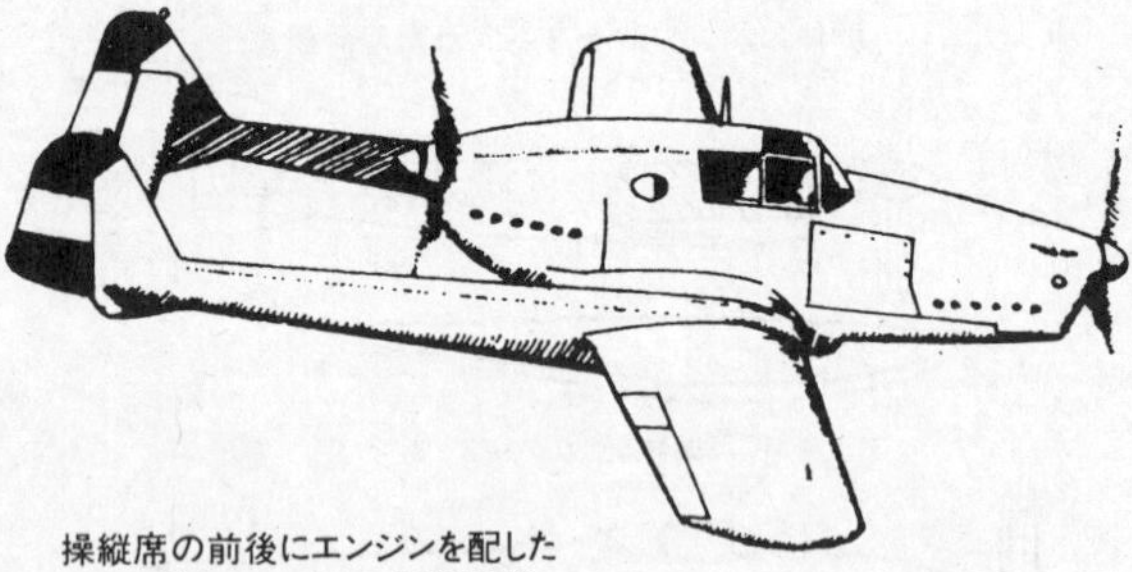

操縦席の前後にエンジンを配した
オランダのフォッカーD23戦闘機

た。射出座席などが考えられたのはこれよりあとのことであった。

キ64もまたDo335と同じダイムラーベンツ系のエンジンをつみ、出力を一基あたり千四百馬力に強化することにより七百キロ級をねらったが、戦争の進展が思わしくなくなったので中止されてしまった。

結局、こうした変形双発戦闘機で実用化されたのはフォッカーD23だけで、あとはいずれも失敗に終わり、ロッキードP38やメッサーシュミットMe110のようなオーソドックスなかたちだけが残った。エンジンの大出力化が進み、技術的な冒険をおかす必要がなくなったからでもある。

ところで、こうした二基のエンジンを前後に並べることをタンデム型とよんだ。二頭または数頭の馬が縦に並ぶことを意味し、縦に座席が並んだ二人乗り自転車もタンデムだ。

日本では、その形から串だんごになぞらえて串形エンジンなどとよんでいた。

50　P51を二機つないだP82ツイン・ムスタング

双発戦闘機の中でもっともかわっているのはアメリカが第二次大戦末期につくったノースアメリカンP82だろう。この戦闘機はツイン・ムスタングの名が示すようにP51ムスタングを二機つなげたものである。そのやり方は普通のムスタングの胴体を二つ並べ、内側の主翼および水平尾翼でつなげるという大胆なものだった。これだとロッキードP38のように別に操縦席を設けるための胴体を必要としないからそのぶん空気抵抗はへるし、第一もとのP51ムスタングの機体の大部分が利用できるので、設計や生産準備の手間が大いに省ける利点がある。

もともと太平洋という広大な地域で日本軍と戦う必要から、航続距離の長い戦闘機をということで生まれたものだが、同じく第二次大戦中、四発大型爆撃機の開発に失敗したドイツ空軍は、双発の中型爆撃機ハインケルHe111を二機つなげ、さらにもう一つのエンジンをつけ加えて五発爆撃機にしている。こちらはP82より改造がもっと簡単で、胴体の連結はエンジン外側の主翼だけで水平尾翼はもとのままそれぞれ独立していた。

Ｐ82は両方の胴体に操縦席があるので、作戦に応じて二人のパイロットが乗ることもできるし、片方に航法あるいは偵察員をのせることもできた。このＰ82は夜間戦闘機として第二次大戦後も生産されたが、エンジン出力が倍であるにもかかわらず単発のＰ51Ｈの最高時速七百七十キロとたいしてかわらなかったのは、この辺がプロペラ機の限界だったのだろう。

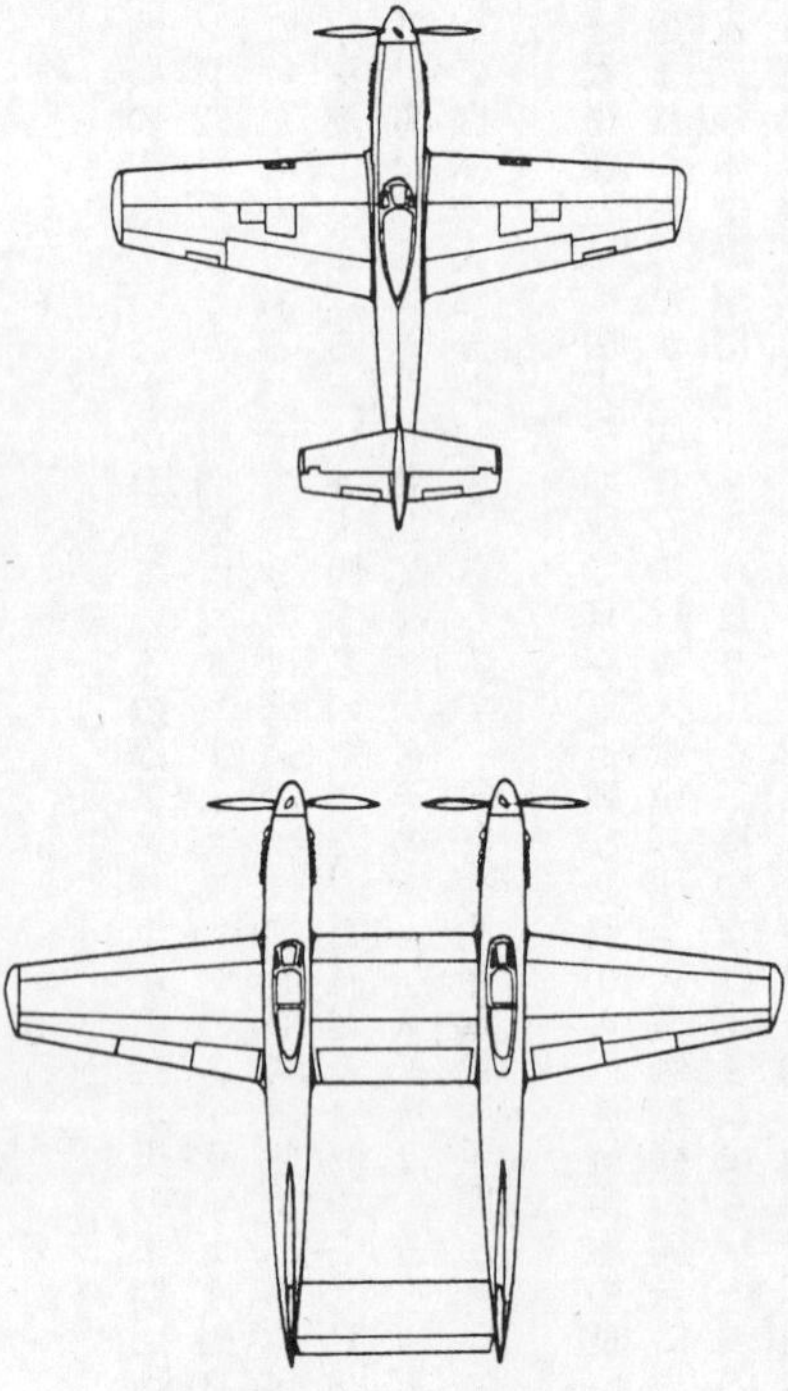

単発戦闘機から双発複座戦闘機へ
ノースアメリカンP51ムスタング（上）
P82ツイン・ムスタング（下）

51　巨体を誇るジェット双発戦闘機

双発戦闘機でも、ジェット機になるとだいぶ形がかわってくる。初期のジェット戦闘機はドイツのメッサーシュミットＭｅ262、これを参考につくった日本の「橘花《きっか》」「火龍」、あるいはイギリスのグロスター・ミーティアなどのように、主翼にエンジンを二個つけていた。しかし、この形式はプロペラを胴体から離さなければならない必要から生じたもので、空気抵抗の点からすれば損なやり方だ。これを避けるべくプロペラ機でも胴体にエンジンを二個入れてしまったのがあったが、ジェット機では細長いジェット・エンジンを並列に並べて胴体と一体にした形式がいまでは一般化している。

しかも、その並べ方としては横に二個並べるのが大部分だが、イギリスのＢＡＣライトニング戦闘機のように上下に重ねたものもある。

同じ双発戦闘機とはいっても第二次大戦当時のプロペラ機と、現代のジェット機とではスケールがけたちがいだ。機体の長さがせいぜい十二、三メートル、全備重量十トン前後の第

ジェット双発戦闘機のエンジン配置

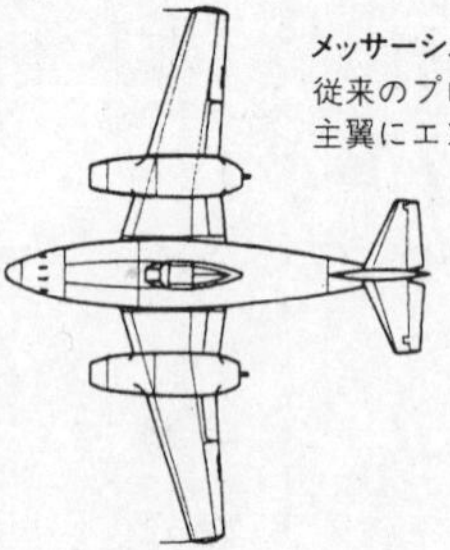

メッサーシュミットMe262(1945年)
従来のプロペラ機同様に
主翼にエンジンがある

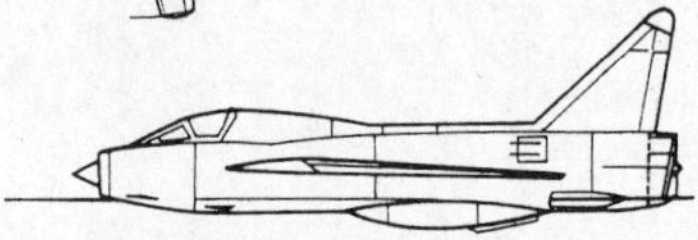

BAC F1ライトニング(1954年)
胴体後部上下にエンジンがある。
双発機ではこの機だけ

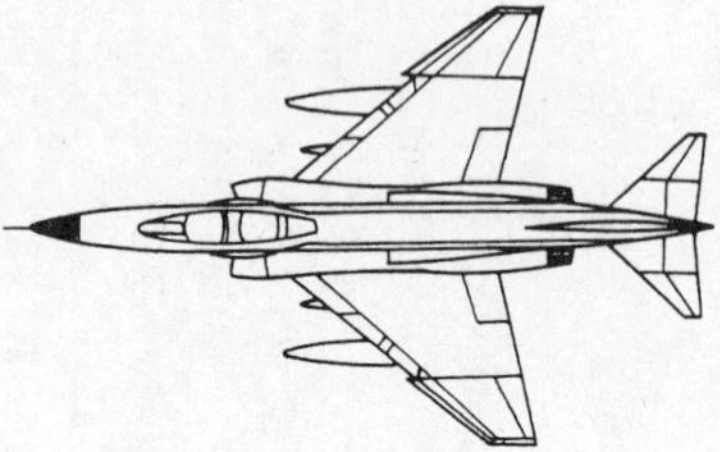

マクダネル・ダグラスF-4Eファントム(1958年)
胴体に並列エンジンがある現代ジェット
戦闘機のもっとも一般的な双発型式

二次大戦機にくらべ、F4EJファントムなどは全長十八・六メートル、全備重量二十六トン余りという巨大なものになっている。目下、世界でもっとも大きな双発ジェット戦闘機の双璧はアメリカのロッキードYF12とソビエトのヤコブレフ・フィドラーで、それぞれ全長が三十二・八メートルと二十七・五メートル、全備重量が六十一トンと四十二トンもある。

52　爆撃機のピンチヒッターで地上攻撃に威力を発揮

戦闘機といえばその名称からいかにも攻撃的な印象をあたえるが、本来は敵の偵察機を追い払う駆逐機から出発したもので、どちらかといえば守りが主任務だ。もちろん戦闘行動としては敵機の攻撃だが、戦局の大勢を決するのはあくまでも爆撃機や攻撃機だ。しかし、速度や運動性にすぐれた戦闘機を、単に敵機の迎撃や味方爆撃機の援護だけに使うのはもったいない。性能の優秀なものは何でも活用すべしという考えから、戦闘機に爆弾をつんで積極的な攻撃に使おうということになった。これを最初に実行したのがドイツ空軍で、メッサーシュミットMe109のE型、F型、G型に五百キロ爆弾をつんで攻撃用としたほか、敵戦闘機との空中戦で弱点を暴露したメッサーシュミットMe110双発戦闘機もこの目的に転用された。

もともとその軽快性を生かして機銃や機関砲で地上を銃撃することは第一次大戦当時からやっていたし、地上部隊に対してはむしろ爆撃などより銃撃の方が強い恐怖感をあたえた。

それが一歩進んで爆弾をつみ、爆撃機のかわりをするようになったのは、中型爆撃機のハインケルHe111では限られた目標に対してはあまり効果があがらないし、さりとてこの目的に作られたユンカースJu87急降下爆撃機では速度がおそくて被害が大きいところから、現地部隊で落下タンクの懸吊架に爆弾を取りつけられるよう応急的に改良し、ピンチヒッターとして起用されたというのが真相のようだ。

この発想は図にあたり、地上攻撃にこれまでにない威力を示した。この成功に気をよくしたヒトラーは、ドイツがはじめて実用化したジェット戦闘機メッサーシュミットMe262を地上攻撃に使うよう命じた。

この着想自体はかなりの成功を収めた。しかし、押しよせる連合軍の強力な爆撃機編隊とこれを援護してやって来るリパブリックP47サンダーボルト戦闘機に対して攻撃力の不足に悩んでいたドイツ戦闘機隊では、Me262を地上攻撃よりも本来の戦闘機として使うべきだと主張した。ヒトラーも折れてMe262が連合軍爆撃機の迎撃に威力を示しはじめたが、ときすでにおそく、連合軍の爆撃によって戦闘機隊の命の水ともいうべき燃料工場が破壊され、加えて地上軍の急激な進攻によって活躍の場を失ってしまった。

ヒトラーがMe262を地上攻撃に使ったことについては是非の分かれるところだが、国力が限界に達してじゅうぶんな数がそろえられないとき、どちらに重点的に使うかは戦略上の決定であり、当時のドイツの戦況からすればヒトラーの判断は正しかったのかもしれない。

またMe262以後にはじまる戦後のジェット戦闘機が、ロケットやミサイルの発達とともに戦闘爆撃機的な使い方をされるようになり、かつて戦場で地上軍の支援や敵陣攻撃に使われた軽爆撃機はその座を完全に戦闘機にうばわれてしまった。

このことは、戦闘機の用法が防衛的なものから攻撃的なものへの転換を意味し、戦術戦闘機とよばれる新しいものへ発展した。これはいうなれば、戦闘機の多目的化、多用途化でもある。

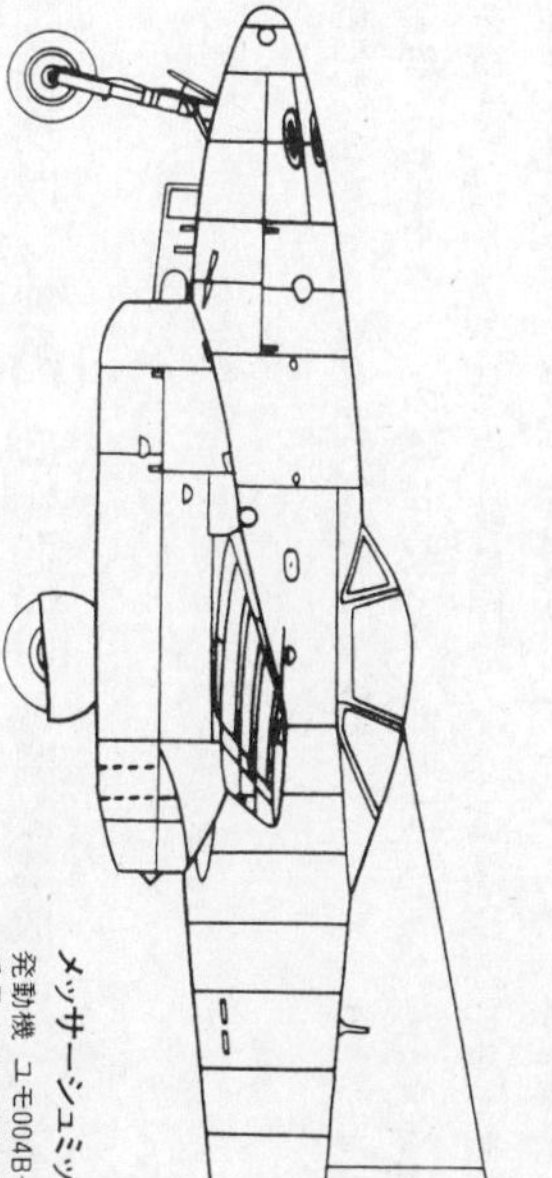

メッサーシュミットMe262A-la
発動機　ユモ004B-1×2　全幅12.48m　全長10.60m
乗員1名　全備重量6387kg　最大速度869km/h
航続距離1050km　30ミリ機関砲×4

53　特攻機〝神風〟は変則的な戦闘爆撃機？

メッサーシュミットMe109の戦闘爆撃機型がヨーロッパやアフリカ戦線で活躍しはじめた一九四二年（昭和十七年）のはじめごろ、開戦間もない日本軍は太平洋全域にわたって破竹の進撃を続けていた。そして、航続距離のながい陸軍の「隼」戦闘機や海軍の零戦がつねにその先陣をうけたまわっていた。しかし、このころの「隼」や零戦の武装は七・七ミリ、十二・七ミリ、二十ミリなどの機銃や砲であり、爆弾はつんでいなかった。したがって、その性能がものをいったのは爆撃機と同行できる長距離攻撃性と敵戦闘機を上まわる格闘性能にあったということは前にのべたとおりだ。

もちろん機銃や砲による地上攻撃もやって効果はあげているが、爆弾をつんで積極的に地上や艦船攻撃に使いはじめたのは一九四四年（昭和十九年）に入ってからだ。それまでにもいちおう三十キロとか六十キロの小型爆弾をつめるようになっていたが、戦争が有利に展開している間は、軽爆撃機、襲撃機（陸軍）、艦上爆撃機（海軍）などがその役割をじゅうぶんに果たしていたので使う必要がなかったのだ。

ソロモン、ニューギニア方面で連合軍がしだいに優勢な攻撃に転じ、航空勢力が質、量ともに日本軍を圧倒しはじめてからは、性能の劣る機種の損害が急激にふえ、戦闘機以外の機種では一度出動すると、ふたたび基地にもどって来ることは困難になった。

ソロモン航空戦で、戦闘機隊と一緒に攻撃に出動した海軍の九九式艦上爆撃機の搭乗員たちの表情は、のちの特攻隊員たちと同様に悲壮なものだったという。そこでスピードの速い「隼」や零戦に爆弾をつんで爆撃機の代用に使うことが必然的に要求されるようになった。しかし、機体強度あるいは性能の点でつんで行くのはせいぜい六十キロ爆弾どまりだった。

一九四四年（昭和十九年）九月に出現した海軍の零戦五二型丙では胴体下面に落下タンクのかわりに二百五十キロ爆弾をつめるよう改造された。だが、あくまでも実戦の要求に応ずるための間に合わせ的な改造で、これが使われるようになったのはふつうの用法ではなく、爆弾を装着したまま目標に突入する特攻攻撃であった。

これとは別に胴体下面に正規の二百五十キロ爆弾懸吊架を装備するとともに機体にも必要な強度上の改良を加え、落下タンクを左右両翼下面に移した本格的な戦闘爆撃機型の零戦六三型が設計され、戦争も終わりに近づいた一九四五年（昭和二十年）五月に出現した。しかしこのころになると、まともな攻撃はやれなくなってすべて体当たりによる特攻が主体となったことと、できた時期がおそかったためにメッサーシュミットMe109FやG型のような実戦での活躍は見られなかった。というより、すでに零戦の時代は過ぎ去っていたというのが

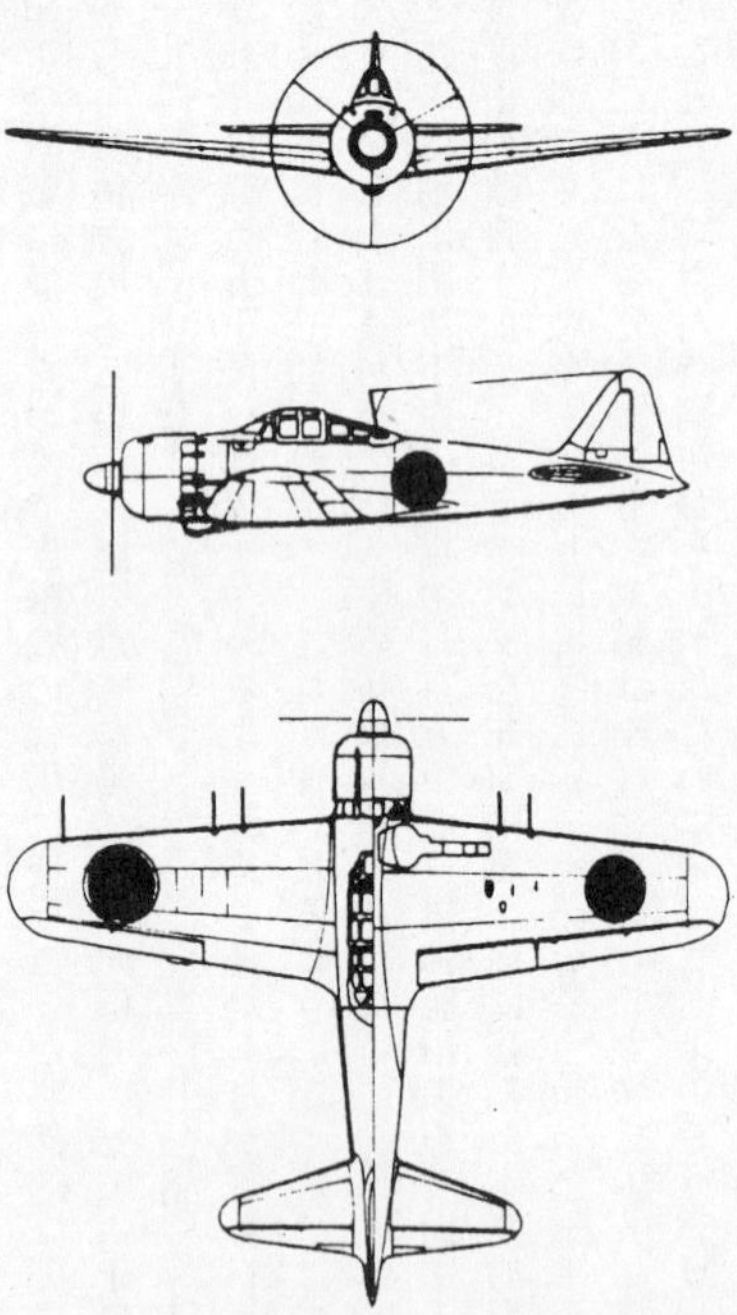

零戦52型丙

発動機栄二一型　全幅11.00m
全長9.121m　全備重量3150kg
13ミリ機関銃×1（胴）、13ミリ機関銃×2（翼）
20ミリ機関砲×2（翼）
小型ロケット爆弾（30kg×4）
初号機完成　昭和19年9月
製作機数93機

本当だろう。

陸軍の「隼」もまた二百五十キロ爆弾をつむようにしたのは正規の戦闘爆撃機としてではなく、特攻攻撃が前提だった。こうして戦争末期には、このほかにも「飛燕」「屠龍」「疾風」「紫電」など多くの陸海軍戦闘機が、変則的な戦闘爆撃機的用法である特攻攻撃のために失われた。

54　旋回性能を阻むGの壁

第一次世界大戦以来、格闘戦に強いということが、戦闘機にとってもっとも重要なポイントとされていた。格闘戦とはイギリス流にいう〝ドッグ・ファイティング〟のことで、二匹の犬がからみ合ってけんかするのに似ているところから名づけられたものらしい。

日本のパイロットたちは、これを小回りがきく、という表現をしていたが、こうした性質を良くするには、機体を軽くして主翼面積を大きくし、さらにエンジン出力を大きくすればよかった。

だが、翼面積をじゅうぶんな大きさにしようとすると重量と空気抵抗がふえ、速度が低下する。だから小さな翼面積でしかもじゅうぶんな揚力が得られることがもっとも望ましい。速度に関しては翼面積は小さい方がいいからだ。そこで主翼面積は小さく、いざというときに揚力をふやすことができれば、高速と運動性の両方を満たすことができる。

飛行機が水平に直線飛行しているときは、主翼に発生する揚力は、機体の重量とつり合う

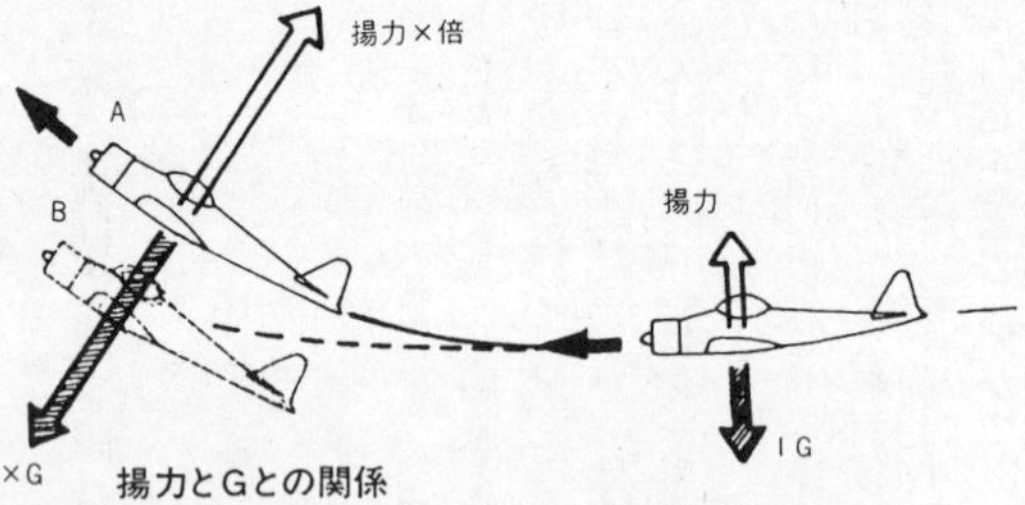

揚力とGとの関係
水平飛行のときを１Gとすると、旋回のときは何倍かのGがかかり、これに見合うだけの揚力が発生しないと飛行機は点線のように沈む。

ていどでよい。だが、旋回や宙返りのような運動をするときには、飛行機に遠心力が働くので、飛行機の重量のほかにこの遠心力を加えた大きさの揚力を主翼が受け持たなければならない。そこで、比較のために直線飛行の状態を一Gとよんでいる。

よくパイロットの話などに激しいGがかかってなどという言葉がでてくるが、これは旋回や宙返りなどの曲線的な飛行の際に機体や乗員に大きな力が働くことで、その大きさがそれぞれ機体の重量あるいは人間の体重の何倍に相当するかによって、三Gとか五Gとかよばれる。

ジェット戦闘機はもちろんだが、曲技飛行のできる国産軽飛行機FA200エアロスバルなどにもGメーターというのが付いていて、今どのくらいのGがかかるかがわかるようになっているものがある。

ゆるい降下から上昇に移るだけでも三Gくらいはかかり、このていどでも腕を上げようとしても重くてあがらない。三Gというのは腕の重さが三倍になったということである。

目もくらむような急旋回ということになると、およそ五Gから六Gかかる。このあたりになると乗員は血が頭から下がってしまい、貧血を起こして目まいがし、一瞬失神することがある。

飛行機の場合も人間と同様で、こうした飛行状態のときは直線飛行のときにくらべて主翼は三倍とか五倍の揚力を出さなければ、飛行機は進路外にはみ出してきれいに回ることはできない。

揚力をふやす一般的な手段としては、機体をやや引き起こして主翼に当たる風の角度つまり迎え角を大きくすればよい。しかし、あまり大きくすると抵抗が急増し失速してしまう。

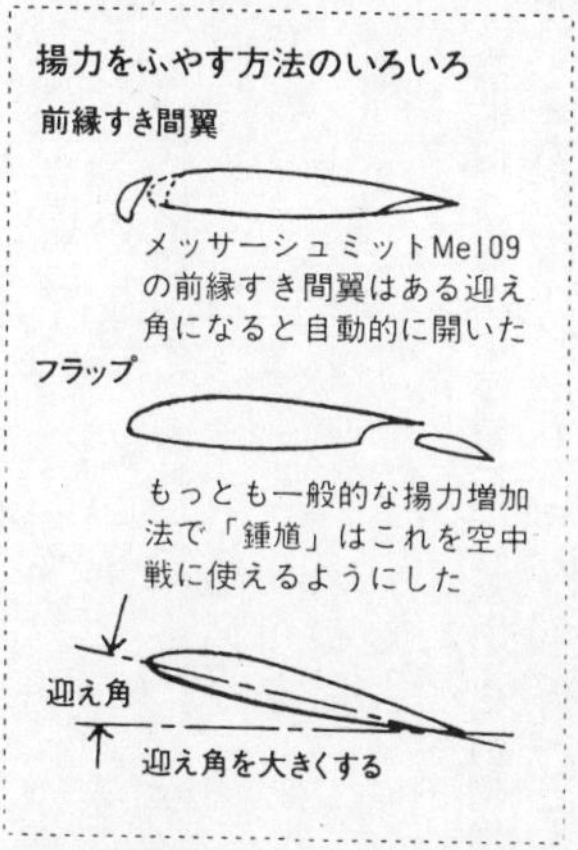
揚力をふやす方法のいろいろ
前縁すき間翼
メッサーシュミットMe109の前縁すき間翼はある迎え角になると自動的に開いた
フラップ
もっとも一般的な揚力増加法で「鍾馗」はこれを空中戦に使えるようにした
迎え角
迎え角を大きくする

あまり迎え角を大きくすることなく揚力をふやす方法として、フラップ（下げ翼）や前縁スラット（すき間翼）などが考えられ、着陸時などに使われるようになった。

飛行機が高速になればなるほど旋回のときにかかるGは大きくなり、小さく回ろうとするとGに見合うだけの揚力が得られない。そこで考えられたのが、着陸時の揚力増加に使うフラップを空中戦にも使えないかということだった。

55　格闘戦への執着が生んだ空戦フラップ

高速機などが着陸時に一時的な揚力増加の方法として使うフラップを、空中戦に使おうという考えは諸外国にもあったが、もっとも熱心に研究したのは日本だった。それというのも外国、たとえばドイツなどでは早くからメッサーシュミットＭｅ109のような速度一点張りの戦闘機に移行し、小まわりのきく格闘戦をあきらめてしまったからだ。もっとも、かれらはそういう戦闘機の性格にふさわしい一撃離脱および編隊戦闘法をあみ出し、それを世界にひろめた。

外国が速度を重視した戦闘機に移行しつつあったとき、日本のパイロットたちはいぜんとして格闘戦への夢を追っていた。しかし、一方では実戦の体験から速度も決して無視できないことを知り、速度も格闘性もという欲ばった要求を持つようになった。

この結果、陸軍は「隼」、海軍は零戦という速度も格闘性も合わせ持ったすぐれた戦闘機が生まれた。この両機の最大のポイントは重量が軽く、空気力学的な設計がすぐれているこ

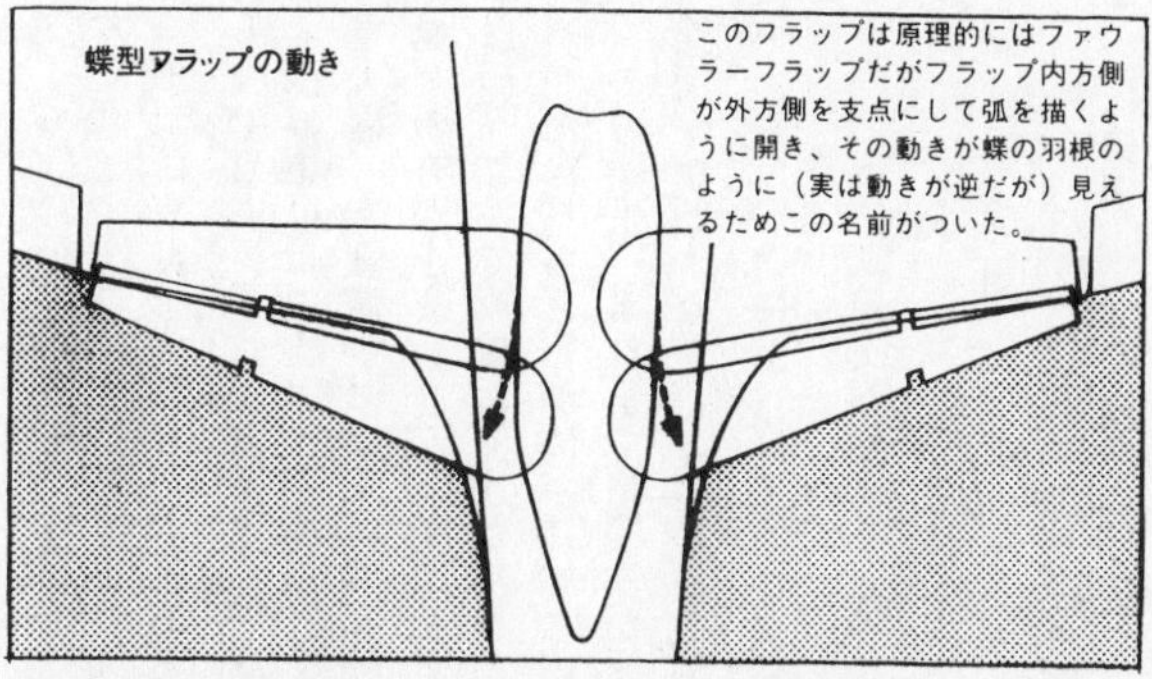
蝶型フラップの動き
このフラップは原理的にはファウラーフラップだがフラップ内方側が外方側を支点にして弧を描くように開き、その動きが蝶の羽根のように（実は動きが逆だが）見えるためこの名前がついた。

とだった。どちらも一九四〇年ごろにできた戦闘機で、千馬力エンジンをつんだ世界のどの戦闘機よりも軽くつくられていた。

　全備重量が二トンクラスで最大速度も五百五十キロ前後の「隼」や零戦では、設計者たちの努力で何とか両立できた速度と格闘性も、全備重量が三トンから四トン近くになり、最大速度も六百キロ級となるともうムリだった。にもかかわらず、パイロットたちの格闘性に対する要求は根強いものがあった。

　俗に蝶型フラップとよばれるフラップを空中戦にも使おうと日本の戦闘機設計者たちが真剣に考えるようになったのはこうした事情によるもので、中島飛行機が「隼」のつぎの戦闘機「鍾馗」で、川西航空機が水上戦闘機「強風」でいわゆる〝空戦フラップ〟を試みた。ちょうど太平洋戦争のはじまる前後のことだが、どちらも空戦時にフラップを二段階に出せるようにし、操縦桿に押しボタンをつけて操作するようになっていた。

　陸軍の「鍾馗」がこの空戦フラップをテストしているこ

ろ、ドイツからメッサーシュミットＭｅ109が輸入された。Ｅ7型といい、当時、イギリス上空でスピットファイアやハリケーンなどと戦闘をまじえていた機体だった。

「隼」にくらべてスピードはあるが格闘戦の苦手な「鍾馗」をパイロットたちはどちらかといえば毛嫌いしていたが、ある日、Ｍｅ109と模擬空中戦が行なわれた。

Ｍｅ109にはヨーロッパ戦線で十機撃墜の記録をもったロジッヒカイトという若いドイツ空軍大尉、「鍾馗」には荒蒔義次陸軍少佐が乗って空中にあがったが、速度がややまさる「鍾馗」の方が小まわりがきき、Ｍｅ109の攻撃を巧妙にかわすことができた。「鍾馗」がうしろに回りこんで攻撃しようとするとＭｅ109は上空の雲の中に逃げこんでしまい、勝負なしに終わったが、あきらかに「鍾馗」の方が優勢だった。

この結果、それまで格闘性が悪いとして「鍾馗」に白い眼を向けていたパイロットたちの態度がかわったが、このとき「鍾馗」はフラップを八度下げて空戦をやったという。

56　自動空戦フラップで異彩を放つ「紫電改」

川西航空機でもはじめてつくった水上戦闘機「強風」に空戦フラップをつけたが、その効果のほどをこれまた模擬空戦で試してみることになった。相手は二式水上戦闘機。零戦にフロートをつけて水上戦闘機にしただけあって軽く、格闘性は零戦ゆずりだった。

二式水上戦闘機の全備重量二・五トンに対して「強風」は三・五トンと一トンも重いかわりに、最大速度は五十キロ以上速い。まともに格闘戦をやって勝味のある相手ではないが、空戦フラップで何とか対抗しようとした。

はじめはうまくいった。しかし二度、三度とやっていると運動性のいい二式水上戦闘機はクルリと回り込んで、たちまち「強風」のうしろに着いてしまう。二式水上戦闘機は翼面荷重（機体の重量に対する主翼面積の割合）が小さいので、小さい旋回でも失速せずになめらかに回る。ところが「強風」は翼面荷重が大きいので、フラップを使って揚力を増し、無理に追いつこうとする。だが、空中戦の最中は飛行機の速度や機体にかかるGは時々刻々と変化するのにフラップは二段階しか変わらないから、どうしても沈みが起きて旋回が大きくなってしまう。

フラップの下げ角はいつも失速しない範囲で最小、いいかえればあらゆる飛行状態で最小限の抵抗で必要な揚力が得られるようフラップ角度をコントロールできることが理想だが、いったん空中戦にもつれこんだらパイロットはいそがしい。

片手は操縦桿、片手はエンジンのスロットル・レバー、そして眼は敵をねらって照準器に釘づけだから、とてもフラップ操作にまでは手がまわりかねる。とすれば空戦フラップは自動でなければ意味がない。川西航空機の技師たちは、世界に類のなかったこの難題に取り組んだ。

一般的にいって飛行機の速度が速いときは揚力は少なくてよく、Gが大きければフラップ角を大きくして揚力をふやさなければならない。速度はピトー管で計ることができるので、Gの大きさを何かの方法で検知し、この両者をうまく結びつければ、もっともよいフラップ角度が得られる。つまり必要な揚力に対してたえず抵抗を最小とすることができる。

Gの大きさを計る方法として川西航空機の技術陣が考えたのは、水銀柱を使うことだった。ピトー管と水銀の入った容器を結んでおくと、速度に応じたピトー管からの圧力で水銀が水銀柱内部に押し上げられる。Gがかかると逆に水銀は下がる。この水銀柱内に段違いに電極を二本入れておくと、水銀柱の高さによって、二本とも水銀にふれている場合、一本しかふれていない場合、二本とも水銀にふれていない場合の三とおりの状態ができる。これをそれぞれフラップを動かさない場合、上げる場合、下げる場合としてフラップ作動のメカニズムを作動させるようにすればよい。

水銀を使ったのは、寒暖計などに使われているのを見てもわかるように、比重が重いこと電気をよくとおすなどの理由によるものだ。

フラップそのものは油圧で動かされるが、油圧コックは水銀柱の中の電極の状態によって作動するマグネットで開閉されるから、パイロットは空戦開始のときにスイッチを入れておきさえすれば、フラップは完全に自動的に、速度とGに応じた最適の角度がえられ、スムーズに回ることができた。

空戦フラップの作動原理

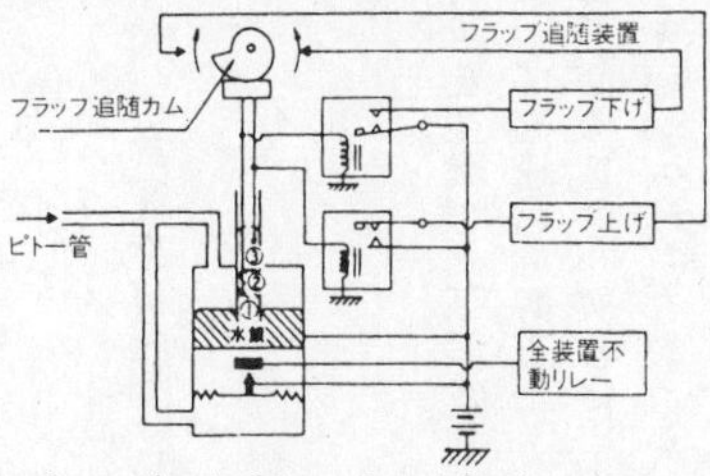

①フラップ下げ　②静止　③フラップ上げ

この装置が完成したのは昭和十八年六月五日、ちょうど戦死した連合艦隊司令長官山本五十六元帥国葬の日だった。世界で唯一ともいうべきこの装置はほんのひとにぎりの小さな箱に収まっていたが、パイロットの手のとどくところに置かれ、秘密を守るため不時着のときは破壊するようになっていた。「強風」でテストされた空戦フラップは陸上戦闘機に改造された「紫電」にも引きつがれ、さらにこの改良型である「紫電改」にいたって完全に実用化された。

この装置をつけた「紫電改」戦闘機の終戦まぎわの活躍はあまりにも有名だ。

57　音速を可能にした後退翼のアイデア

川西航空機が太平洋戦争の末期に完成した自動空戦フラップは、すばらしい装置で、これによって高速機であるにもかかわらず、零戦に近い格闘性を得ることができた。だがこれは主翼下面のフラップという小さな翼を動かすだけだったが、飛行状態に応じて主翼全体を動かすという大げさな装置が、最近のジェット戦闘機には使われている。しかも川西航空機の空戦フラップが自動的に出入りするように、主翼の取付角度が自動的にかわるものだ。

飛行機の速さが音速（音の速さは地上付近で秒速三百四十メートル、したがって時速約一千二百キロ）に近くなると、翼表面の湾曲した部分の空気の流れは部分的に音速を超えてしまう。それから先でまた音速以下にもどると空気が激しく圧縮されていわゆる衝撃波が起こる。すると、翼表面上の空気の流れが乱されて空気抵抗が急激に増すだけでなく、舵が効かなくなって飛行にいろいろ支障をきたすようになる。

こうした有害な衝撃波の発生をおくらせるために翼端がうしろに下がったかたちの後退翼

が有利なことを、第二次大戦末期にドイツの技術者たちが発見した。

後退角のない翼だと音速の七十五パーセントから八十五パーセントあたりで衝撃波が起こり、ふつうの翼をもった飛行機の高速化にとってひとつの壁だったのだ。だから動力がエンジンでプロペラを回す時代からジェットにかわっても、最初のころのジェット戦闘機は音速

可変後退翼の飛行状態と翼との関係

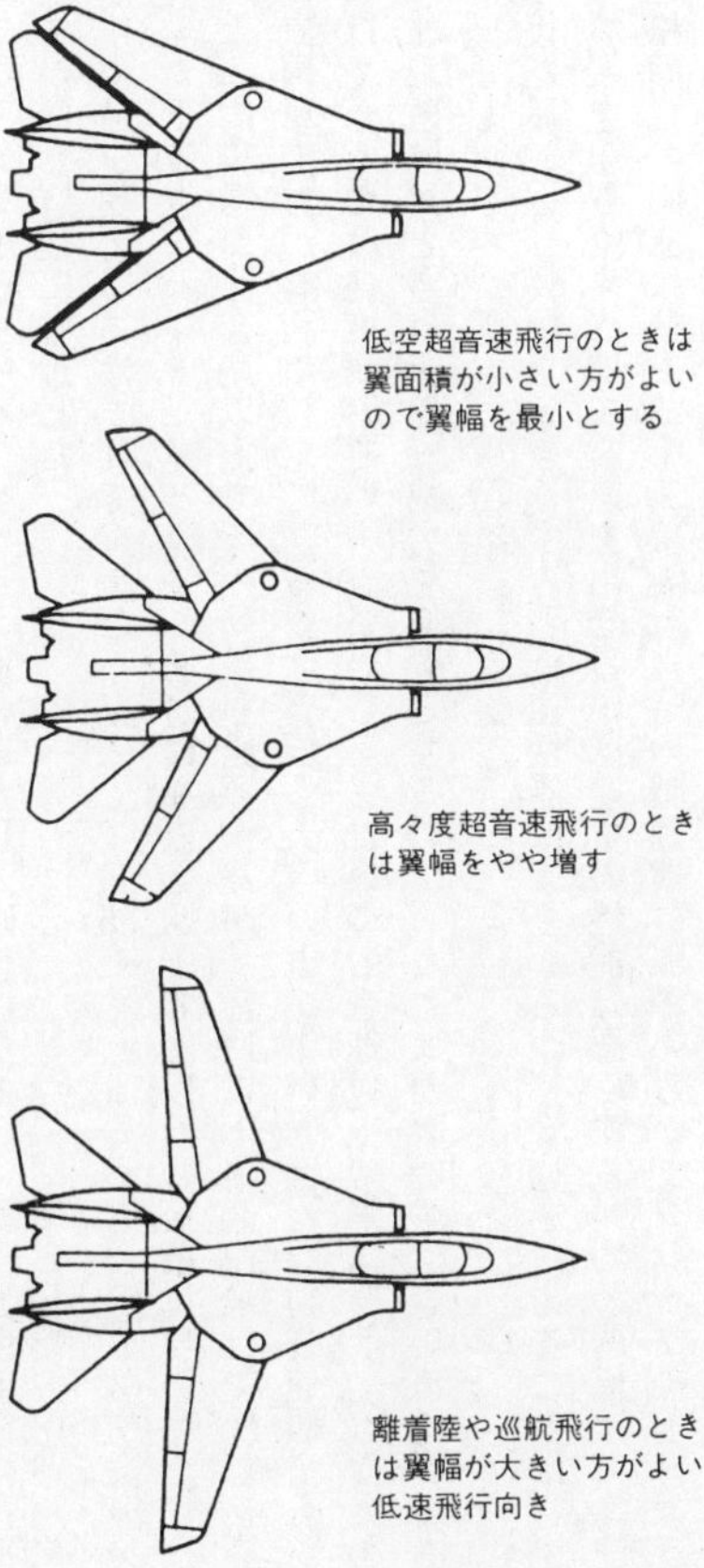
低空超音速飛行のときは翼面積が小さい方がよいので翼幅を最小とする
高々度超音速飛行のときは翼幅をやや増す
離着陸や巡航飛行のときは翼幅が大きい方がよい低速飛行向き

を超えることはできなかった。第二次大戦が終わり、つぎの朝鮮戦争で対戦したアメリカのノースアメリカンF86セイバーやソビエトのミグ15の時代になると、三十五度前後の後退翼によってかなり音速に接近した。

だが、音速を超えるにはこれでもまだ不充分で、F86セイバーのつぎにノースアメリカンが開発したF100スーパー・セイバーやミグ17になると四十五度以上の後退翼になった。

このように後退翼は音速以上でその効果を発揮するが、音速以下の低速飛行ではむしろふつうの直線翼の方が有利だし、できるだけ翼幅も大きい方がよい。どんな超音速機でも着陸のときはできるだけ速度がおそい方がいいし。またいつも音速以上で飛ぶわけでもないのだから、また離陸のときは大きな揚力を必要とするので、これまた翼幅の大きい直線翼であることが望ましい。

同じ後退翼でも、翼幅を大きくすると低速性能はよくなるが、音速を超えることはむずかしく、翼幅を小さくすれば超音速を出せるが低速での性能は悪くする。この関係はちょうど速度と格闘性の両立に悩んだ第二次大戦当時の戦闘機に似ているが、フラップや前縁スラットが高速戦闘機の低速性能を助けたように、主翼の後退角をかえることによって超音速とそれ以下の飛行性能を両立させる可変後退翼のアイデアが生まれた。

速度の増加（ただし音速以上）に応じて翼の後退角をかえることは、飛行機をもっとも効率よく飛ばせる理想的な方法だが、これを最初に考えたのはドイツ、そして実際に飛ばせたのがアメリカだ。

58　現代版自動空戦フラップ——自動可変後退翼

〝人類の理想を実現した翼〟といわれる可変後退翼ではあるが、ちょっと考えてもわかるように飛行中にたいへんな空気力を受ける主翼を動かすのだから、主翼の回転部分の構造は大げさなものになる。

イギリスとフランスで共同開発したSST（超音速旅客機）コンコルドの向こうを張ってアメリカのボーイング社で開発中だったSSTは可変翼で計画されていた。しかし可変機構の重量が膨大なものとなり、固定翼にするとかしないとかもめているうちに、いつの間にか立ち消え同然となってしまった。

戦闘機で最初に実用化された可変後退翼は、アメリカのゼネラル・ダイナミックスとグラマン両社共同開発によるF111だが、ベトナム戦ではミグに撃墜されたりしていささか評判を落とした。F111の汚名をそそぐべくグラマン社が新たに開発したのがF14トムキャットで、この戦闘機の最大の特長は、後退角を自動的に制御できる可変翼だ。

川西航空機の自動空戦フラップが速度とGに応じてフラップ角度が自動的にかわったように、F14のは飛行速度（この場合はマッハであらわす）と高度をセンサー（感知器）から取り、この信号によって作動するMSP（マッハ・スウィープ・プログラマー）という装置によって主翼の後退角が自動的にかわる。

この装置の最大の利点は、自動空戦フラップ同様に格闘戦において発揮される。第二次大戦当時の三倍から四倍の高速で飛ぶジェット戦闘機の時代になっても、自由に敵機を攻撃したり回避する運動性は必要であり、さらにしつこく追随してくる敵機の放ったミサイルをかわすためにも急激な運動性が要求されるのだ。

F14の可変後退翼は前縁で計った場合、二十度から六十八度の間で自由にかえることができ、翼がもっとも前進した後退角二十度の場合の失速速度は約百九十キロ、したがって着陸速度はこれより少し上の二百キロ強と考えられ、全備重量三トンで最大速度六百キロの第二次大戦中の日本戦闘機「鍾馗」の着陸速度が百五十キロだったのにくらべ、重量三十トンで最大速度約四倍の超重量級戦闘機としてはおどろくほど低いといわねばなるまい。

この可変翼は、格闘戦中に機体にかかるGの大小に応じてつねに抗力が最小になるように後退角が自動的にかわる点は自動空戦フラップとまったく同じ考えで、いわば現代版自動空戦フラップともいえよう。また後退角の変更と同時に前縁スラットとフラップも作動し、この重く巨大な戦闘機に必要な揚力と優秀な運動性をあたえるようになっている。

翼の可変機構は基本的には図のようなもので、ヨーク、ピボット、ピストンの三部からできている。翼の前端はピストンから出ているロッドと結合され、ピストンの作動によってヨークの両端にあるピボットを中心にして動く。このピボットは直径二十二センチもある太いものだ。

可変後退翼の作動機構

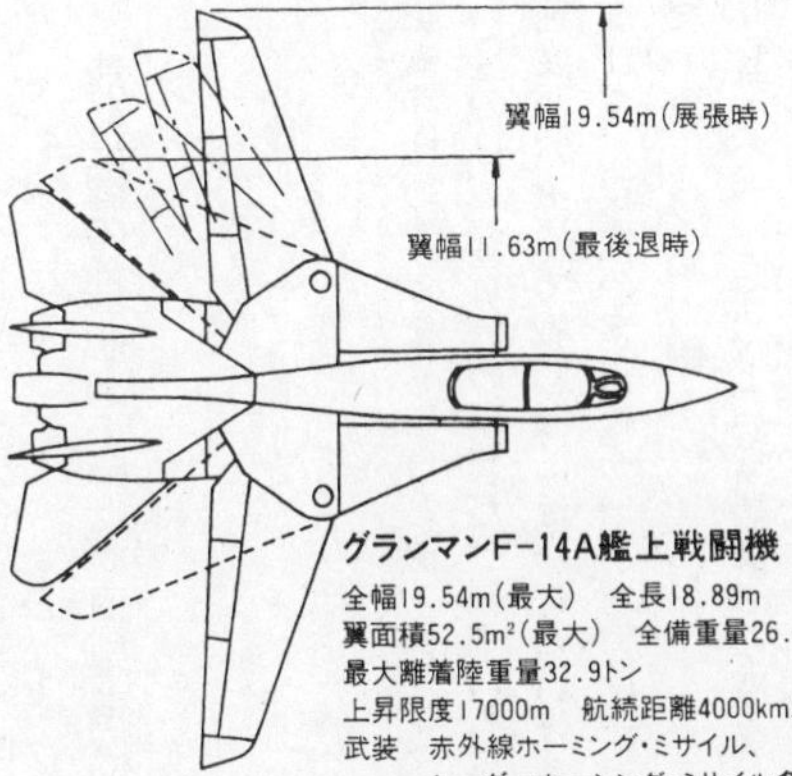

グランマンF-14A艦上戦闘機

全幅19.54m(最大)　全長18.89m
翼面積52.5m²(最大)　全備重量26.4トン
最大離着陸重量32.9トン
上昇限度17000m　航続距離4000km以上
武装　赤外線ホーミング・ミサイル、
　　　レーダーホーシング・ミサイル各4発
　　　M61バルカン砲×1

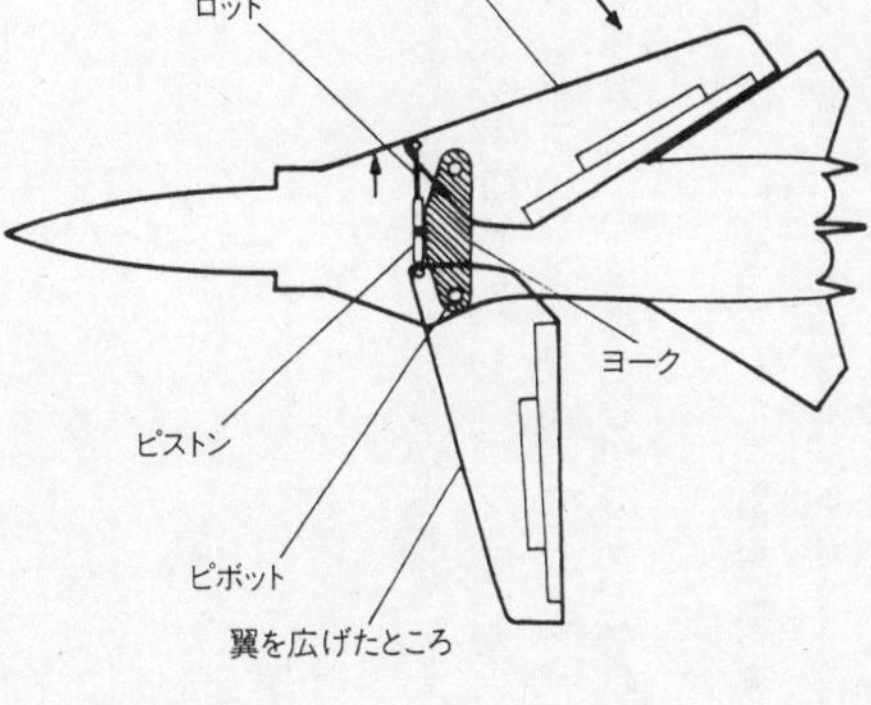

59　飛行機の理想の姿・垂直離着陸機

垂直離着陸機のことをＶＴＯＬ機といっている。滑走路いらずで、その場から垂直に上がれるというのは、飛行機の理想だ。ＶＴＯＬでもっとも代表的なのはヘリコプターだが、これでは速度がおそくて戦闘機にはならない。そこで機体を垂直に立てて発進したらという構想が生まれた。現代の宇宙ロケットなどはすべてこのやり方だが、これを最初にやったのがドイツだった。

エーリヒ・バッヒェムという設計者が開発したもので、垂直に立てられた発射台から発進するロケット推進の迎撃戦闘機で、装備したロケット・ミサイルで敵爆撃機を攻撃し、攻撃終了後はパイロットが残りの動力エネルギーを使って急降下し、体当たり攻撃をかけようというものだった。もっとも日本の体当たりとちがうところは、衝突寸前に射出座席の作用でパイロットが脱出すると同時に、ロケット・モーターの入った後部胴体が分離し、パラシュートで回収再使用できるようになっていた。

バッヒェムBa349ナッテルとよばれたこのVTO（着陸は関係ないからLはつかない）ロケット戦闘機はドイツ航空省の強力な支援のもとに開発が強行され、一九四四年十二月二十二日に垂直発射に成功した。しかしあまりにも突飛な計画だったので、その後、ふつうの離陸を行なうロケット戦闘機Me163やジェット戦闘機Me262などの開発のメドがつくにつれてついに放棄されてしまった。だが、その独創的なアイデアがのちに外国にわたって実を結ぶことになるのも、敗戦国の悲しさであった。

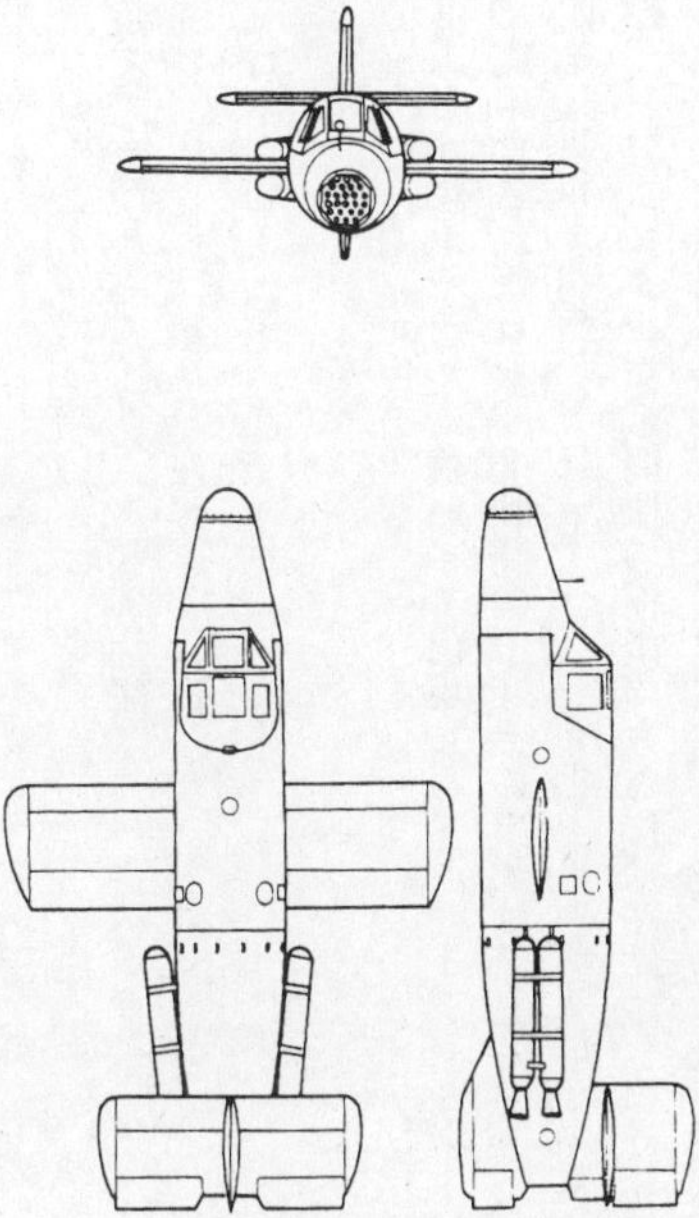

バッヒェムBa349（ドイツ）
スラスト1700kg＋300kg
全長6.00m　全幅4.00m
全備重量2200kg　最大速度900km/h
武装　73ミリ・ロケット弾×24
又は55ミリ・ロケット弾×33

60 短命に終わったロケット戦闘機

バッヒェムBa349ナッテルに代わって出現したメッサーシュミットMe163コメートは、世界で初めて実用化されたロケット戦闘機で、その出現は驚異的だった。

一九四四年（昭和十九年）七月二十八日、ドイツ重工業地帯を爆撃したB17〝空の要塞〟の大編隊が、P51ムスタング戦闘機の掩護のもとに帰路につき、ライプチヒ西方三十キロのメルゼブルク上空にさしかかったとき、P51パイロットの一人が異様な飛行物体を発見し、マイクに向かってけたたましく怒鳴《どな》った。

「六時（まうしろ）上空、一条の航跡発見！」

その飛行物体は、編隊の後方約八千メートルのはるか上空を、積雲のような水蒸気の航跡を引きながら急速に接近してきた。

ちかづくにつれ、それが〝コウモリ〟のような異様な形をしていることが認められたが、この二機の敵機はB17編隊の後方から矢のように降下し、攻撃が終わると、太陽に向かって四十五度の急上昇でたちまち姿を消した。

あっという間の出来事であり、あまりの高速にすぐ立ち向かった八機のムスタング戦闘機は射撃する間もなく、取り逃がしてしまった。

これが世界で最初のロケット戦闘機の実戦デビューということになるが、ごく短時間だったこの交戦は連合軍側に大きな衝撃をもたらし、米軍司令官は全航空隊に対し、「約一万メートルの高度から、爆撃機の背後にちかづく飛行雲に注意せよ」との警告を発した。

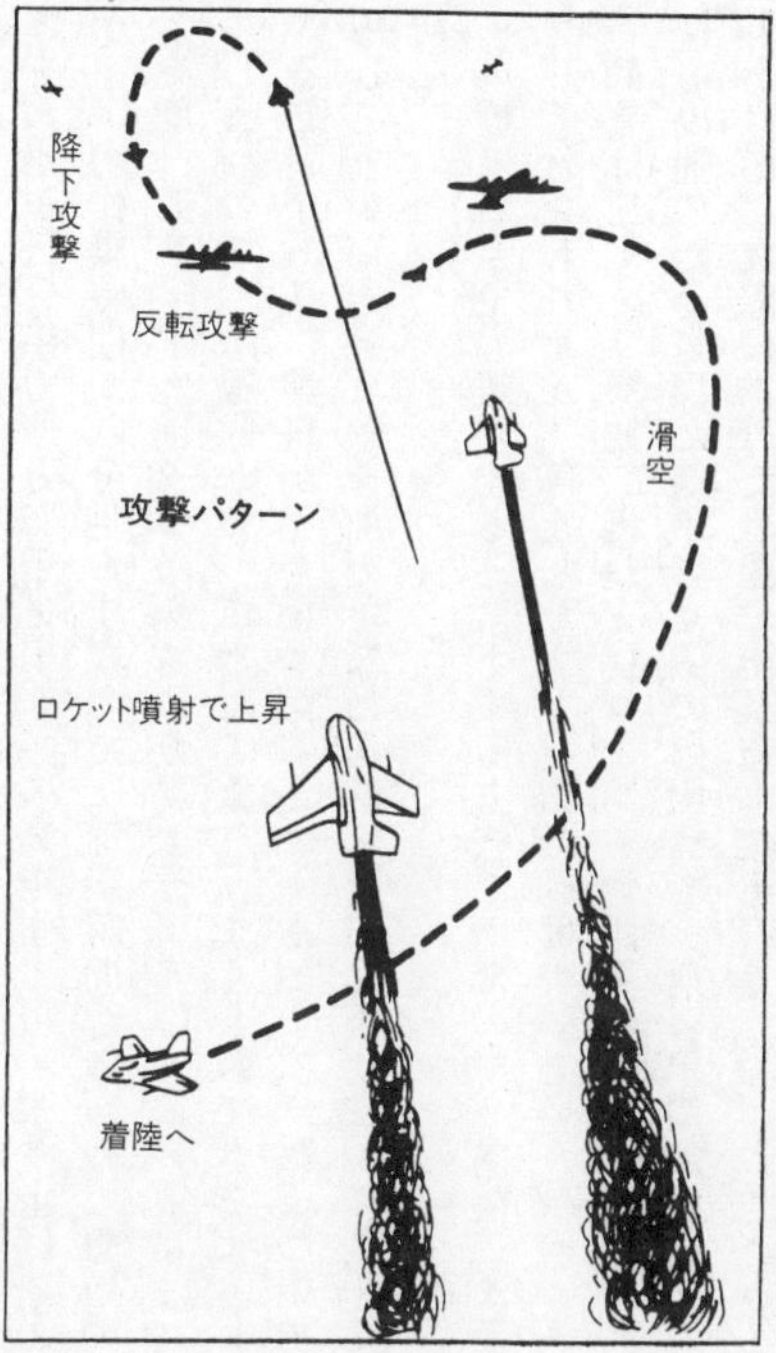

Me163は全幅九・三二メートル、全長五・八五メートルの特異な形をした無尾翼機で、上昇のときだけ尾部に取りつけられたワルター509Aロケット・モーターを使う、本質的にはグライダーのような機体だ。このロケット・モーターは強力で、全備重量四・三トンの機

体をわずか三分半で一万二千メートルの高空まで引っ張り上げることができた。しかし、ロケットの作動時間が八分足らずなので、滞空時間がきわめて短いのが難点だった。

高度一万メートル前後、敵編隊より約一千メートル高い高度まで上がれば燃料はほぼつきてしまうので、敵編隊がやってきたとき、うまく会敵できるようレーダーで精密誘導をしてやる必要があり、燃料がなくなったあとは降下でまず一撃、ついでその降下エネルギーを利用して下から上昇攻撃を加えたあと退避、滑空降下に移って地上にもどるという戦法がとられた。

車輪はあっても離陸すると落下する方式だったので、着陸はグライダーと同様に胴体下のソリで行なわれたが、停止したあと自力で動けないという欠点があった。

武装は三十ミリ機銃二梃およびロケット弾四発の強力なものだったが、コメートがあまりにも高速のため目標に命中させるのは困難で、連合軍側が対抗策をいろいろ考え出したこともあって、実際にあげた戦果はそれほどでもなかった。にもかかわらず、爆撃隊乗員の間にこの機が守備する地域への出撃をいやがるコメート恐怖症が起きたといわれる。

アメリカで開発中の超大型爆撃機B29の情報を早くからつかんでいた日本は、その邀撃対策としてこのコメートに目をつけ、入手できたわずかな資料をもとに陸海軍共同の国家プロジェクトとして開発をはじめた。

「秋水」と名づけられた国産ロケット戦闘機は一年足らずで、まず海軍型の試作一号機が完成したが、終戦まぢかの昭和二十年七月七日の初飛行で墜落、パイロットが死亡するという痛ましい結末に終わった。

終戦の段階で陸軍型はまだ試作機のかたちもなく、結局、国産ロケット戦闘機は未完成のままに終わり、三ヵ月早く降伏したドイツのMe163コメートとともに短かったロケット戦闘機の歴史の幕は閉じられた。

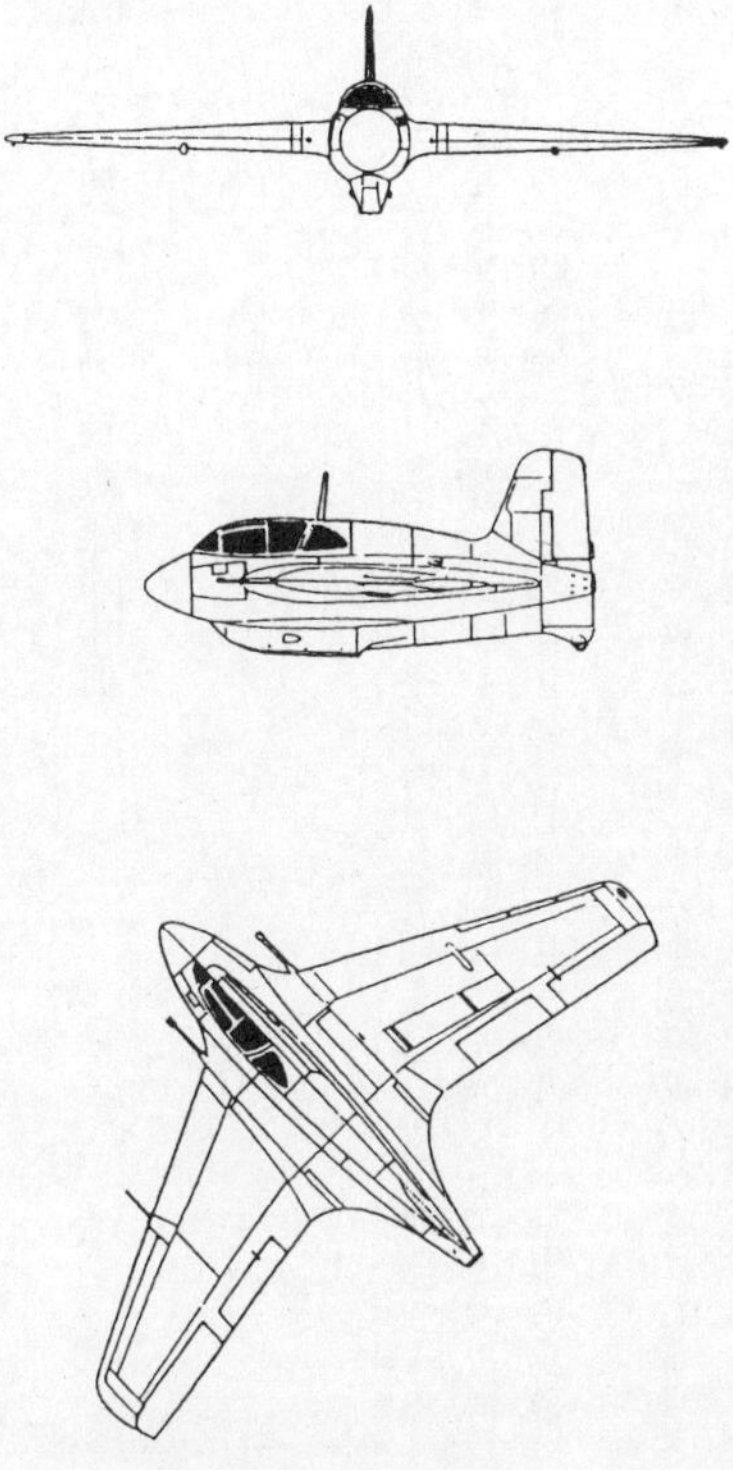

キ200　試作局地戦闘機「秋水」

発動機KR10型薬液ロケット特呂二号　全幅9.5m
全長5.95m　乗員1名　全備重量3000kg
最大速度800km/h　30ミリ機関砲×2

61　プロペラ機の垂直離着陸機

ドイツのナッテルが飛行してから九年目の一九五四年三月十五日、ロッキードXFV1およびコンベアXFY1とよばれる二種のVTO戦闘機が完成し、アメリカ海軍によってテストされた。この戦闘機はナッテルのような発射台を必要とせず、地上に垂直に立つことができた。

コンベアXFY1は三角のデルタ翼と上下にある垂直尾翼の後端にある小さな車輪で、ロッキードXFV1はX型の尾翼の後端にある小さな車輪で四点着陸するようになっていた。

飛行サイクルは図のようなもので左からまず胴体先端のプロペラによって垂直に離陸し、上空に上がってから胴体を水平にしてふつうの飛行機と同じように飛び、着陸の際は機首を引き起こすか、あるいは飛行機を失速させるかして機体を垂直姿勢にし、強力なプロペラの推進力によってヘリコプターのようにホバリング（空中停止飛行）をしたのち、ゆっくりと降下し、尾部の車輪によって四点着陸をする。

垂直離着陸機の飛行サイクル（コンベアXFY-1の例）

この戦闘機はいずれもジェット・エンジンでプロペラを回すターボプロップ・エンジンを用い、二重反転プロペラを回す。強力なトルクによって機体がプロペラ回転と逆方向に回されようとするのを防ぎ、二個にすることによってプロペラ直径を小さくする目的のためで、水平速度は約八百キロといわれたが、ついに実用にはならなかった。

世はジェット戦闘機の時代となり、一九五七年には、今度はプロペラのないジェットによるVTO機ができた。ライアンX13バーチジェットというデルタ翼のアメリカ空軍の実験機で、二機つくられたが、実用化の見込みなしということで、二年後にはテストが打ち切られてしまった。

バーチジェットは大型トレーラーで水平状態で運ばれ、発射のときは、発射台ごと垂直に立てる、ミサイルなどと同じ方式だった。このため、パイロットは発進時には仰向けの姿勢となった。

飛び上がったのちは、ふつうの飛行機と同じように横方向に着陸した。全備重量約三・三トンの軽量小型試作機だからいいようなものの、現在の二十トン以上もあるジェット戦闘機ではとてもムリなやり方だろう。

いまでは、一機だけが歴史的な意味でアメリカ空軍博物館に展示されている。

垂直上昇戦闘機２種

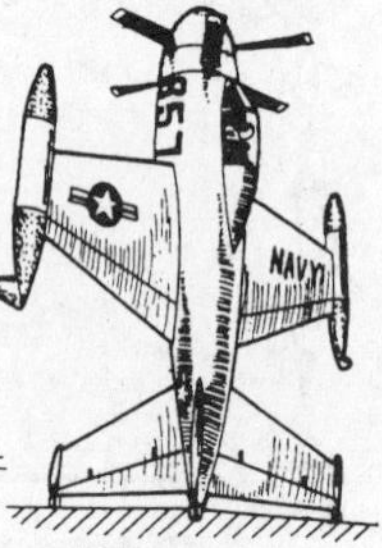

ロッキードXFV-2
アリソンT-40ターボプロップ
全備重量約9000kg
水平最大速度800km/時以上
3000mまで垂直上昇可能
航続距離約1600km

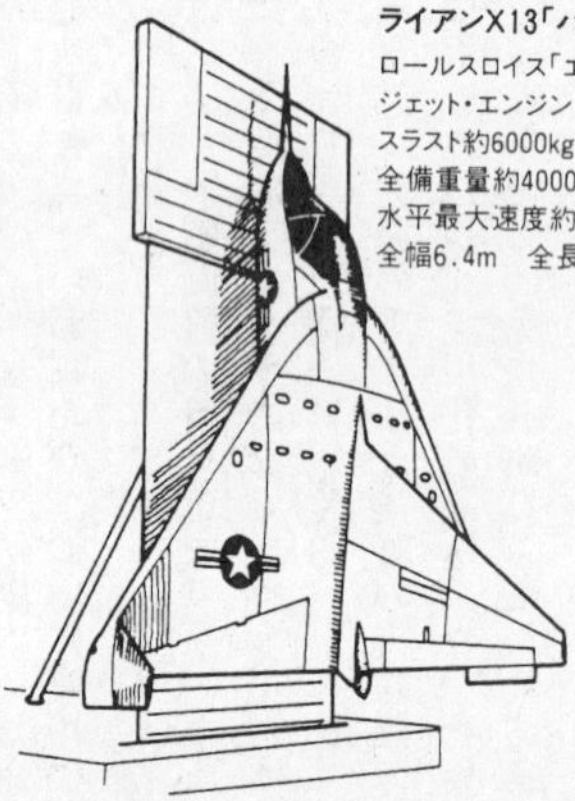

ライアンX13「バーチジェット」
ロールスロイス「エーボン」
ジェット・エンジン
スラスト約6000kg
全備重量約4000kg
水平最大速度約630km/時
全幅6.4m　全長7.3m

62　ジェット機の垂直離着陸機

ターボプロップによって二重反転プロペラを回すアメリカ海軍の方式、ジェット・エンジンを使ったデルタ翼のアメリカ空軍方式のＶＴＯＬ機あるいはＶＴＯ機がいずれも実用化しなかったのは、何といっても飛行姿勢と離陸姿勢がちがうことで、離陸のときパイロットは仰向けにならなければならないことだった。垂直姿勢のときは座席を前傾させていくらかでもパイロットの動きをらくにするようにしてあったものの、目の前の各種操作機械類やメーター類を見るのに不便で、心理的な不安感は拭うべくもなかった。

こうした欠点を除くためには、やはりふつうの姿勢のまま飛び上がれることが望ましい。

この点で一九六三年のパリ航空ショーにほとんど同時に姿を現わしたイギリスのホーカー・シドレーＰ１１２７とフランスのミラージュ・バルザックＶは離着陸のときも水平飛行のときも姿勢の変わらないＶＴＯＬ戦闘機として画期的なものであった。このときのデモ飛行でＰ１１２７の方はエンジン不調のため大観衆の面前で墜落大破したが、その後も強力に開発改良がつづけられ、ついに実用戦闘機ケストレルとしてイギリス空軍の制式戦闘機となった。そして、アメリカはこれをもとにして新しく開発したものをハリアーの名で採用し、この方が一般的な名称となった。

ミラージュ・バルザックの方は、航空ショーでうまくいったもののその後事故つづきで、結局はものにならなかった。この機種のむずかしさと、イギリス人の粘りをありありと見せつけたような両機の明暗だったが、VTOLの方式も対照的だった。

ホーカー・シドレーの方はベクタード・スラスト方式といって、ブリストル・シドレー社が開発したペガサス5というスラスト偏向型エンジンを使い、胴体側面に出された左右二個ずつのジェット噴流の向きを水平後方から下向きまで九十四度にわたって連続的にかえ、垂直上昇、水平飛行、垂直着陸が可能となる。つまり、ジェット・エンジンの推力を後方に出さずに機体側面に出し、噴出口の向きを変えることによってVTOL着陸でもふつうの着陸でもできるというものだ。

ミラージュの方は水平飛行にはふつうのジェット・エンジンを使い、垂直離着陸にはリフト・エンジンといって下方に噴出する小型ジェット・エンジンを四個使う方式だったが、結局のところはホーカー・シドレーのベクタード・スラスト方式に軍配が上がったようだ。

ホーカー・シドレー、ミラージュにつづいて、オランダのフォッカーとアメリカのリパブリックが共同開発したフォッカー・リパブリックD24やフィアットG95などが名乗りをあげた。フォッカーはホーカー・シドレーと同じエンジンを使ったのでベクタード・スラスト方

2種のVTOL戦闘機

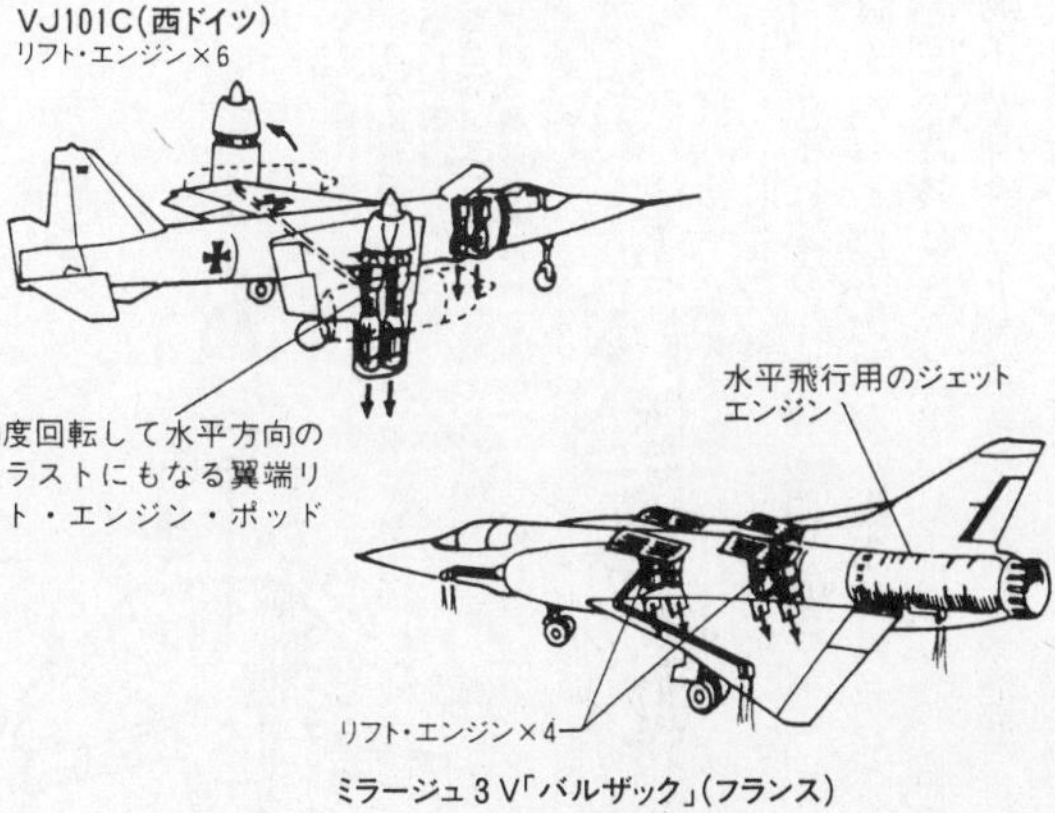

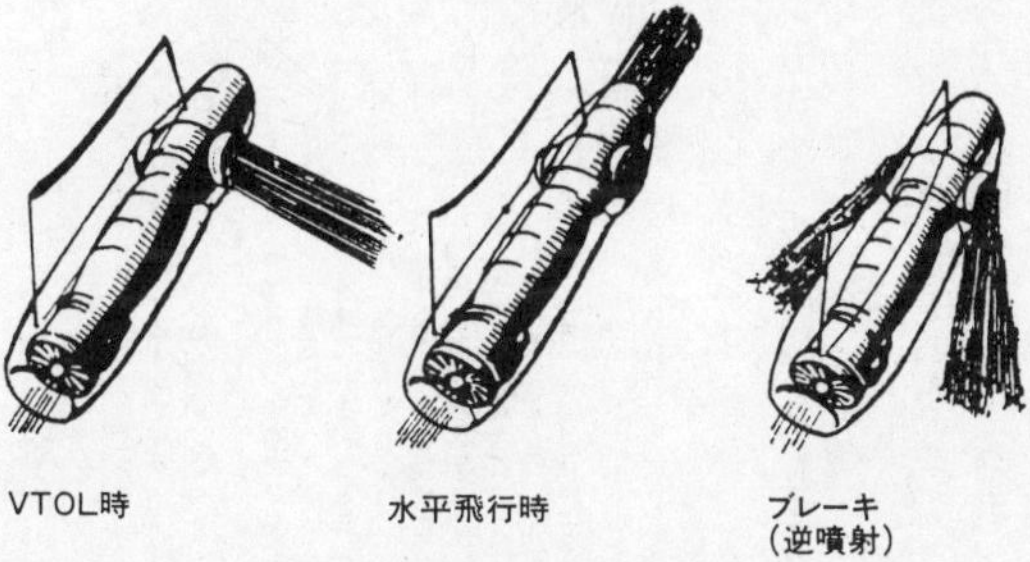

ロールス・ロイスが開発した新じいＶＴＯＬ機用のジェット・エンジン。ブリストルのベクトル・スラスト方式のようにジェット排出孔の向きを変えずに、排気の噴出方向だけを変える。

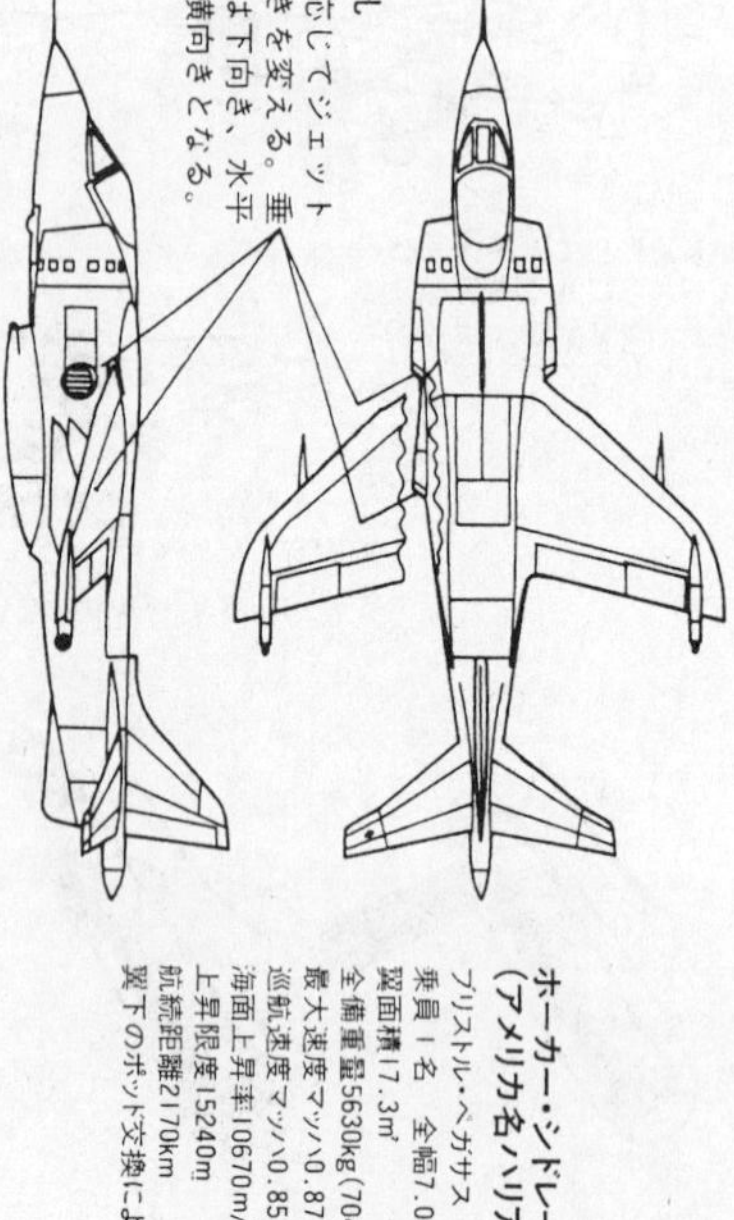
ジェット噴出孔
飛行状態に応じてジェット噴出孔の向きを変える。垂直離陸の時は下向き、水平飛行の時は横向きとなる。

ホーカー・シドレー「ケストレル」（アメリカ名ハリアー）
ブリストル・ペガサス　スラスト6.9トン×1
乗員1名　全幅7.0m　全長12.9m
翼面積17.3m²
全備重量5630kg(7040kg)
最大速度マッハ0.87
巡航速度マッハ0.85(11000m)
海面上昇率10670m/分
上昇限度15240m
航続距離2170km
翼下のポッド交換により各種の武装可能

式、フィアットはミラージュと同じリフト・エンジン方式だった。いずれもマッハ二以上の水平速度をねらったものだが、実用化はされていない。

かわっていたのは西ドイツのＶＪ101Ｃで、胴体前部にリフト・エンジン二個、主翼両翼端に二個の小型ジェット・エンジンが入ったポッドがあり、離陸のときはこのポッドを垂直に立て、水平飛行のときは水平に向けるようになっている。

63　気温で異なるマッハの定義

マッハとは飛行機あるいはロケットなどが空気中を飛ぶときの速度を、音が空気中を伝わる速度を基準にしてあらわしたものである。マッハ二といえば音の速さの二倍の速度ということになる。第二次大戦前に超音速の研究をしていたドイツの物理学者マッハ博士の名を取った単位で、英語ではマックとなる。

音速は気温によって異なり、海面付近で気温が十五度Cのとき毎秒三百四十メートル（時速一千二百二十四キロ）だが、気温がマイナス五六・五度Cになる成層圏では毎秒二百九十五メートル（時速一千六十二キロ）に低下する。音速の低下率は温度が一度C下がるごとに〇・六三メートルで、高度が高くなると音速が低くなるのは大気圧に関係ない。

なお音速による表現には亜音速（サブソニック）、遷音速（トランソニック）、超音速（スーパーソニック）、極超音速（ハイパーソニック）などがあり、それぞれマッハ〇・八以下、マッハ〇・八から一・二、マッハ一・二から六・〇、マッハ六・〇以上をさしている。現代の

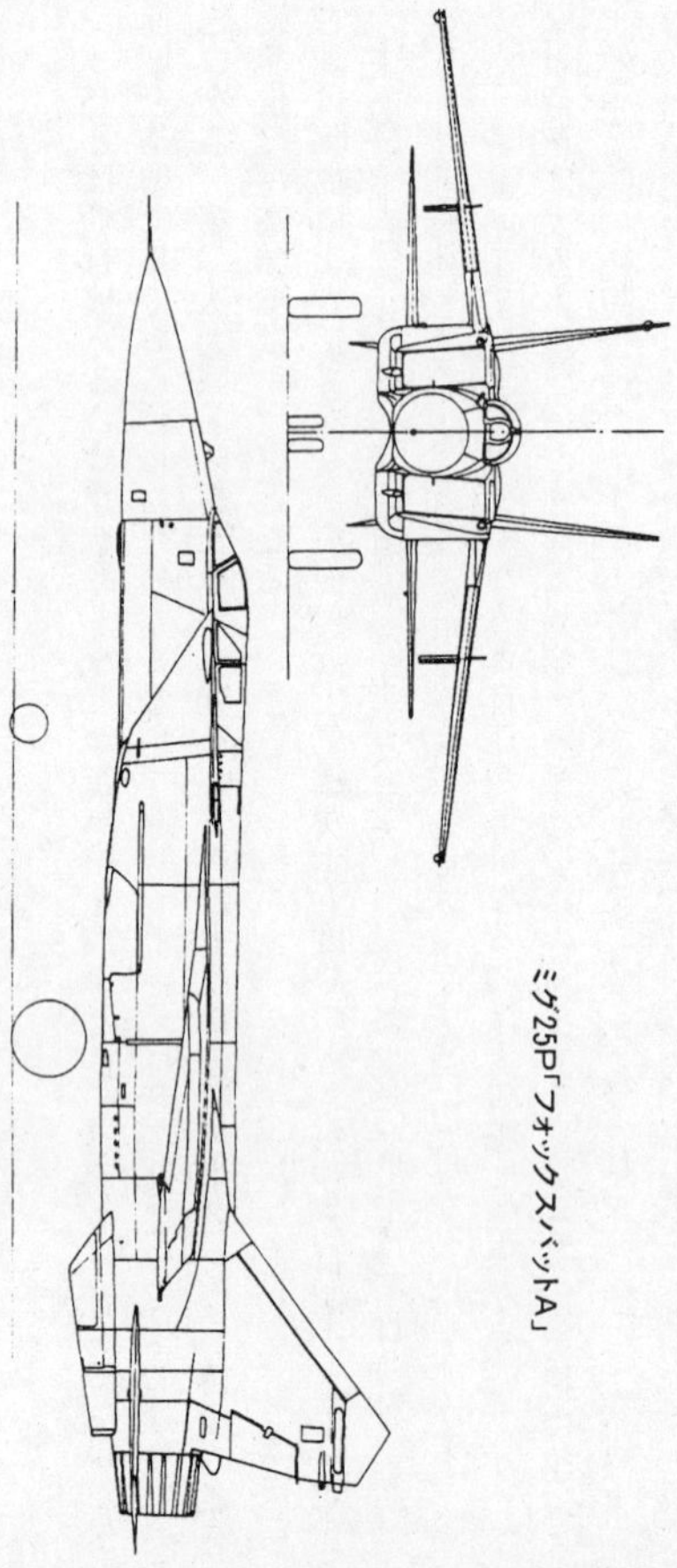

ミグ25P「フォックスバットA」

ジェット戦闘機のほとんどはマッハ一・二以上の超音速の範囲に入る。

しかし、超音速を出すのは空気の圧縮性による衝撃波の発生などの問題で、空気がうすくなる高度六千メートル以上がほとんどで、ミグ25がマッハ三・二を出したといわれるのも、当然、それ以上の高空であった。

64　音速の壁をはじめて破った急降下テスト

第二次大戦当時のいわゆるプロペラ機では音速に達することができなかった。しかし、音速にちかくなると空気の圧縮性の影響がでて来ることについては、かなり早くからわかっていた。このことが戦闘機設計者たちにとって高速の新型機を設計するうえに、厚い壁となっていた。

プロペラ機は水平飛行では音速に達しなかったが、加速度をきかせた急降下に入ると、しばしば音速付近で起こると思われる激しい空気の圧縮性を経験することがあった。最初にこの経験をしたのは太平洋戦争開始の前年である一九四〇年に、当時の最新鋭双発戦闘機ロッキードP38による連続急降下テストの際であった。空軍テストパイロットのギルキー大佐は、急降下中、機体に突然はげしいバフェッティング（ばたつき）と振動が発生して舵がきかなくなるという恐ろしい状態からかろうじて回復して生還したが、のちに同じテストをやったロッキード社のテストパイロットは急降下から回復できずに墜落死した。

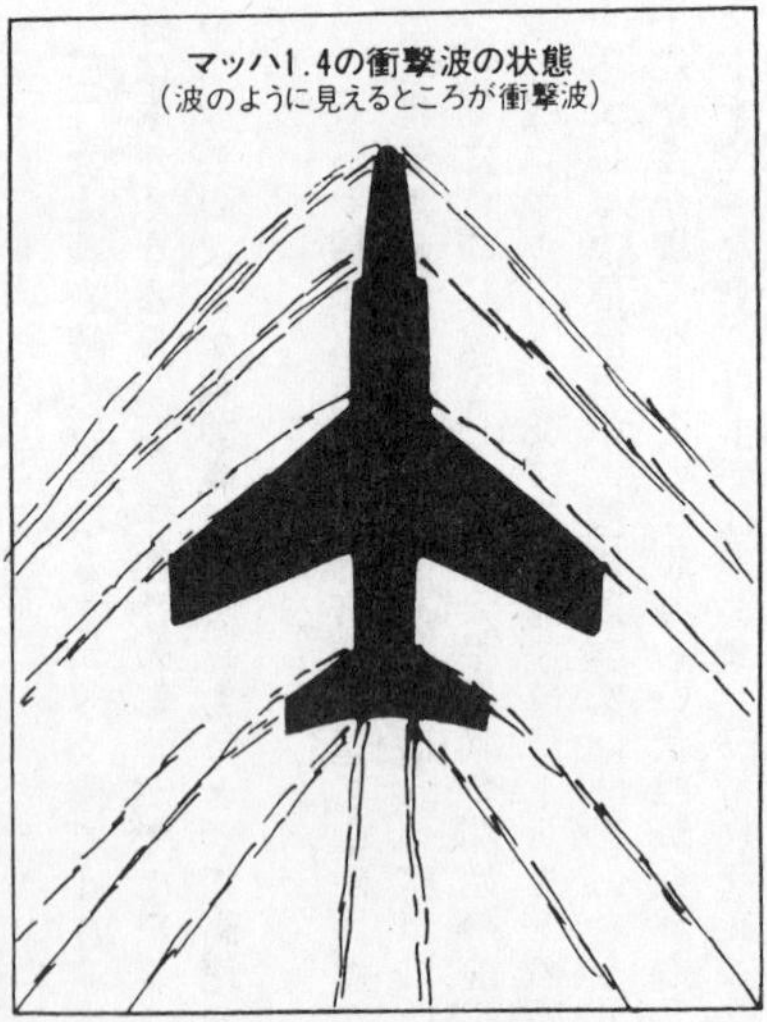

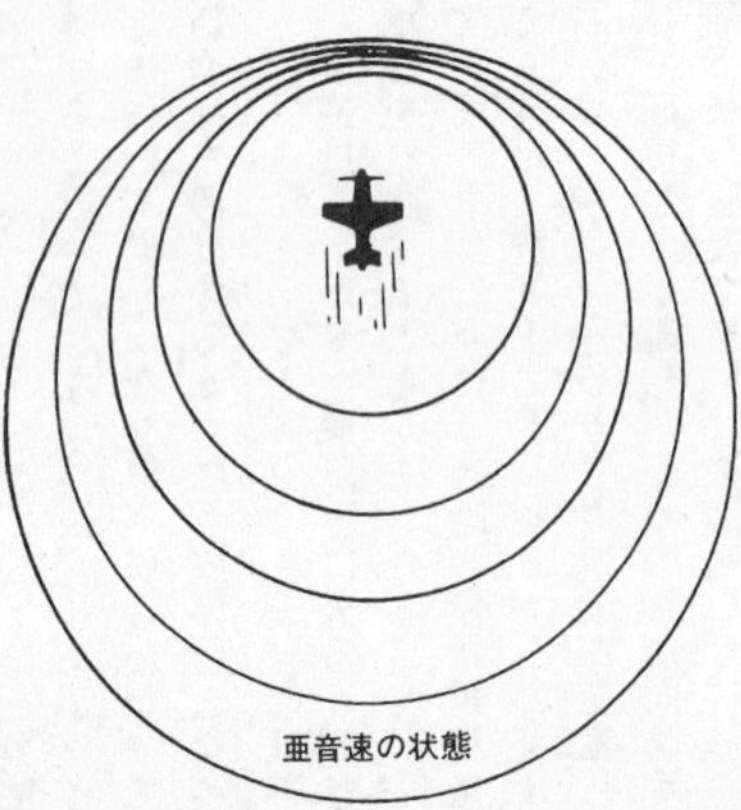

戦後のイギリス航空映画にスピットファイア戦闘機が急降下テスト中に同じ現象にぶつかって操縦不能となり、パイロットが死んで、その同僚がこのナゾを解明するため同じテストを試みるというのがあった。日本でも急降下性能のよかった陸軍の三式戦闘機「飛燕」で、同じような経験をしたパイロットがいる。

主翼に後退角をつけて圧縮性の影響がはじまるのをおくらせることを最初に考えついたのはドイツ人で、第二次大戦直前には多くの後退翼を持った飛行機が設計中あるいは完成していた。有名なメッサーシュミットMe163ロケット戦闘機やMe262ジェット戦闘機も、主翼に軽い後退角を持っていた。

これらのドイツの技術は実機、資料、技術者もろともアメリカ、ソビエト、イギリスなどに渡り、後退翼付き超音速戦闘機の開発に大いに役立った。のちにソビエトがミグ15、アメリカがノースアメリカンF86セイバーをつくったが、これらもドイツの資料に負うところが多かった。

第二次大戦が終わって二年後の一九四七年五月に、ソビエトは音速を突破したと発表したが、これはどうやら急降下中のことではないかと想像された。同じ年の十月十四日、アメリカ空軍のイーガー少佐もベルX-1実験機で上昇飛行中に初めて音速を超えたが、いまのジェット戦闘機ならあたり前の音速突破も、当時としては決死的なできごとだった。一九四八年にはアメリカで最初の後退翼付き制式戦闘機となったF86セイバーの試作機が急降下中にマッハ一・〇を超えた。

イギリスでも航空省の命令で、マイルズ航空機という会社が一万一千メートルの高度で時速一千六百キロを出すM52研究機の開発に乗り出したが、途中でやめてしまった。その後、一九四六年にはデ・ハビランド社のDH108実験機が墜落したりして、「超音速機に人を乗せて危険な飛行を行なうことは許されぬ」ということでしばらく研究がストップし、この分野でのイギリスの進歩がおくれた結果、一九四八年九月に、ようやくこのDH108で急降下中にマッハ一・〇を記録することができた。

65　超音速と熱の壁

飛行機の速度が音速を超えるあたりになると、機体の前面の空気に突如として圧縮性があらわれることは前にのべたが、これが機体の外面と気流との間に起きる摩擦と相まって熱を発生する。この熱は速度が速くなるにしたがって高まり、ふつうの飛行機に使われているアルミニウム合金（主としてジュラルミン）の強度を急激に弱めるようになる。アルミ合金は、ある温度で急にもろくなる性質があり、とくに主翼前縁などにこの傾向が強い。

空気の密度は高空になるにしたがってうすくなるし、大気温度も超低温になって冷却効果もあるので、速い戦闘機ほど高空を飛んだほうが熱による影響は少なくてすむ。たとえば高度一万メートルをマッハ二・〇の速度で飛ぶ機体の外板の温度は約九十三度Cとなるが、海面にちかい高度を同じ速度で飛んだとすると（実際にはそんな飛行機はない）外板の温度は二百度以上になる。

アルミ合金の中にはこのていどの温度でも弱くなるのがあり、アクリル系の風防ガラスだったら溶けてしまい、機体内のジェット燃料も沸騰しはじめる。また電子関係の計器や機器は高温になれば作動しなくなるし、マッハ三・五あたりになるとふつうのガラスでも溶けてしまう。

こうした高速度で発生する熱に対応するためにいろいろな方法がとられているが、第一は機体の構造材料に使われているチタニウム合金だ。チタニウム合金はジュラルミンの比重二・七にくらべて約四・五とやや重いが、耐熱性は約二倍の三百七十度Cまでもつ。欠点としては加工が難しいことと、高価なことで、（電子機器およびエンジンを除く）機体の価格の大部分はこのチタニウム合金の材料費と加工費だといわれているほどだ。

ところがかつて北海道の函館空港に強行着陸して話題になったソビエトのミグ25を調査したところ、チタニウム合金は使われておらず、スチール（鋼）が使われていたという。たしかに重いという欠点（比重七・九）を除けばスチール系の耐熱合金の方が安いし加工もしやすいという大きな長所を持っている。こうして材料を耐熱性の高いものにする一方では、パイロットおよび装備を外板の熱から遮断する方法が講じられている。

当時、世界でもっとも速い戦闘機とされていたミグ25は高度三万メートルでマッハ三・二を出すといわれていたが、将来、ますます高いところをもっと早く飛ぶようになるとさらに厄介な問題が出てくる。たとえばマッハ六・〇以上の極超音速（ハイパーソニック）になると、衝撃波が翼や胴体にほとんど張りついたような状態となり、これと空気との激しい摩擦熱で機体表面は六百度C以上に加熱され、従来の超音速の技術ではどうにもならないことに

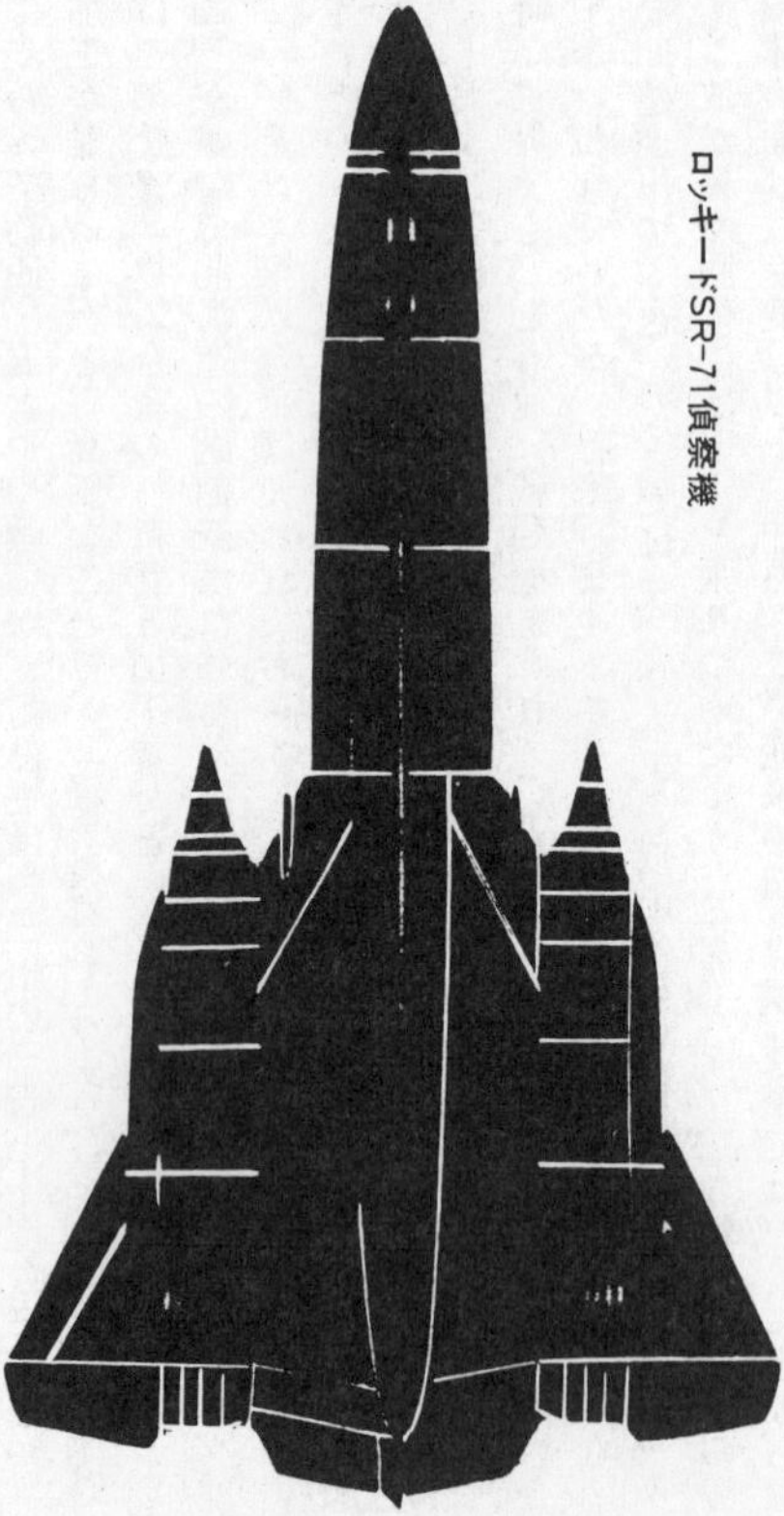
ロッキードSR-71偵察機

なる。
また、空気との摩擦による熱現象をへらすためさらに高々度を飛ぼうとすると、空気がうすくなるため今度は太陽の放射線をまともに受けるようになり、この問題が解決されなければ超高空でのハイパーソニック飛行はむりだが、このあたりが有人戦闘機の限界で、これからさきは無人のミサイルの領域となるのかも知れない。

66　ジェット機の翼端失速防止法

プロペラ機でもジェット機でも、失速がこわいのは同じで、とくに舵がきかなくなる翼端失速は高速の戦闘機にとってのタブーだった。

第二次大戦中の日本の「隼」や「疾風」の主翼前縁が直線だったり、零戦に捩り下げがつけられていたのもすべてこのためだったが、音速を超えるジェット戦闘機のほとんどがそうである後退翼ではとくに翼端失速が起こりやすいので、いろいろな翼端失速防止法が使われている。

後退翼では翼幅にそって外向き（すなわち翼端に向かって）の流れがおき、迎え角が大きくなるとまず翼端から失速を起こす傾向が強い。

これは主翼表面にそって流れている境界層という空気の層がはがれるためで、これを防ぐ第一の方法にはF86セイバーなどに使われている前縁スラットがある。大きな迎え角になって境界層が翼上面からはがれようとするとき、自動的にスラットが前に滑り出して翼前縁に

後退翼の翼端失速防止法

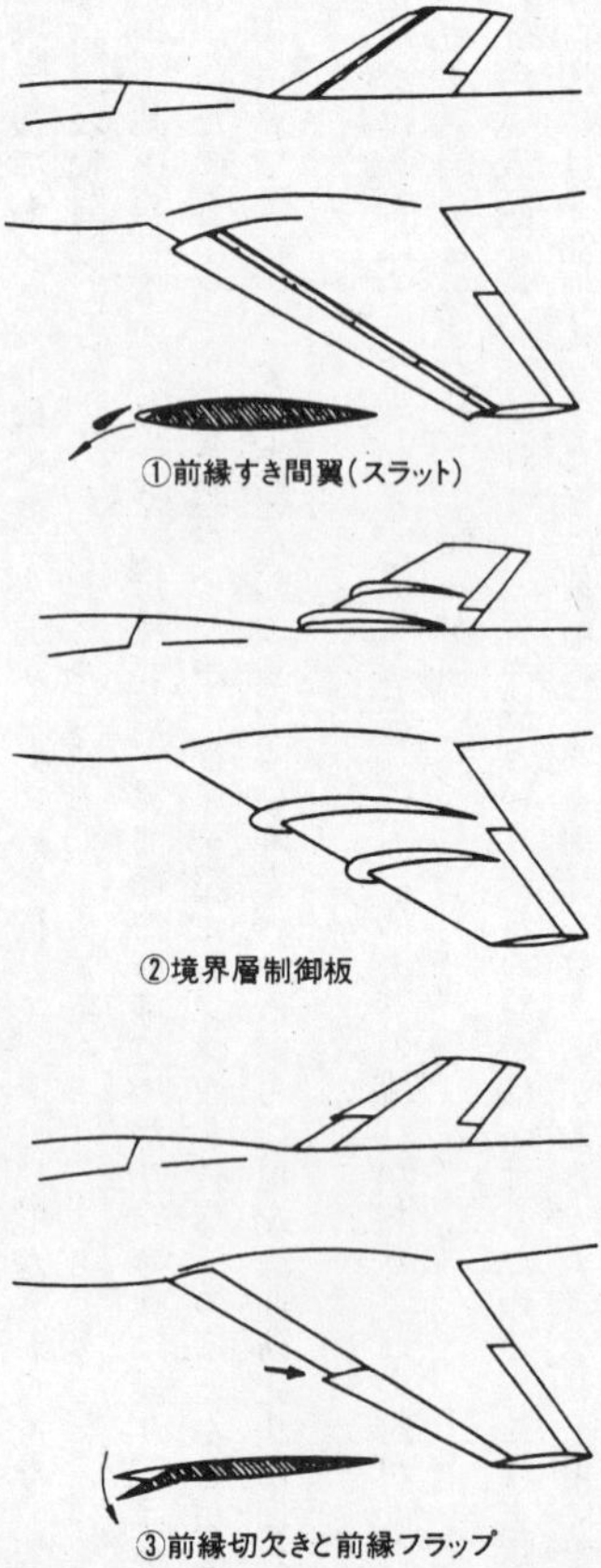

①前縁すき間翼(スラット)

②境界層制御板

③前縁切欠きと前縁フラップ

すき間ができ、下面の空気がこのすき間を通って勢いよく上面に流れ出し、弱まった境界層にエネルギーをあたえてはがれるのを防ごうというものだ。プロペラ機でもメッサーシュミットＭｅ109などはこの方法を使っていた。

この方法は構造がやや複雑なので、第二の方法として翼の上面に小さな板を立てて翼端に向かう流れをとめる簡単な方法があらわれ、ミグ15やミグ17などに使われた。

第三の方法としては、Ｆ４Ｅファントムなどに見られる主翼前縁に切欠きをつけるやり方

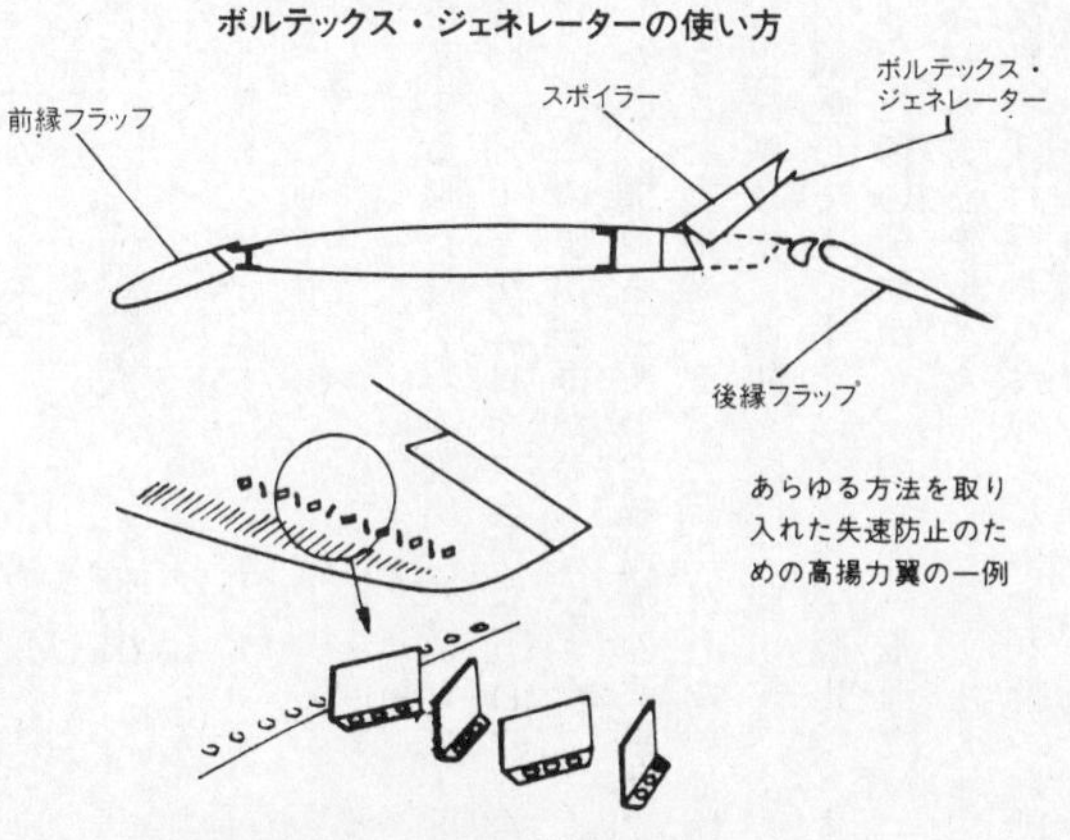

④翼表面上のボルテックス・ジェネレーター

で、これにより切欠きのところから翼端渦と反対の渦ができ、厚くなって弱まった翼端の境界層を吹き飛ばして新鮮な境界層とし、翼端失速を防ぐ。

なお前縁部は、下方に折れるようになっている(前縁フラップ)。

さらに四番目として、主翼の前縁付近に小さい金属片をいくつか不規則に取りつけて、これによって渦を発生させて弱くなった境界層にエネルギーをあたえてやる方法もある。

これは主翼だけにかぎらず、小さな動翼や胴体の一部など、境界層のはがれやすい部分にも使われ、境界層の剥離による悪影響を防ぐのに役立っている。

いずれにせよ後退翼機を見たら、翼端失速を防ぐのにどんな方法がとられているか調べてみるとおもしろい。

67　高速戦闘機からの脱出

墜落する飛行機からの脱出にパラシュートを使い出したのは第一次大戦のときだった。飛行機のスピードが二百キロ台から五百キロ台になった第二次大戦のはじめごろになっても、基本的にこの脱出法はかわらなかった。

しかし、開放されていた操縦席が高速化にともなって全体を風防で覆われるようになり、密閉された操縦席になると脱出はしだいに困難になってきた。

太平洋戦争中、風防を開けて脱出すべく、前面風防の上端に手をかけたとたん、開けた風防が前進してきて手をはさまれ、脱出できずに死んだ「隼」戦闘機のパイロットがいたが、こうした苦い経験から、のちの「飛燕」や「疾風」では脱出の前にレバーによって風防を飛散させる方法を取った。

「疾風」は六百キロ台のスピードを持った戦闘機だったが、このあとの七百キロ台をめざした戦闘機の時代になると、ふつうの人力による脱出はますますむずかしくなった。そこで、火薬の力によってパイロットを脱出させようという考えが、各国で検討されはじめた。これが実際に使われるようになったのはジェットになってからだった。

プロペラ機の時代には、たとえ空中で故障が起きても墜落しないかぎりは不時着という手段もあった。

しかしジェット機は非常な高速のため、よほどのことがないかぎり不時着はむずかしい。着地のショックが大きく、機体よりも人間がまいってしまう。

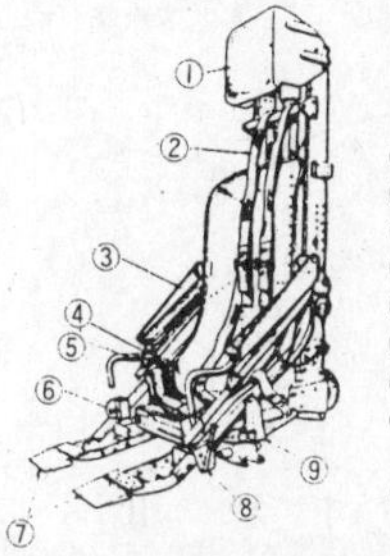

ジェット戦闘機用の射出座席の一例

①頭あて
②肩バンド
③ひじ掛け
④地上安全ピン
⑤射出用引き金
⑥座席高低スイッチ
⑦足掛け
⑧肩バンド慣性リール・ロックレバー
⑨自動式分離部（Gスーツや酸素吸入器との）

火薬の力でパイロットを脱出させるには座席ごと機外に射出し、あとで座席を切り離す方法がとられている。この射出座席もいろいろな会社でつくられたものがあるが、基本的にはかわらない。

射出座席（イジェクション・シート）を使って機外に脱出するには、

ⓐ、風防射出ハンドルを引っ張って風防を飛散させる。

ⓑ、足を足掛け⑦にのせ、両方のひじ掛け③を上げ、頭をまっすぐにしてアゴを引く。

ⓒ、ひじ掛けについている射出用引金⑤を引いて座席を射出する。

射出座席の場合は、座席のうしろの柱が機体に垂直方向

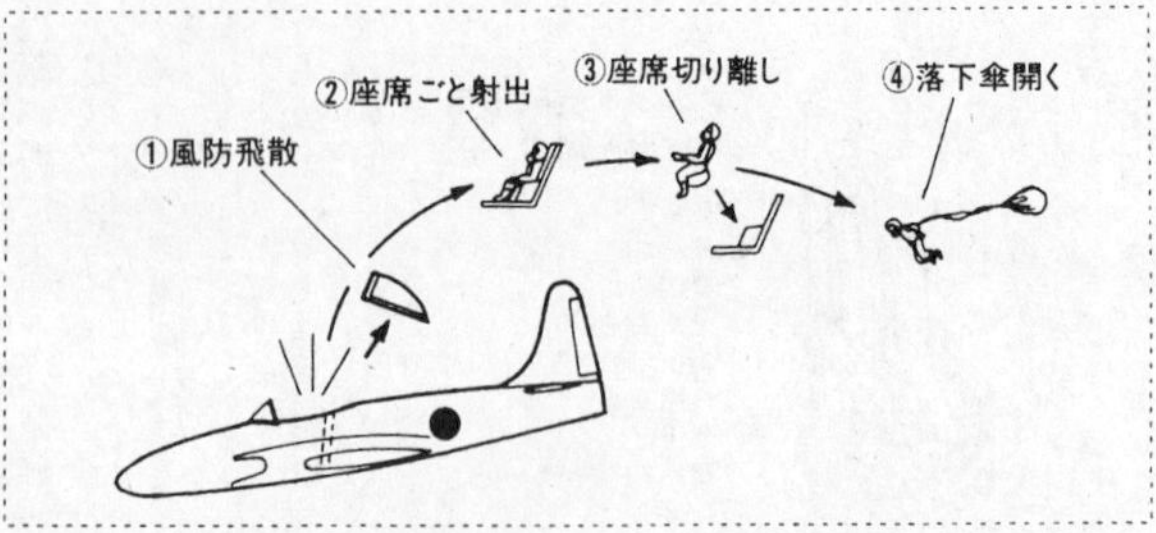

に取りつけられたレールに取りつけられ、射出用引金を引くとレール下部にある火薬が爆発し、座席はレールにそって上方に飛び出す。

射出後は安全ベルトをはずし、座席を足でけって切り離す。高空だと酸素がうすいし降下時間も長く、それにすぐパラシュートを開くと切り離した座席と衝突するおそれがあるので、できるだけ自由落下して、高度が下がってからパラシュートを開くようにする。

ただし、これはもっとも理想的にいった場合で、風防が飛散しないと頭を打って失神してしまう羽目になる。

ここで問題になるのはパラシュートの性能である。飛行機が時速六百五十キロ以上になると人力による脱出がむずかしくなるところから射出座席が使われるようになったが、とくに低空を高速飛行する飛行機から脱出するには、パラシュートが早く開くことを要求される。さもないとせっかく脱出に成功しても地面に激突ということになりかねない。

最近では、機体が地面に衝突する前なら高度零メートルでも脱出可能なパラシュートもある。

68　パイロットの安全も金しだい！

人間のからだは一万五千メートル以上で肺の機能を維持するためには、酸素を圧搾して吸入しなければならない。さらに、一万九千メートルになると血液が沸騰してたちまち死んでしまうので、これを防ぐためには体の全表面をおおって脈動圧力を加えてやらなければならない。

このため、高空を飛ぶジェット戦闘機のパイロットは月面着陸した宇宙服ほどではないにしても、飛行服の下には複雑な機能を持つ圧力服というのを着なければならない。しかし、これも与圧された操縦席内ではよいが、高空での脱出ということになると話がちがう。それに、いかに射出座席といえども音速以上で飛ぶ機体からの脱出は、安全が保証しがたい。

そこで考えられたのが操縦席を機体の一部と一緒に射出する方法で、ちょうど宇宙から地球に帰ってくる人工衛星の乗員が、カプセルごとパラシュートで降下するのと同じ方法だ。

この方法を最初に適用したのはアメリカのゼネラル・ダイナミックスとグラマン両社で共同

開発した可変後退翼戦闘機F111で、一九六七年十月に行なわれたテストでは、マッハ〇・八七の速度で高度約八千メートルからの降下に成功している。

この戦闘機は横に二人並んで乗る並列複座だけにカプセルも大きく、ふつうの複座戦闘機が一人ひとり別々に脱出するのに対して二人いっしょの脱出となっている。

おもしろいことに、この操縦席部分のカプセルには主翼の前端部分がふくまれ、切り離して空中に射出されたあとの飛行安定に役立つようになっている。

脱出は二人の乗員がそれぞれの脱出ハンドルを引くとカプセル内の非常用与圧装置や酸素供給装置などが働いて脱出準備を終わり、ついで底部にある脱出用のロケット・モーターが作動、カプセルは斜め前方に射出される。

カプセルの射出と同時にブレーキ用の小型パラシュートが開き、ついで大型の降下用パラシュートが開く。この場合もイジェクション・シートのときと同様、ある高度までは自由降下をするようになっている。しかし、これだけ大きなものになると空気抵抗が大きく、五千メートルを降下するには約十分も〝空中飛行〟をしなければならない。

カプセルの底には、接地や着水のときの衝撃をやわらげるために射出時にバッグがふくらみ、水上に降りたときには別にフローティング・バッグがふくらむので浮いていることができるなど、すべて宇宙船の帰還用カプセルと同じような機能を持っている。いってみればこのカプセル自体がかつての救命ボートのようなもので、もちろんカプセル内には、救難用器具、飲料水、非常食糧なども用意されている。

GD・グラマンF-111射出カプセル

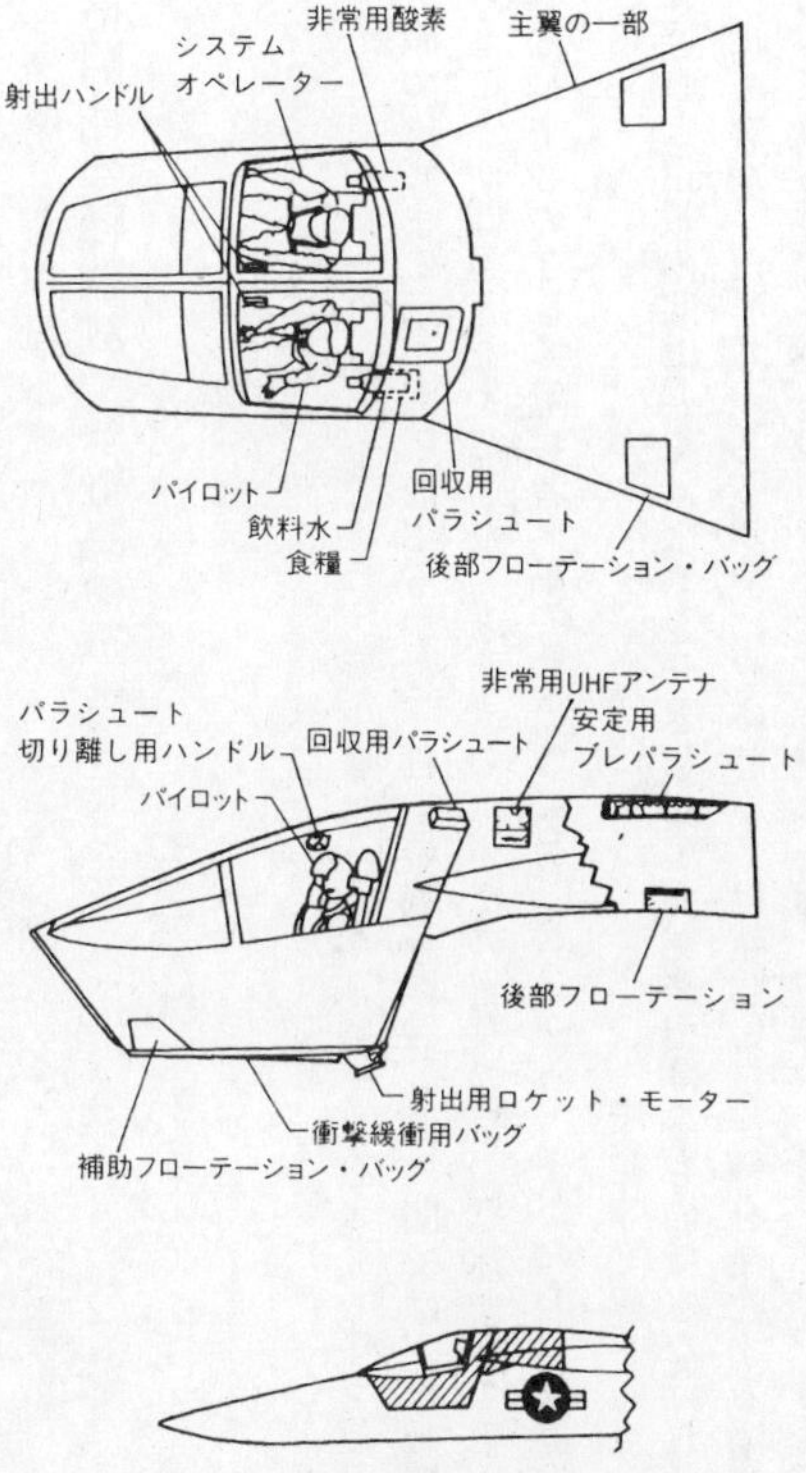

斜線部が射出される

この脱出用カプセルは、射出用ロケット・モーターの点火から着地までの作動はすべて完全自動で行なわれるすばらしいものだが、宇宙技術の転用だけに予算に制限のある軍用機のすべてにこの装置を使うことはむずかしく、いまのところはF111だけに使われている。結局は、パイロットの安全も金しだいということになるのだろうか。

69　格闘性の軽戦対一撃離脱の重戦

第二次大戦のはじまる三、四年前ごろから、日本の戦闘機設計者の間では、軽戦闘機と重戦闘機ということが問題となっていた。というのは、この言葉の持つ意味がそのまま戦闘機の性格をあらわすものとして用兵者(軍の航空関係者およびパイロット)たちに受け取られたからだ。

といって軽戦と重戦の間にとくにはっきりとした境界線が引けるものでもなければ、定義があるわけでもなかった。しかし、現実に日本陸軍では新しい試作機を発注する場合、中島飛行機に対しては軽戦のキ43(のちの「隼」)と重戦キ44(のちの「鍾馗」)を、川崎航空機に対しては軽戦のキ61(のちの「飛燕」)と重戦のキ60(不採用)といったふうに区別していた。

一般には翼面荷重すなわち飛行機の全備重量を翼面積で割った値が百三十(キログラム／平方メートル)あたりを境にして、それより上なら重戦、下なら軽戦といった区別をしていたようだ。つまり相対的にいって重量のわりに翼面積の大きいものが軽戦、翼面積の小さいものが重戦ということになる。

飛行機の性格からすれば翼面荷重の小さいものは旋回で小回りがきき、翼面荷重の大きいものは小回りがきかないが降下速度が速い。しかし、翼面荷重だけで飛行機の運動性をどうこういうのはまちがいで、実はこれにエンジン出力を加えて考えなければならないのだ。

機体の全備重量をエンジン出力で割った値を馬力荷重といい、キログラム／馬力の単位であらわす。つまりこれはエンジン出力に対して負担が重いか軽いかということで、馬力荷重が小さいということはそれだけスピードも出るし、たとえ翼面荷重は大きくても上昇力でまさることになる。

重戦と軽戦の有名な対決は昭和十四年のノモンハン事件（ソビエトと満州との国境で起きた紛争）で、日本の九七式戦闘機とソビエトのイ16戦闘機との空中戦だった。

この局地的な戦争は五月十一日から約五ヵ月間つづいたが、日本側発表によると撃墜約千三百機、損害は百七十一機、これに対してソビエト側の発表は日本機撃墜六百六十機、自軍の損害は二百七機となっている。つまり相手側にあたえた損害は日本側は六倍半といい、ソビエト側が四倍を主張しているわけだが、当時戦った人たちの話を聞くと、実際に九七戦はイ16に対してかなり優勢に戦ったようだ。

そこでこの両機をくらべてみると、全備重量は両機ともほぼ同じ一・八トンだが、翼面積は九七戦の十八・五平方メートルに対してイ16は十五平方メートル。したがって翼面荷重は九七戦の九十・六に対してイ16は百二十となり、イ16の方がかなり重戦ということになる。

九七式戦闘機(日本軍)とイ-16(ソビエト)

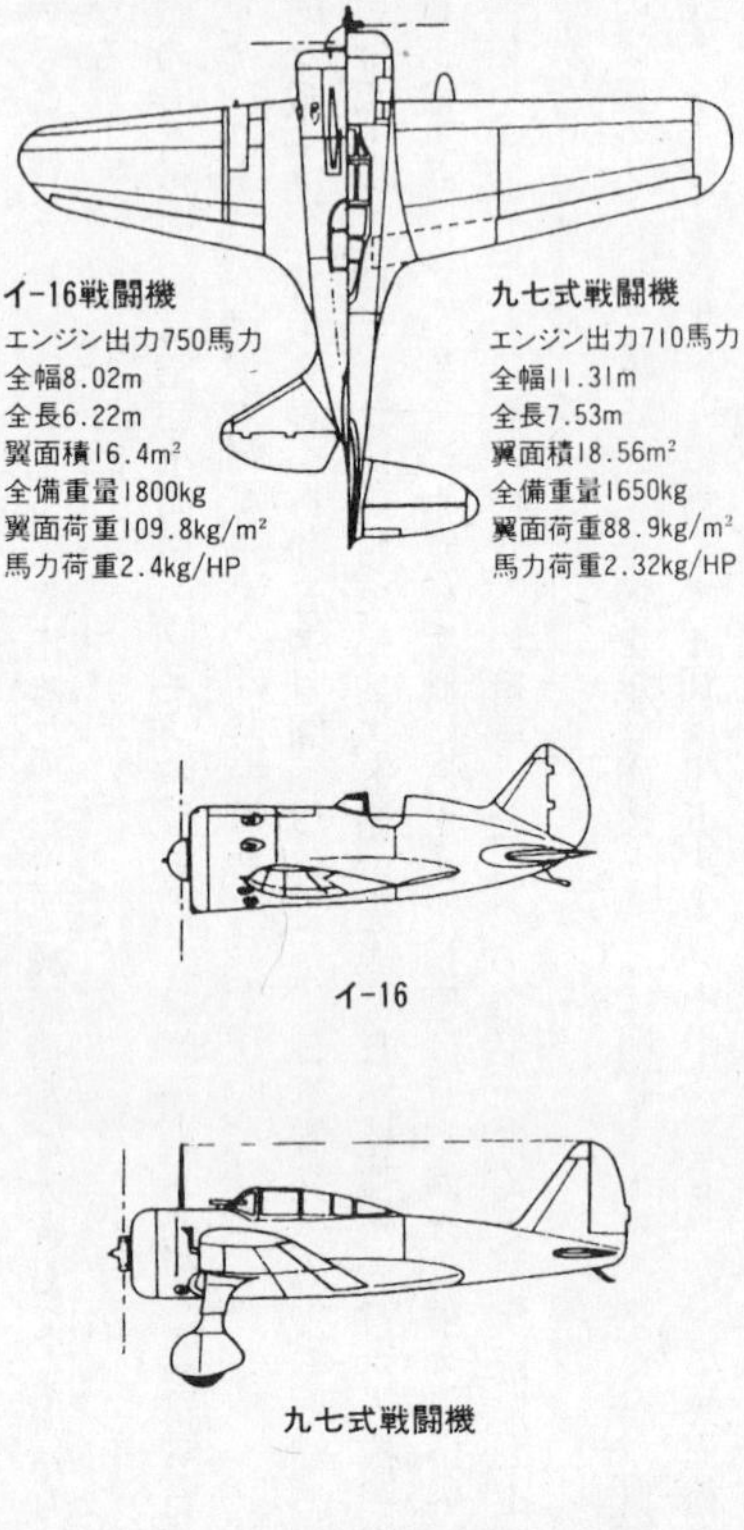

エンジン出力も九七戦の八百七十馬力に対して七百五十馬力で、馬力荷重も九七戦二・〇六、イ16二・四でこれも九七戦が有利。この結果、イ16がまさったのは最大速力が九七戦の四百六十キロに対して四百七十キロだったことと、急降下の突っこみ速度だけだった。いいかえれば、九七戦は翼面荷重が小さいので旋回性能にすぐれ、馬力荷重が小さいので上昇力がイ16より大きく、したがって格闘戦なら勝つのは当然だったろう。

70　最後の軽戦「零戦」と重戦グラマンの抗争

軽戦と重戦では戦法がちがう。軽戦は格闘戦を得意とし、重戦は高速を利して一撃離脱、俗にいうヒット・エンド・ランを得意とする。したがって、軽戦と重戦との空中戦は、自分の得意な戦法に相手を巻きこんだ方が勝ちとなる。

一九四〇年のイギリス本土上空の空中戦でどちらかといえば軽戦的なスピットファイアが重戦メッサーシュミットMe109に勝ったのは、爆撃機の援護で行動に制約のあるMe109を格闘戦に持ちこむことができたからで、逆の立場だったらMe109が勝っていたかも知れない。

では、似たような傾向の戦闘機同士だったらどうなるだろう。たとえば太平洋戦争の初期に対戦した日本の零戦とアメリカのグラマンF4Fワイルドキャット艦上戦闘機の場合をみると、どちらも全備重量二・七トン余りで、翼面荷重は零戦が大きく、馬力荷重も零戦がやや上まわった。エンジンの最大出力は千百五十馬力と千二百馬力でほぼ同じだったから、この数字だけをくらべればワイルドキャットの方が性能がいいはずだが、実際は速度も上昇力も、そのうえ格闘性も零戦の方がすぐれていた。これは零戦の空気力学的な特性をふくめた全体の設計がきわめてすぐれていたからで、はじめのころはワイルドキャットは二機以上でも零戦一機に太刀打ちできなかった。つまり、設計の質と、パイロットの質と両方の点で零戦がF4Fを上まわっていたのだ。

彼らは零戦を〝ゼロ〟とよんでその神秘的な高性能を恐れたが、開戦半年後に不時着した一機がアメリカ軍の手にわたり、徹底的な解剖の結果、零戦が、軽くつくるために機体構造の強度に余裕がなく、激しい急降下をすれば空中分解のおそれがあることを発見した。

零戦に勝つためにかれらがえらんだ道は、零戦を上まわる軽戦ではなく、逆に大馬力エンジンをつんだ重戦をつくることだった。こうして軽戦的な色彩の強かったF4Fのかわりにグラマンが開発したのは、エンジン出力は二倍ちかい二千馬力、そのかわり全備重量もほぼ二倍の六トン近い重戦闘機のF6Fヘルキャットだった。

ヘルキャットは零戦よりスピードも速く、急降下速度にすぐれていた。だが、格闘戦に持ちこめばまだ零戦に勝ち目はあった。それがしだいに圧倒されるようになったのは日本のパイロットの技量が低下したことと、膨大なアメリカの生産力をバックにした量に圧倒されたためだといわれる。

もし同数だったら絶対に負けなかったと、当時の零戦を知るパイロットたちは、いまでもそう言っている。零戦は五二型で翼面荷重は百三十を少し下まわっていたから、最後の軽戦といえるかも知れない。

零戦とグラマンF6F「ヘルキャット」

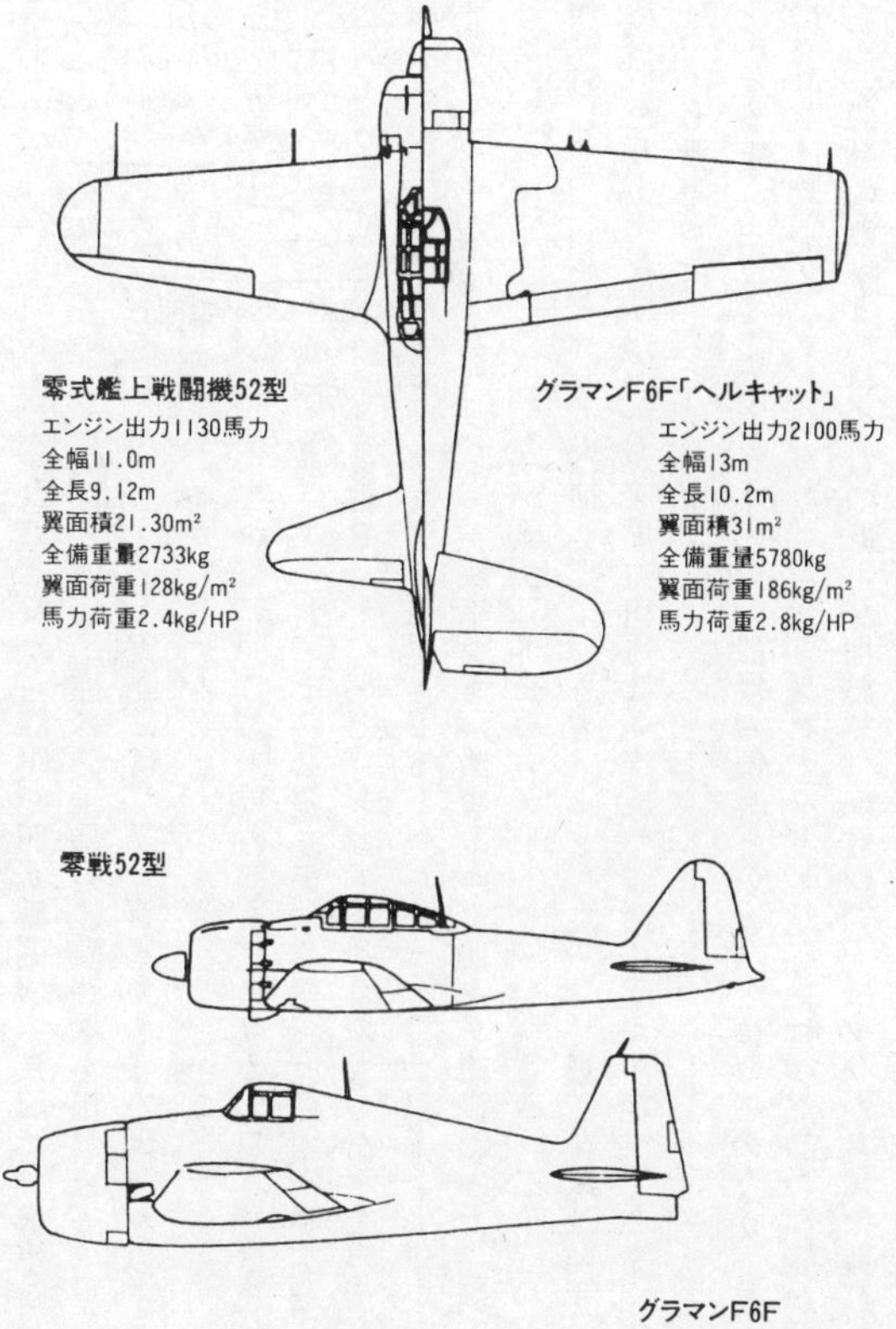
零式艦上戦闘機52型
エンジン出力1130馬力
全幅11.0m
全長9.12m
翼面積21.30m²
全備重量2733kg
翼面荷重128kg/m²
馬力荷重2.4kg/HP
グラマンF6F「ヘルキャット」
エンジン出力2100馬力
全幅13m
全長10.2m
翼面積31m²
全備重量5780kg
翼面荷重186kg/m²
馬力荷重2.8kg/HP
零戦52型
グラマンF6F

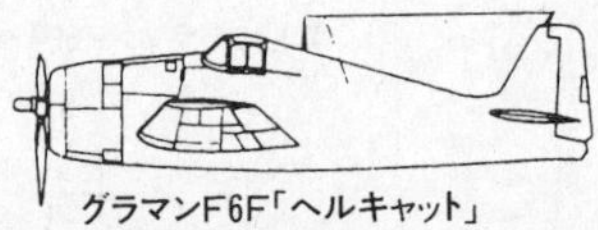

グラマンF6F「ヘルキャット」
最大出力2100馬力　全幅13m　全長10.2m
翼面積31m²　全備重量5780kg

川西NIK2-J「紫電改」
最大出力1800馬力　全幅12m　全長8.9m
翼面積23.5m²　全備重量3900kg

アメリカの二千馬力級戦闘機の出現に対して、日本もおくればせながら陸軍が四式戦闘機「疾風」、海軍が「紫電改」という二種の二千馬力級戦闘機を出した。もっとも実際には、千八百馬力あるいはそれ以下が正味だったらしいが。

しかし、同じ二千馬力でもアメリカと日本ではだいぶ違う。エンジンそのものも小ぶりで、直径で十パーセント、重量で二十パーセントもアメリカのものを下まわった。したがって重量もF6Fヘルキャットが六トンちかいのに対し、「疾風」も「紫電改」も四トン未満だった。翼面積も「疾風」二十一平方メートル、「紫電改」二十三・五平方メートルに対して、ヘルキャットは何と三十一平方メートルもある。翼面荷重はいずれも百八十前後で似たりよったりだったが、馬力荷重は「疾風」「紫電改」が約二・二で、ヘルキャットは二・七五だった。

こうしてみると、どう考えても日本の方が設計が優秀ということになるのだが、良かったのは機体設計だけで、プラグ、発電器、キャブレターなどエンジン付属部品の性能が悪いうえにエンジン設計の無理と燃料の質の低下が加わり、ひ弱い秀才はタフな凡才に敗れる結果となった。

71　ジェット時代に見直された軽戦

　第二次大戦当時、日本で一般に考えられていたように、もし翼面荷重百三十（キログラム／平方メートル）を重戦と軽戦の分岐ラインとするなら、軽戦は零戦や「隼」の時代で終わったといえる。

　なぜなら、それ以後の戦闘機は、疑いもなく速度と重武装が要求され、したがって大出力エンジンを装備しなければならなかったからだ。機体も大型となり、重量も重く、翼面荷重もらくに二百を超えるようになって、いわゆるドッグ・ファイティングなどは苦手となり、メッサーシュミットMe109やイ16が先鞭《せんべん》をつけた高速を生かしての一撃離脱戦法が全盛となった。

　ところが、軽戦、重戦といっても相対的なもので、零戦や「隼」にしてもそれ以前の九六艦戦や九七戦にくらべれば重戦であり、その九六艦戦や九七戦もそれより前の型にくらべれば……ということになり、時代によって基準がだんだん上がっている。

第二次大戦が終わってジェット戦闘機の時代になると、この傾向はますます強くなった。一九四七年に初飛行したアメリカのF86セイバーは翼面積二十九平方メートルで全備重量約六トン、ソビエトのミグ15は翼面積二十平方メートルで五トン、したがって、翼面荷重はそれぞれ二百三、二百五十となり、最大速度はともに高度一万メートルでマッハ〇・九の遷音速戦闘機だった。これらの数値は第二次大戦末期の重量級戦闘機とたいして変わらず、プロペラ機からより大出力のジェットに変わり、後退翼の採用によって音速にちかづくことができる。

F86セイバーはもともとプロペラ付き戦闘機の最高傑作といわれたP51ムスタングの動力をジェット化しようという計画でスタートしたものだけに、多分にプロペラ機時代の影響を残していたといえよう。

当時は各国でもジェット機を新たに設計するというより、それまでのプロペラ機の機体にジェット・エンジンをのせることが盛んに行なわれていたのだ。

プロペラ機時代の影響を完全に抜け出したのはミグ15やF86セイバーより六年あとの一九五三年の半ばから出現したミグ19とF100スーパー・セイバーだろう。この両機はともに一万メートル前後の高度でマッハ一・三を出し、水平飛行で音速を超えることができた。重量はそれぞれ九トンと十三・五トンと重くなり、翼面荷重も二百五十六に三百七十七と一挙に飛躍している。

ミグ15とF86セイバーの時代は武装に機関砲やロケット弾をつみ、一撃離脱とはいってもまだ第二次大戦当時の名残をとどめた戦闘がやれたが、つぎのミグ19やスーパー・セイバーの時代になるともう格闘性などということはいっさい不要で、もっぱらスピード競争の時代にはいった。となるとエンジンはより強力なものへ、機体は重くより大型へとエスカレートし、ついに二十トン、三十トンという超重量級戦闘機の出現となった。

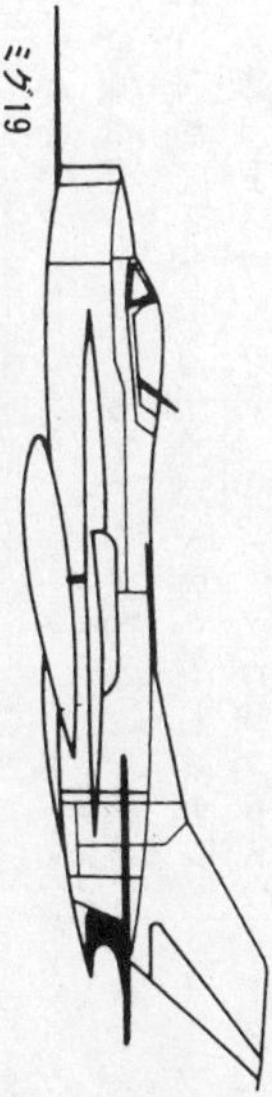

ミグ19
全幅9m　全長13.1m　全備重量8.9トン(最大10.2トン)
最大速度マッハ1.3(10000m)
武装　23ミリ及び30ミリ機関砲各1、アトール赤外線ホーミング又はアルカリ・レーダーホーミング・ミサイル×4

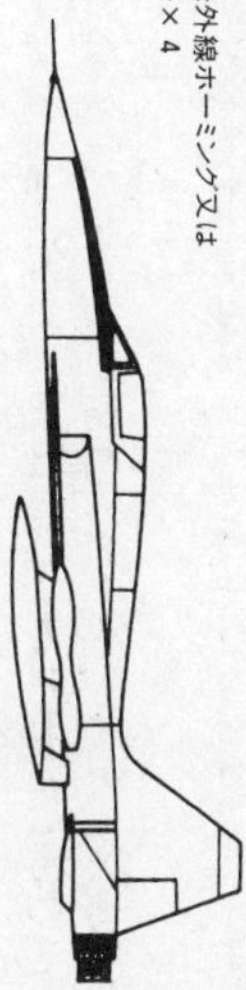

ノースロップF−5A「フリーダムファイター」
全幅7.7m　全長14.1m　全備重量6トン(最大9.1トン)
最大速度マッハ0.85〜0.9(11000m)
武装　20ミリ機関砲×2、サイドワインダー・ミサイル×2

スピードもマッハ二・〇を超え、武装も誘導ミサイルが本命となり機関砲など役立たずとして装備しない戦闘機がふえた。そしてミサイルの命中率は百パーセントという信仰が生まれ、ぞくぞくと空中戦用のミサイル開発がはじまった。

ところが超重量級高速戦闘機とミサイルの組み合わせによって無敵と思われた近代戦闘機に、意外な落とし穴が待っていた。ベトナム戦争の初期、高速と強大な搭載量にものをいわせて地上攻撃に出動したアメリカ軍の新鋭リパブリックF105サンダーチーフが、ソビエトのミグ19に撃墜されてしまったのだ。

ミグ19の最大速度はマッハ一・三、サンダーチーフはマッハ二・一だったが、これは高度一万メートルでの話で、低空ではそれほど差はなくなるし、地上攻撃中にそんな速度を出すわけにもいかない。

それに全備重量十トン足らずのミグ19は二十トンもあるサンダーチーフの約半分、したがって身軽な運動で不得意な低空戦を強いられるサンダーチーフを追い回した。そこであわてたアメリカ軍はF4ファントムやノースロップF5フリーダムファイターなどを援護に出動させ、ミグ19に対抗させることにした。制空権のないところにはどんな戦術支援行動も成り立たないという第二次大戦当時の教訓がよみがえったのだ。しかもミグ19に対してより有効だったのは、全備重量二十トンを超えるファントムよりも、わずか九トンの軽いフリーダムファイターの方だった。

もうひとつのアメリカにとって苦い経験は一九六五年のインド・パキスタン紛争の際に起

きた。全備重量三トンから四トン、第二次大戦中の日本の零戦や「疾風」なみの小型軽量のパキスタン空軍のホーカーシドレー・ナット戦闘機にインド空軍のF86セイバーやミグ19、さては新鋭のロッキードF104までが撃墜される羽目になったのだ。しかもナットはミサイルもなく、機関砲だけで相手を格闘戦に持ちこんだうえでの勝利だった。

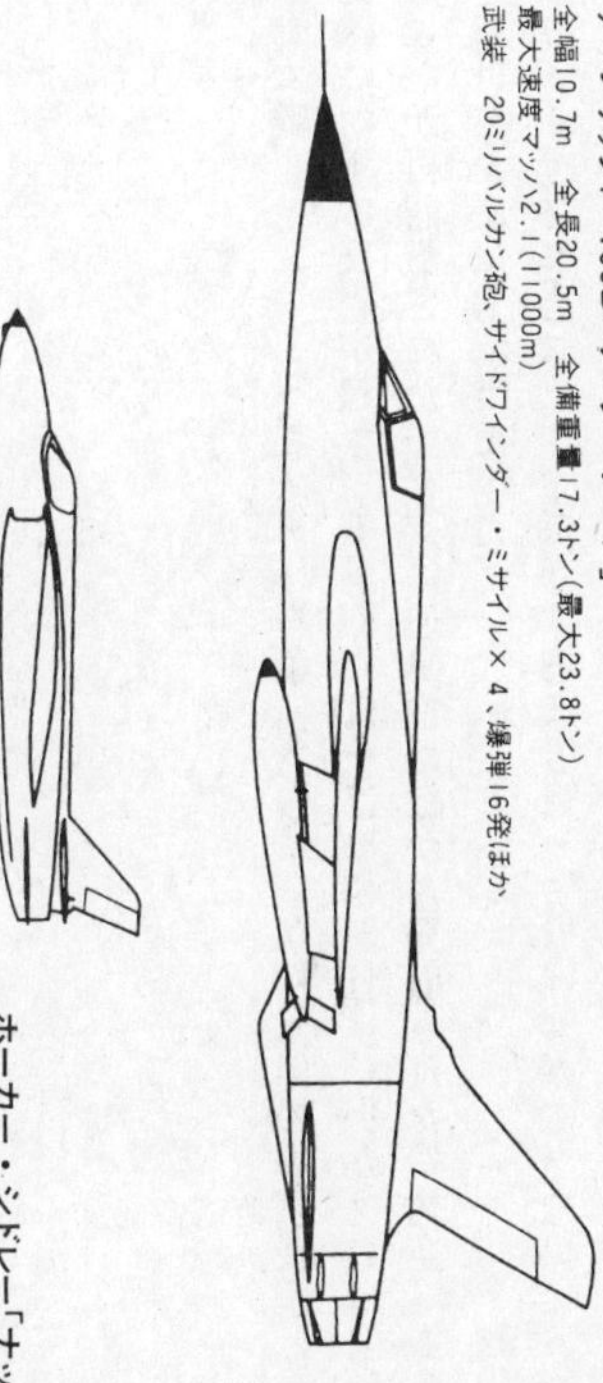

リパブリックF-105D「サンダーチーフ」
全幅10.7m　全長20.5m　全備重量17.3トン(最大23.8トン)
最大速度マッハ2.1(11000m)
武装　20ミリバルカン砲、サイドワインダー・ミサイル×4、爆弾16発ほか

ホーカー・シドレー「ナット」
全幅6.8m　全長9.1m　全備重量3トン(最大4トン)
最大速度マッハ0.98(11000m)
武装　30ミリ・アデン機関砲×2、ロケット弾×12

72　帰って来た戦闘機の格闘性

ベトナム戦、インド・パキスタン紛争、さらに一九六七年の中東戦争と、高速一点張りの重戦闘機に対する反省が起き、戦闘機にはやはり格闘性、いいかえれば身軽な運動性が必要であることが再認識された。とくに運動性は敵から発射された空対空、あるいは地対空ミサイルを避けるためにも必要だった。

つまり、ミサイルとスピード競争するよりは、ミサイルができないような急旋回でかわすことがミサイルとの空中戦に敗れない方法であることがわかったからだ。それに、ミサイルにしても機関砲にしても、あまり飛行機の速度が速くなると発射したとたんにすぐ追い着いてしまい、自分の機体が撃墜されることになり、これを避けるためにも発射後の急激な回避操作が必要となる。

こうしたことから最近の戦闘機ではふたたび格闘性ということが重視されるようになり、かつて設計者たちが格闘性と速度の両立に悩んだように、現代の戦闘機設計者たちもこの問題に真剣に取り組まざるを得なくなった。

かつて、全長十六・七メートルに対して翼幅わずか六・七メートル、先端のとがったシャープペンシルに申しわけていどの主翼がついたロッキードF104があらわれ、最後の有人戦闘機といわれた当時、これ以上は人間の乗らないミサイルの時代になるだろうと真剣に論じら

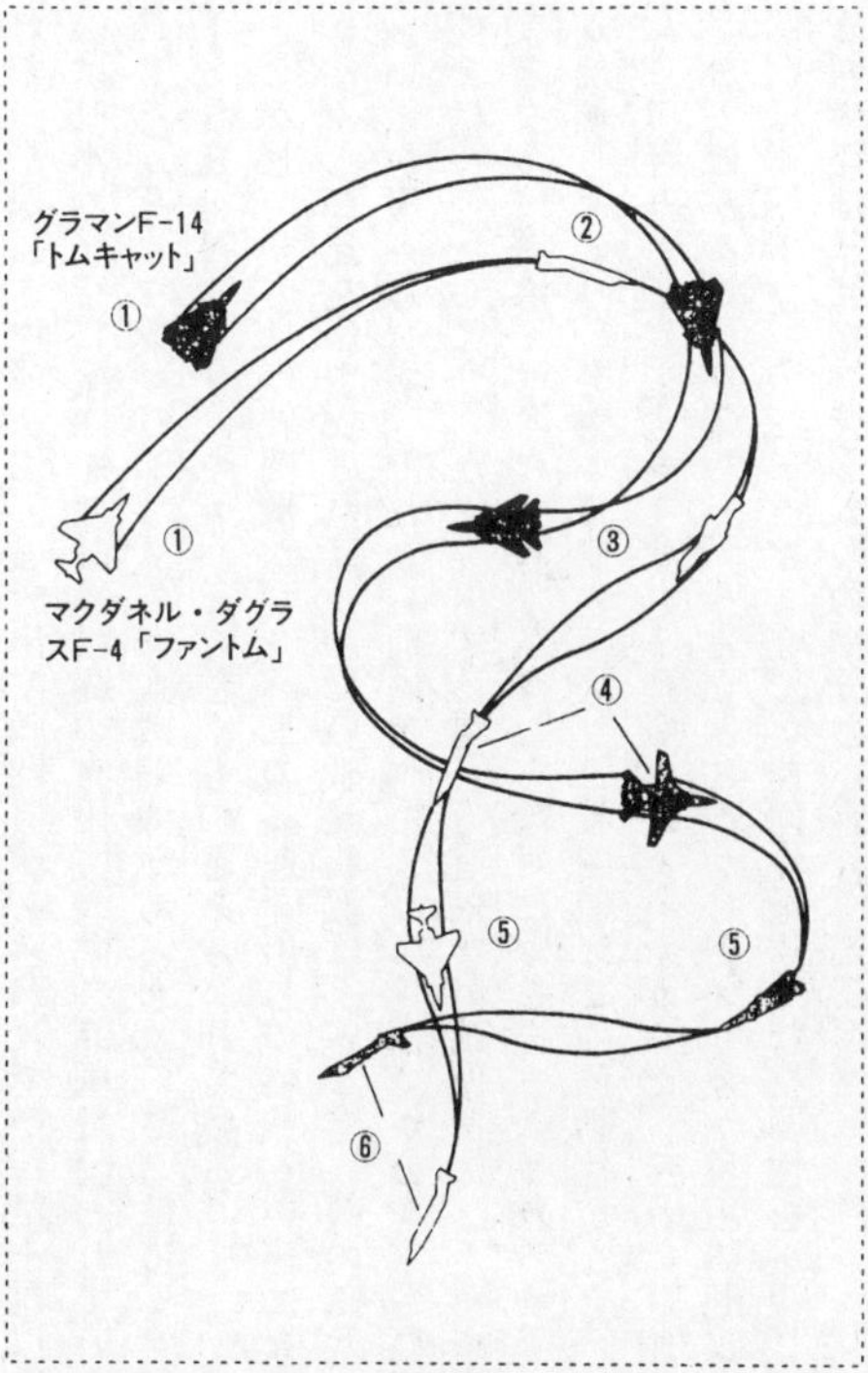

速度一点張りだったジェット戦闘機にも格闘性（運動性）が要求されるようになった。図はF－14トムキャットとF－4ファントムの模擬空戦の状況で、①でファントムがトムキャットを追尾しているが数秒後には7.4 G旋回でまわり込んだトムキャットがファントムをかわし、③④⑤とまわりながら①の時点から約15秒後には⑥の位置となり、次の時点ではトムキャットがファントムのうしろについて射撃を開始することができる。Gに応じてトムキャットの可変後退翼の角度が自動的にわかる。図はわかりやすくするため機体のシルエットを大きくかいてあるが、実際の旋回半径はもっと大きい。

れた。しかし、マッハ二・〇を出す戦闘機があらわれてから二十年以上たっても、この戦闘機は日本の航空自衛隊をはじめ世界の自由主義陣営諸国で使われていたばかりでなく、その後もぞくぞくマッハ二クラスの有人戦闘機があらわれ、さらにはミグ25やアメリカのロッキードSR-71のようにマッハ三を超すものもあらわれている。

しかし、一方では戦闘機がマッハ三の高速を出していったい何になるという反省も起きた。そんな高速を出さなければならない戦闘状況はというと、敵のミサイルから逃げる場合ぐらいしか考えられず、それなら前にのべたように旋回でかわす方が早道だし、ミサイルは万能ではないからこちらから発射する場合も有効な射撃位置につくためには良好な運動性が必要となる。誘導ミサイルで攻撃されたら絶対に撃墜をまぬかれることはできないという神話が崩壊したのも、発射する側のアメリカ戦闘機にこの運動性がなく、相手のソビエト戦闘機にミサイルの追跡能力を上まわる運動性があったからだ。それに、速度追及によって犠牲にされるほかの性能が惜しい。そんなところからアメリカが現用のF14、F15、F16などの戦闘機はすべてマッハ二・五どまりで、旋回性をふくむ格闘性を重視しており、F14やF15の旋回半径はF4ファントムの約半分といわれている。

こうしてみると、零戦で終わったと思われた格闘性、F104で最後といわれた有人戦闘機、誘導ミサイルの出現でいったんはずされかかった機関砲などがいぜんとして消えなかったりカムバックしている事実は、歴史はくり返すということの肯定であり、人間の予測がいかにおろかなものであるかを示しているようでもある。

73 「零戦」でもできない飛び方ができるＣＣＶ戦闘機

ＣＣＶという新しい言葉がいま、注目されている。Control Configurd Vecle を略したもので、直訳すると「コントロールによって機体形状が決まる乗り物」だが、運動能力向上機ともいう。

第二次大戦中の零戦が運動性にすぐれ、とくにベテランパイロットたちがあみ出した、垂直面の旋回、すなわち宙がえりの頂点でひねりを加え、旋回半径をさらに小さくして攻守を逆転させる戦法は、連合軍の戦闘機パイロットたちを大いに悩ませたが、コンピューター時代のＣＣＶ戦闘機はそれ以上の多彩な飛び方をする。

ふつうの航空機は、エレベータ（昇降舵）、エルロン（補助翼）、ラダー（方向舵）を使って飛行姿勢を変えることによって飛行経路が変わる。だから機体姿勢のコントロールと飛行経路のコントロールを分けることはできないが、新しい舵面を加えたりフラップと併用することで、飛行姿勢と飛行経路を分けた飛び方ができるようになる。

たとえば、直接揚力制御（Direct Lift Control、DLC）ではエレベータとフラッペロン（フラップ＋エルロン）を使って、機首を上下させずに機体を上下させる（図(a)）ことができるし、直接横力制御（Direct Sideforce Control、DSFC）ではラダーと乗直カナード（前翼）を使って機体を傾けずに旋回させる（図(b)）ことも可能だ。

このほか、飛行経路を変えないで機体の左右や上下の向きを変えられる（図(c)）サーカスみたいな運動ができるので、この機能を生かした多彩な攻撃ができる。

戦闘機の特技の一つである地上目標を攻撃する際、在来機では目標に機首を向け、射撃を終えるとすぐ機首を引き起こしてあともどりし、はじめからやり直さなければならないが、CCV機は機首を下に向けたまま連続して銃撃でもミサイル攻撃でもできるから、一航過での攻撃時間が長くとれる。

同様に空中での攻撃でも、在来機だと一目標を攻撃して避退するには蛇行動をしなければならず、運動にむだがあって攻撃時間が限られるが、CCV機では直線飛行のまま機首を目標に向けて変えられるので攻撃時間が長くなり、向きを変えて他の目標を引き続いて攻撃することもできる。

日本では、防衛庁がT2ジェット練習機を改造してCCV実験機をつくったが、この飛行機では、主翼の直前と胴体下面に設けた水平および垂直カナードを主翼のフラップやエルロン、ラダー、スタビレータ（全自動式水平尾翼）と組み合わせて飛ぶことにより、DLCやDSFCなどを行なうようにしていた。

257 「零戦」でもできない飛び方ができるＣＣＶ戦闘機

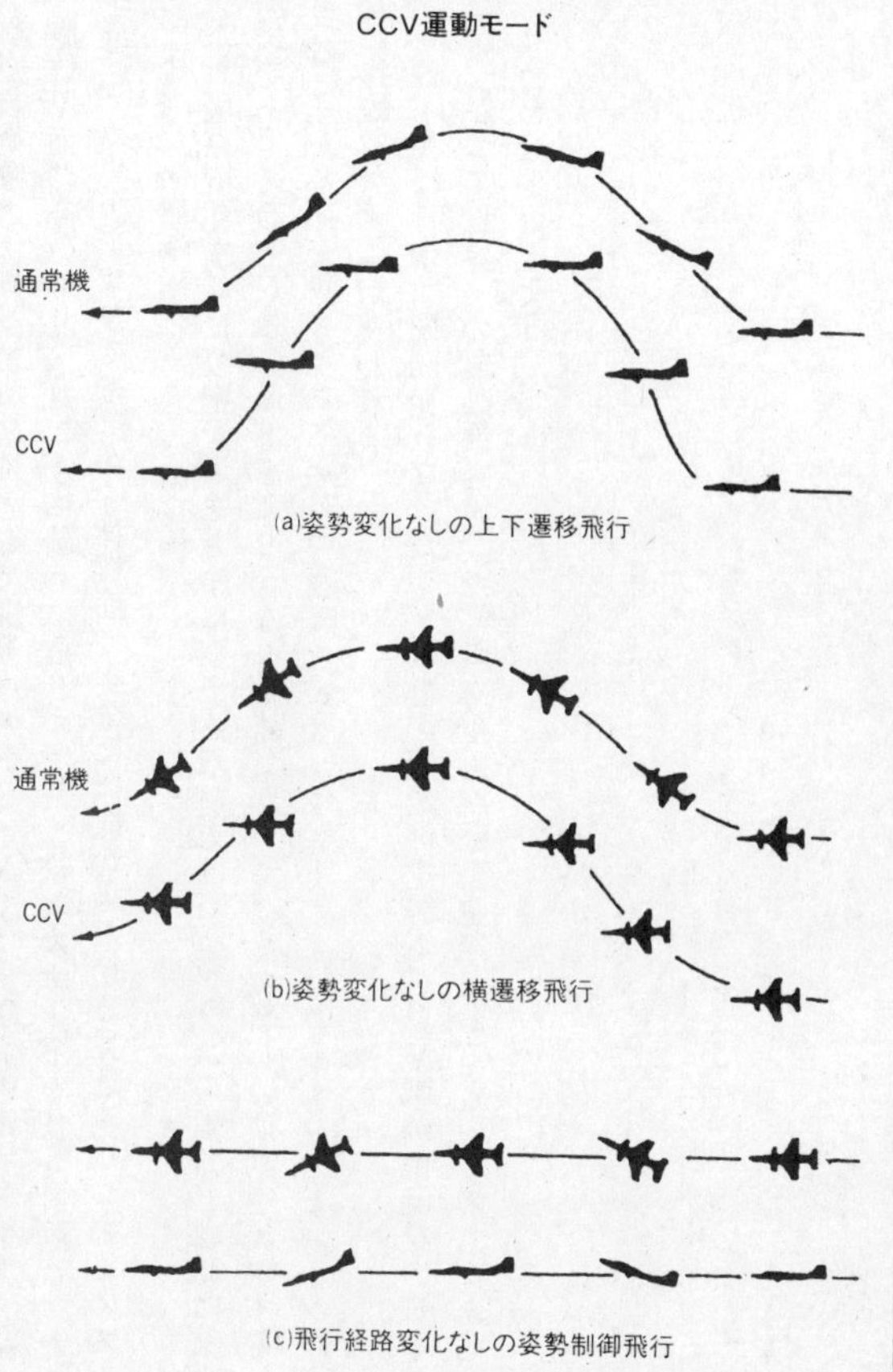

金井喜美雄「アドバンスト飛行制御の動向」『自動車技術』1996年10月号より

航空自衛隊の次期支援戦闘機として開発中のＦＳ－Ｘでは、Ｔ２改造実験機より一歩進んで胴体下面の空気取り入れ口下に斜めに取りつけた二枚のカナードを使う計画だったが（図参照）、カナードなしでもほかの操縦面で十分に機能が果たせる見込みがついたので、なくしてしまった。

飛行経路変化なしに姿勢をさまざまに変える飛び方は、エンジンの推力と各舵による力の関係があってＤＬＣやＤＳＦＣよりかなり複雑だが、こうした新しい運動を実現するためにはフライ・バイ・ワイヤあるいはフライ・バイ・ライトとよばれる、コンピューターを仲介した操縦システムが使われる。

ＦＳ－Ｘは日米共同開発となったが、抜群の運動性を誇るＣＣＶ戦闘機開発の日本側主担当が、かつて世界一の運動性を誇った零戦を生んだ三菱重工であるというのも、ふしぎなめぐり合わせといえよう。

74 見えないステルス戦闘機

ステルスという言葉は湾岸戦争の際の米軍のロッキードF117ですっかり有名になったが、ステルス（Stealth）とは、「こっそり」「秘密」といった意味で、ステルス機はいわば〝空の忍者〟だ。

正確にいえば低観測（ローオブザーバブル）性であり、できるだけ敵に探知される距離を短くし、防空のための準備時間を少なくして奇襲攻撃ができる機体のことである。見えないといっても、透明人間のようなものではなく、レーダー・スクリーン上で見えにくいという意味だ。

軍用機にとってはできるだけ敵側のレーダーに捕まらないことが望ましい。レーダーは、発信した電波が目標に当たってもどってきた反射波を受信解析してスクリーン上に映し出すものだから、反射波をへらせば映りにくくなる。それには機体に当たるレーダー波を受信アンテナとは別の方向にそらすか、反射させずに吸収してしまう方法があり、アメリカ空軍の

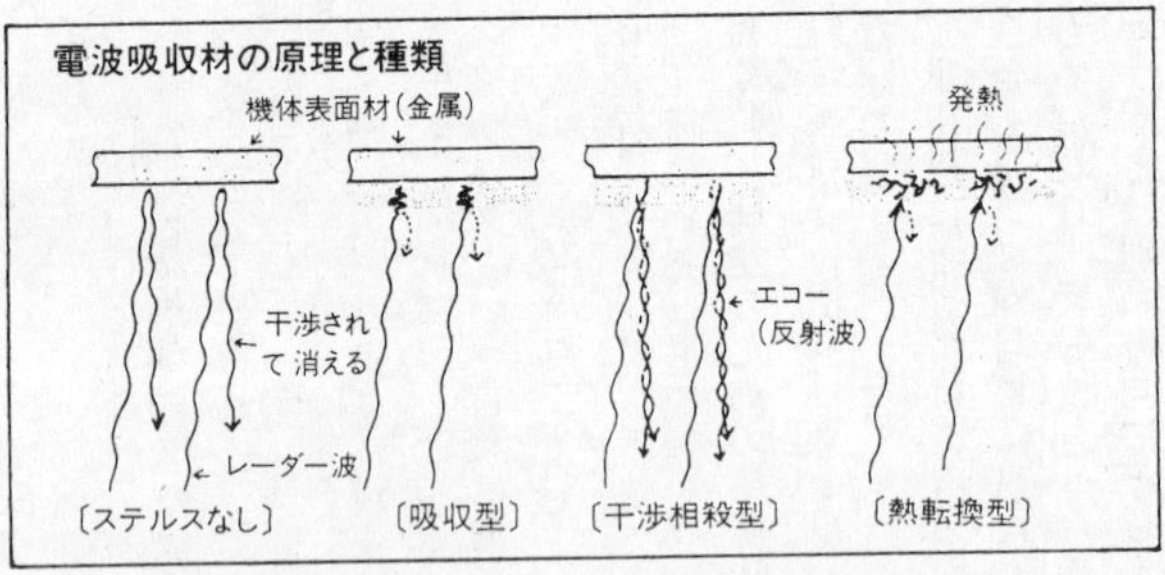

ステルス構想もこの二つの方法を併用している。

レーダー波をそらす方法としては、アメリカ空軍のノースロップB2爆撃機やYF23戦闘機のように、薄く丸みをおびた外形にしてレーダー波を拡散させるか、ロッキードF117のように直線で構成された多面形とし、レーダー波の反射の方向を限定する方法がある。

YF23と競争試作に勝って制式機となったロッキードF22はこの両者のいい点を取り入れ、機体断面を菱形にしてレーダー波の反射方向を限定し、一方では面と面のつなぎ目を丸くするなどの工夫を加え、F117より一段とすぐれたステルス性をあたえている。

しかし、形状的にどんなに工夫してもレーダーに正対しやすい直線部分は残るので、その表面に電波吸収材を塗布あるいは接着するか、機体そのものをレーダー吸収構造とすることによって対応できる。

こうしてでき上がったステルス戦闘機が実戦で有利なことはいうまでもないが、このステルス性に、すぐれたスーパークルーズ（超音速巡航）性能が加われば鬼に金棒だ。

同じ高度を飛ぶマッハ〇・八のマクダネル・ダグラスF15と、マッハ〇・九およびマッハ一・五で飛ぶF22とをくらべたとき、この三つのケースで地対空ミサイルのレーダーが目標を探知して攻撃できる時間はざっと七・三・一の割り合いで、F22の生存率が圧倒的に高いことを示している。

同じことが空対空の戦闘についてもあてはまり、たとえ双方のレーダーの性能が同じであったとしても、在来の機体よりステルス機の方が探知されにくいため、先に攻撃することができる。

こうしていいことずくめのステルス戦闘機だが、兵器の開発はつねにいたちごっこで、いつまでも優位の座にあぐらをかいてはいられない。たとえば、ステルス機のレーダー吸収材といえどもあらゆるレーダー波長に有効ではないから、いろいろなレーダー波をまぜて発射してやるとなかにはね返ってくる電波があり、それがスクリーン上にいままで見えなかった映像をぼんやりとではあるが映しだす。

ステルス技術が進歩すれば、その対抗技術も進歩するが、ほかの電子技術の高度化もふくめて、軍用機がいよいよ高価になることだけはまちがいないだろう。

75　高価が悩みのジェット戦闘機

どこの国でもそうだが、ジェット戦闘機の高価なことは頭痛のタネだ。かつて第二次大戦の末期に活躍した日本陸軍の三式戦闘機「飛燕」の価格は、エンジン約八万円、機体約八万円、機関砲そのほか約八万円で、合計二十四万円ほどだったという。当時、大学出の初任給がたかいところで百二十円ぐらいだったから、戦闘機一機の価格はその約二千倍ということになる。

少し古くなるが、戦後三十年たった昭和五十年ごろ、経済成長が進み貨幣価値がかわり、物価も給料もグンとはね上がった。そのころの大学出の初任給を約八万円としてスライドして考えると、「飛燕」一機はその約一千倍の一億六千万円ということになる。もちろん、価格というものはつくられる数によって大幅にかわり、たとえば千機しかつくられなかった場合と一万機の場合とでは倍ぐらいちがうから一概にはいえないが、海軍の零戦などもほぼ同じていどと考えていいだろう。

しかし、当時といまとでは戦闘機の構造も大きさも、さらにエンジンや装備なども格段にちがっている。たとえば機体構造にしても、材料はジュラルミンの何倍も高価なチタン合金がふんだんに使われているし、ジュラルミンの円框、桁、縦通材、小骨（リブ）といった骨組の上に〇・六ミリとか一ミリの薄いジュラルミン板を張っていたものが、厚い材料から「ならいフライス」とか「テーパー・ミーリング」といった高価な機械をつかって外板、リブ、縦通材などを削り出す一体構造にかわっている。これだと材料のほとんどは削られて屑になってしまうし、高い機械を使うから製造費も高くついた。

高いのは機体だけではない。せいぜい無線機ぐらいですんだ電装品にしても、現代戦闘機はレーダーはもちろんのこと、航法、射撃、それに地上管制との連携のための機上装置など電子機器の価格は、かつての戦闘機の機体一機ぶんと同じぐらいになるのもめずらしいことではない。

では、現代のジェット戦闘機の価格はというと、もっとも具体的な例が日本のポスト四次防にあらわれた数字にある。航空自衛隊のF４EJファントム戦闘機の機体が一機分約十七億円、エンジンが一機分二台で約四億五千万円だから合わせて二十一億五千万円、しかも、これに電子装置や二十パーセントの予備部品などを加えると三十数億円になる。

航空自衛隊が次期戦闘機（FX）候補として調査の対象にしたアメリカ戦闘機の価格は、グラマンF14が五十八億円、マクダネル・ダグラスF15が四十五億円、ゼネラル・ダイナミックスF16が二十七億円となっている。これはエンジンおよび標準の電子装置もふくめたア

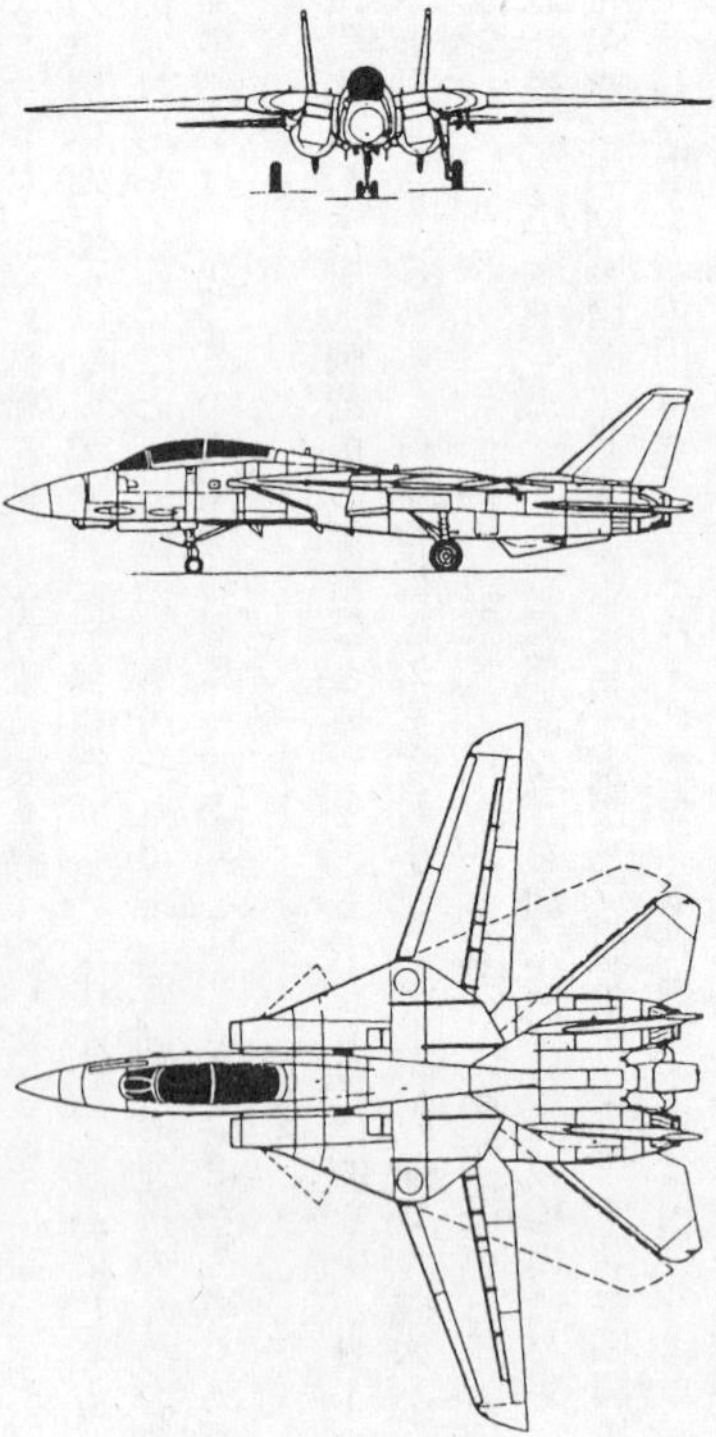

グラマンF-14「トムキャット」

メリカでの価格であり、日本で部品をつくって生産する場合は先にもいったように生産数のちがいからずっと高くなる。F15の場合で一機六十億円ぐらいになってしまう。しかもこれを今後十年間ぐらいにわたって生産するとなると最終的には一機あたり百億円ちかくなるだろうといわれている。現在のF4ファントムなみに一個飛行隊の定数を予備機をふくめて二十五機ていどとすると、防衛庁の予定している六個飛行隊では百五十機、一機六十億円を計算しても一兆円ちかくなる。

76　日本陸軍戦闘機の呼称

例をひとつ挙げよう。一式戦闘機「隼」——。

太平洋戦争で陸軍機中もっとも多く使われ、加藤隼戦闘隊の歌などで有名になった戦闘機だが、最初の一式は制式となった日本紀元、すなわち皇紀二六〇一年の末尾の一をとったものので、「隼」はこの戦闘機からつけられるようになった愛称だ。最初の何々式は陸海軍共通で、すべての兵器は制式になった年号の末尾二ケタが使われることになっていた。したがって、九五式《きゅうご》戦闘機なら皇紀二五九五年（一九三五年、昭和十年）、九七式《きゅうなな》戦闘機なら皇紀二五九七年に制式になったことを示している。

太平洋戦争がはじまる一年前の昭和十五年は、ちょうど皇紀二六〇〇年にあたり、国を挙げて盛大な祝典が催されたが、末尾二ケタが〇〇になってしまうのでこの年だけは三ケタとして百式とよんだ。しかし、この年制式になった戦闘機はなく、翌年制式になったのが一式戦闘機「隼」だった。以下、二式戦闘機「鍾馗」、三式戦闘機「飛燕」、四式戦闘機「疾風」、そして終戦まぢかに出現した五式戦闘機とつづくが、最後の五式戦闘機だけは愛称がつけられなかった。戦争の旗印が悪くなってそれどころではなかったのだろう。

なお、皇紀二六〇二年すなわち昭和十七年に制式になった戦闘機は「鍾馗」のほかに双発複座の「屠龍」があった。つまり二式戦闘機が二つあってはまぎらわしいので、それぞれ単座および複座を入れて区別し、略して二式単戦、二式複戦などとよばれた。

皇紀年号の末尾二ケタを制式名称に採用したのは二五九一年からで、この年制式になった九一式戦闘機が最初で、翌二五九二年には九二式戦闘機が生まれ、つぎの九五式まではしばらく間があいた。しかし、制式にならなかっただけで、この間に軍の命令により、あるいは会社の自主的企画によって戦闘機の試作は行なわれていた。これらの試作機に対しては何々式という名称はつかず、〝キ番号〟でよばれた。キ番号というのは昭和七年ごろから陸軍で飛行機の機体につけるようになった一連の試作番号で、昭和七年四月に試作指示のでた九三式重爆撃機のキ1が最初で、以下機種のいかんに関係なく軍から試作指示のでた順にナンバーがつけられた。「キ」は機体の頭文字で、エンジンは発動機だから「ハ」、機関砲は砲の頭文字をとって「ホ」が使われた。

戦闘機で最初にキ番号がついたのは、昭和九年に川崎航空機が試作した低翼単葉の試作戦闘機キ5で、つぎが中島飛行機のキ8試作複座戦闘機、以下九五式戦闘機のキ10、九七式戦闘機のキ27とつづき、一式戦闘機「隼」のキ43、二式単座戦闘機のキ44、二式複座戦闘機「屠龍」のキ45、三式戦闘機「飛燕」のキ61、四式戦闘機「疾風」のキ84、五式戦闘機のキ

日本陸軍試作戦闘機一覧

製作会社	試作制式年	キ番号	制式名称	備　考
川崎航空機	昭和８年	キ－５		低翼単葉、試作のみ
中島飛行機	９年	キ－８		複座戦闘機
川崎	10年	キ－10	九五式戦闘機	
中島	10年	キ－11		川崎のキ10との競争に敗れた
三菱重工業	10年	キ－18		海軍九五式艦上戦闘機改造、不採用
中島	12年	キ－27	九七式戦闘機	
川崎	〃	キ－28		キ-27との競争試作に敗れた
三菱	〃	キ－33		〃
中島		キ－37		双発複座戦闘機、計画のみ
〃	16年	キ－43	一式戦闘機	「隼」
〃	17年	キ－44	二式　〃	「鍾馗」
川崎	〃	キ－45	二式複座戦闘機	「屠龍」
中島		キ－53		多座戦闘機、計画のみ
〃	17年	キ－58		百式重爆撃機改造の試作多座戦闘機
川崎	16年	キ－60		重戦闘機、試作３機のみ
〃	18年	キ－61	三式戦闘機	「飛燕」
中島		キ－62		軽戦闘機、計画のみ
〃		キ－63		重戦闘機、　〃
川崎	18年	キ－64		重戦闘機、試作１機のみ
三菱		キ－65		重戦闘機、計画のみ
〃		キ－73		〃　　〃
中島		キ－75		多座戦闘機、　〃
三菱	19年	キ－83		双発遠距離戦闘機、試作４機のみ
中島	〃	キ－84	四式戦闘機	「疾風」
〃	20年	キ－87		高々度戦闘機、試作１機のみ
川崎		キ－88		局地戦闘機、途中で中止

立川飛行機	昭和20年	キ- 94		高々度局地戦闘機、試作機未完成
川崎	19年	キ- 96		重戦闘機、試作3機のみ
満洲飛行機	20年	キ- 98		局地戦闘機、試作機未完成
三菱		キ- 99		〃 試作指示のみ
川崎	20年	キ-100	五式戦闘機	
中島		キ-101		試作夜間戦闘機、試作指示のみ
川崎	19年	キ-102		重戦闘機、甲型、乙型合せて215機生産
〃	20年	キ-		夜間戦闘機、試作3機のみ
三菱		キ-103		キ-83改造、試作指示のみ
陸軍航空工廠		キ-104		キ-94 〃 〃
立川	20年	キ-106		キ-84木製化、試作1機のみ
川崎	〃	キ-108		夜間戦闘機試作1機のみ
三菱	19年	キ-109		重爆撃機改造75ミリ砲装備機、甲型、乙型合せて試作約20機
中島		キ-113		キ-84スチール化、計画のみ
満洲飛行機	20年	キ-116		キ-84改造、試作のみ
中島	〃	キ-117		キ-84改造、高々度戦闘機
三菱重工業		キ-118		高々度戦闘機、中止
川崎 〃	20年	キ-119		戦闘爆撃機、試作のみ
三菱	〃	キ-200		海軍名「秋水」、ロケット戦闘機

100となる。

軍関係者の間では、キ番号の数字だけで呼ぶならわしとなっていた。

なお、キ番号は制式になってからもそのまま使われた。

これは、例えば一式戦闘機「隼」はキ43だから〝ヨンサン〟、三式戦闘機「飛燕」はキ61だから〝ロクイチ〟といった具合で、陸軍機の名称には製作会社を示すものは何もなかったわけである。

なお、皇紀年号採用以前は、甲式とか丙式というよび方を使っていた。

77　日本海軍戦闘機の呼称

制式機の名称に皇紀年号の末尾二ケタの数字を使うようになったのは、海軍では八九《はちきゅう》式艦上攻撃機から、愛称をつけるようになったのは二式艦上偵察機（本来は艦上爆撃機）「彗星」からで、いつも陸軍が先行していた。

しかし、陸軍が試作にあたり単純な一連の機体番号で処理していたのに対し、海軍は製造会社や機種記号などを織りこんだ凝ったものを使っていた。

たとえば次表に見られるように、アルファベットとローマ数字の組み合わせで、これは三菱製としては六番目の試作にあたる艦上戦闘機で、この機種になってから五回目の大改造をほどこした機体で、Cは機体に小変更部分があることを示している。

つまりこの記号によってその機体の経歴が一目でわかるしかけだが、この記号のつけ方はアメリカ海軍に似ている。

機種記号は、用途をあらわすものでつぎのように別れていた。

A 艦上戦闘機　J 局地戦闘機
N 水上戦闘機　S 夜間戦闘機
（戦闘機関係以外は省略）
製作会社名はつぎのとおり。
A 愛知航空機　Si昭和飛行機　N 中島飛行機
G 日立航空機　W 九州飛行機　S 佐世保航空廠（海軍）
Hℓハインケル　D ダグラス　V セバースキー
M 三菱重工業　H 広空廠（海軍）　Y 空技廠（海軍）
P 日本飛行機　K 川西航空機

試作機についてはこれとは別に昭和何年度の試作であるかを示すようになっており、これと機種呼称を組み合わせて十二試艦上戦闘機などとよんでいた。もっとも艦上戦闘機は長いので省略して、十二《じゅうに》試艦戦が通称となっていた。そして制式となって零式艦上戦闘機となった。零は皇紀二六〇〇年の末尾一ケタである。零式艦上戦闘機は略して零戦となったが、これはゼロセンではなく当時の関係者たちはレイセンとよんでいた。

それにしても試作機時代は昭和年号で、制式になると皇紀年号、そして数字の読み方までかわるとは、現代の目からすればいささか不合理の感じがする。

皇紀年号を制式名称に使う以前は、大正年号あるいは昭和年号を使っていた。大正十年制式が一〇《いちれい》式艦上戦闘機、昭和三年制式が三式艦上戦闘機で、皇紀年号にかわったのは皇紀二五九〇年（昭和五年）に制式になった九〇式艦上戦闘機が最初だった。

零式艦上戦闘機つまり零戦は、制式になってからつぎつぎに改良されたが、機種呼称のつぎの二ケタの数字は五二のうち二ケタ目の二はエンジン変更、一ケタ目の五は機体の改良を示している。

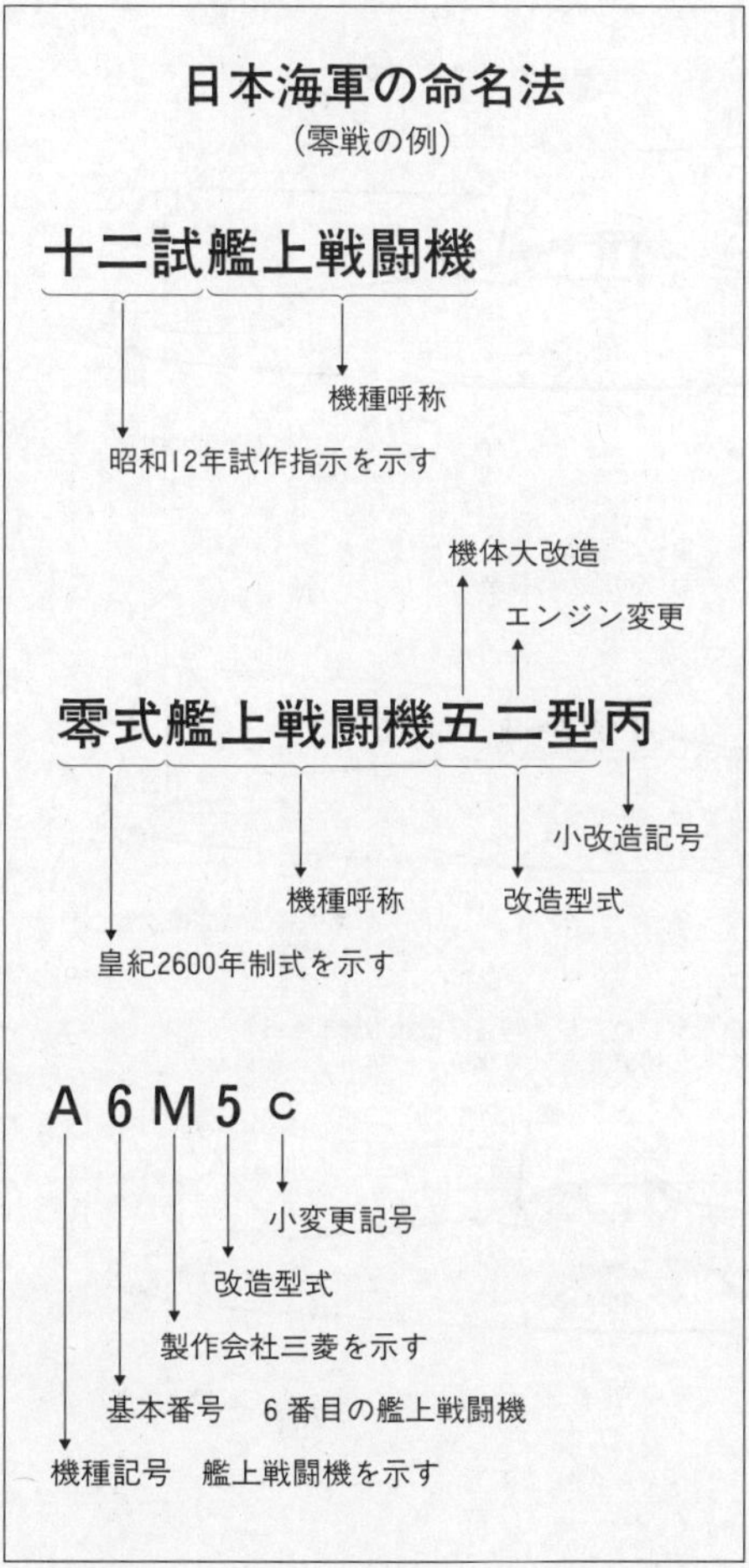

零戦の型式名の変遷

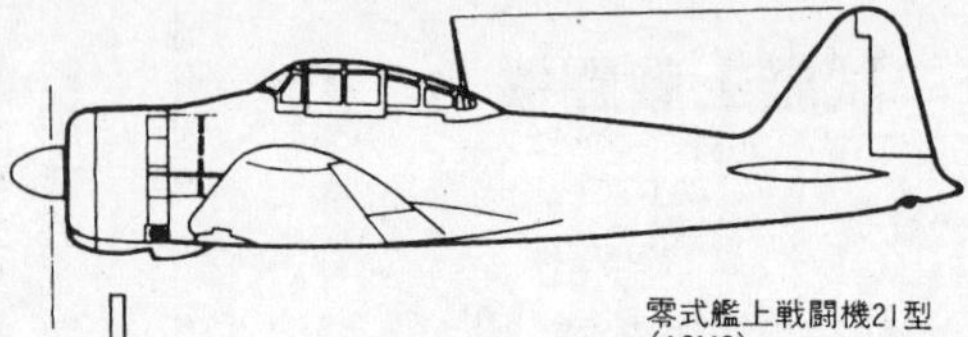

零式艦上戦闘機21型
(A6M2)

エンジンを栄一二型 950 馬力
から栄二一型1130馬力に換装

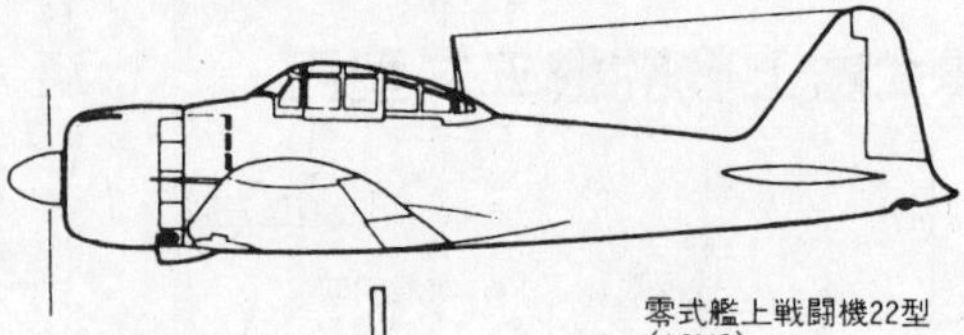

零式艦上戦闘機22型
(A6M3)

翼幅12mから11mとし、20ミリ機銃用弾倉をベルト
給弾式とし、排気管を「ロケット」排出管に改めた

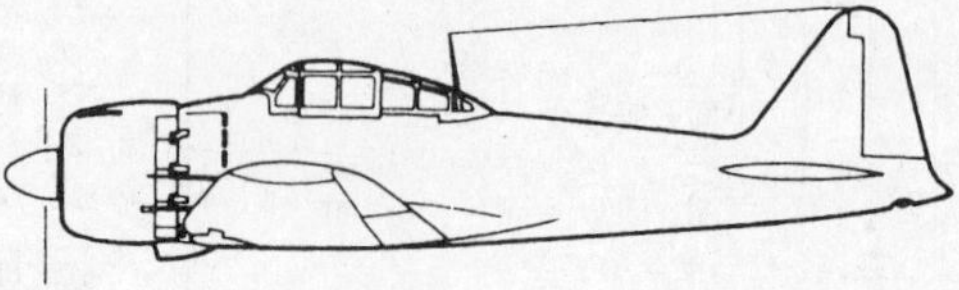

零式艦上戦闘機52型
(A6M5)

日本海軍戦闘機一覧

製作会社	試作制式年	機体記号	制式名称	備　　考
中島飛行機	昭和3年	AINI	三式艦上戦闘機	三式2号艦戦はAIN2
〃	5年	A2NI	九〇式艦上戦闘機	九〇式2号艦戦はA2N2
〃	10年	A4NI	九五式　〃	
三菱重工業	11年	A5MI	九六式一号　〃	
〃		A5M2	〃　二号　〃	
〃		A5M4	〃　四号　〃	
〃	15年	A6M2	零式艦載一一型	
〃	16年	A6M2	〃　二一型	
〃	17年	A6M3	〃　三二型	
〃	17年	A6M3	〃　二二型	
〃	19年	A6M5	〃　五二型	
〃	19年	A7MI		「烈風」、零戦の後継機として試作
中島	17年	A6M2-N	二式水戦	
川西航空機	17年	NIKI	強風一一型	水上戦闘機、97機生産
三菱	17年	J2M2	雷電一一型	局地戦闘機、J2M5まであった。
川西	18年	NIKI-J	紫電一一型	局地戦闘機「強風」の改造
〃	19年	NIK2-J	〃　二一型	「紫電改」、「紫電」の改良型
九州飛行機	20年	J7WI		「震電」、局地戦闘機
三菱	20年	J8MI	秋水	ドイツのMeI63をコピーしたロケット戦闘機
中島	17年	JINI-S	月光一一型	夜間戦闘機二三型JIN3-Sまであった
川西	19年	PIYI-S	極光	夜間戦闘機、陸上爆撃機「銀河」を改造
中島	20年	J5NI	天雷	局地戦闘機、増加試作機まで

78 海から陸にあがって名前がかわった戦闘機

日本海軍の零戦はすばらしい戦闘機だった。そこで太平洋戦争に使うため、これを水上戦闘機に改造することが考えられた。飛行場がなくて陸上戦闘機がまだ進出できないとき、局地的な防空を飛行場のいらない戦闘機にやらせようという発想だった。

水上機に経験の深かった中島飛行機でこの改造設計をやり、実際に二式水上戦闘機として太平洋戦争のはじめごろは大活躍した。

問題はこの機体の記号だが、海軍としては最初の水上戦闘機(N)だから、これを中島飛行機の略号と合わせると最初の三ケタはN1Nとなるはずだが、海軍のルーチンではこうした最初の制式になったときの機種とちがった用途に転用になったときは、もとの機体略号のうしろにダッシュをつけ、新しい機種の記号をつけるように決めていた。だからもとが零戦二一型A6M2で、その改良だったからうしろに-と水上戦闘機を示す記号のNをつけ、A6M2-Nとなり、製作会社中島を示す記号Nはどこにもない。

なお零戦には同じく二一型を複座にして練習機に改造したものもあり、練習機の記号であるKをつけてA6M2-Kとなった。

二式水戦の場合は艦上戦闘機から水上戦闘機に改造されたものだが、この逆のケースも起きた。

二式水上戦闘機よりわずかにおくれて、水上機や飛行艇の技術で定評のあった川西航空機でも水上戦闘機をつくった。「強風」といって最初から水上戦闘機として設計された機体として一番目だから、海軍の機体記号ルーチンにしたがってN1K1とつけられた。ところが空戦フラップや二重反転プロペラなどいろいろ新しい試みをやっているうちに水上戦闘機などいらなくなってしまった。だがその高性能はすてるに惜しく、これを陸上戦闘機に改造しようということでフロートをとり、新しく車輪をつけて迎撃専門の局地戦闘機に改造した。これが「紫電」一一《いちいち》型で、陸上戦闘機ではあるがもとの水上戦闘機「強風」のうしろに局地戦闘機の記号Jをつけ、N1K1-Jとなった。本来なら三菱の局地戦闘機「雷電」のJ2Mのあとをついで J3K（Kは川西航空機の略号）となるべきものであった。

この「紫電」はさらに大改造されて「紫電」二一《にいいち》型となったが、一般には改良の改をつけて「紫電改」とよばれた。千八百馬力の「ホマレ」エンジンを装備し、二十ミリ機関砲を四門持っていた「紫電改」は太平洋戦争末期にアメリカ軍のグラマンF6Fヘルキャットを上まわる戦闘機としてかなりの活躍をした。この機体記号はN1K2-Jとなった。

このほか陸上攻撃機「銀河」を夜間戦闘機に改造した「極光」という機体があったが、こ

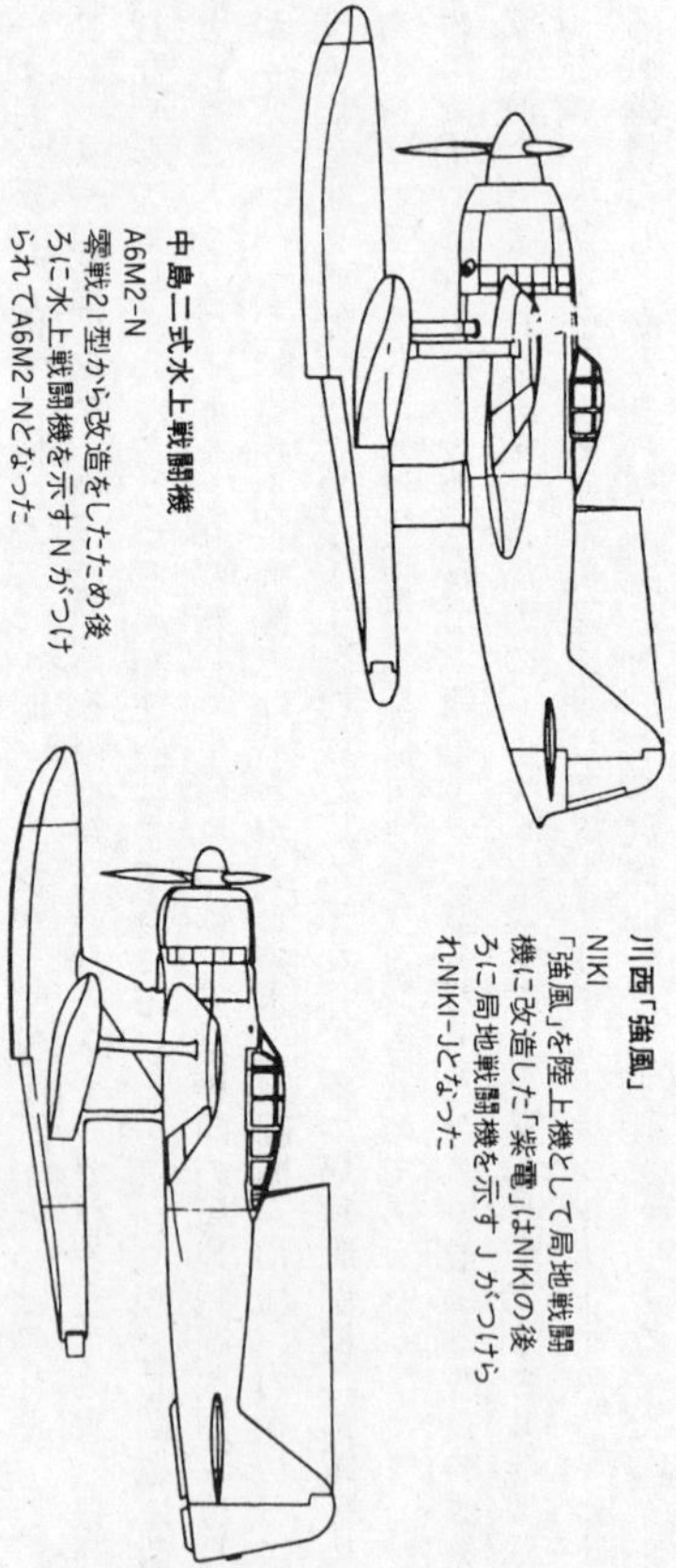

川西「強風」
NIKI
「強風」を陸上機として局地戦闘機に改造した「紫電」はNIKIの後ろに局地戦闘機を示すJがつけられNIKI-Jとなった

中島二式水上戦闘機
A6M2-N
零戦21型から改造をしたため後ろに水上戦闘機を示すNがつけられてA6M2-Nとなった

用途が変わった場合の記号のつけ方

れも原型のP1Y2（Pは陸上爆撃機、Yは空技廠設計を示す）のあとに夜間戦闘機であることを示すSをつけ、P1Y2-Sとよばれた。同様に中島飛行機の双発戦闘機「月光」J1N1が陸上偵察機になってJ1N1-C（陸上偵察機の記号）となったり、夜間戦闘機になってJ1N1-Sとなった例もある。

79　アメリカ戦闘機の呼称

アメリカは第二次大戦中の陸海軍、それから新たにできた空軍があり、海軍は当時のものをずっと継承し、空軍は陸軍のやり方を引き継いでいる。

海軍のやり方は旧日本海軍と似ている。たとえば有名なグラマン・ヘルキャット艦上戦闘機の記号はF6Fで、もちろんこの下に改良された型であることを示す数字がついて四ケタになる。ただひとつちがうところは、二番目の数字で、日本海軍が製造会社に関係なしに一連番号をつけていたのに対し、その製造会社に固有の一連番号をつけていることだ。

したがって、たとえばF4FとF4Uのように二番目の数字が同じになることもある。

F4Fはグラマン社の四番目の戦闘機ワイルドキャットであり、F4Uはチャンス・ヴォート社の同じく四番目の戦闘機コルセアのことだ。

グラマン社はF6FヘルキャットのあともF7Fタイガーキャット、F8Fベアキャットと一連の〝猫シリーズ〟が制式となり、ジェットになってもF9Fパンサーとつづき、一時は海軍の戦闘機王国を形成した。

第二次大戦中はほとんどこのグラマンとチャンス・ヴォートの二社に独占されていた海軍戦闘機も、戦後のジェットの時代になると新顔がぞくぞくと登場した。

チャンス・ヴォートもF6U、F7Uとジェット時代に入ったが、新たなライバルとしてダグラス、ノースアメリカン、マクダネルの三社が割りこんできた。この三社の略号はそれぞれD、J、Hであったが、もっとも強力だったのは戦時中はパッとしなかったマクダネル社で、ノースアメリカンとダグラスはまもなく海軍戦闘機から手を引いた。というよりダグラスがマクダネル社に吸収され、Dが消えてHが残ったのだ。

海軍にくらべると陸軍の方は単純で、日本陸軍と同じように製造会社に関係なく一連番号をつけていた。もっとも日本陸軍の場合はどの機種もいっしょだったが、アメリカ陸軍の場合は一応、戦闘機はF、爆撃機はB、輸送機はCといった具合に、日本の「キ」に相当するところを機種別に分けていた。

海軍とちがって第二次大戦中の戦闘機は多士済々で、ロッキードP38ライトニング、ベルP39エアラコブラ、カーチスP40ウォーホーク、リパブリックP47サンダーボルト、ノースアメリカンP51ムスタング、ノースロップP61ブラックウイドウと種類が多かった。これらの記号の下には、数字がつづくのを避けてアルファベットで改良型である記号をつけ、カーチスP40D、ノースアメリカンP51Dなどとよんだ。

アメリカの陸海軍とも、それぞれ日本海軍と比較的似かよった考えである点はおもしろいが、もっともちがう点はいずれも製造会社名をトップに持って来ていることと、全機に愛称がつけられていることだ。かれらは公式の場合はともかく、ふだんはむしろヘルキャットとかムスタングなどの愛称で呼ぶことを好んだようだ。

　戦後、陸軍航空隊から空軍が独立するとともに、戦闘機の記号はＰから海軍と同じＦにかわった。最初の制式ジェット戦闘機ロッキード・シューティングスターがＦ80となったのは当然だが、大戦後もまだ使われていたＰ51ムスタング、Ｐ82ツインムスタングなどもそれにつれてＦ51、Ｆ82にかわった。

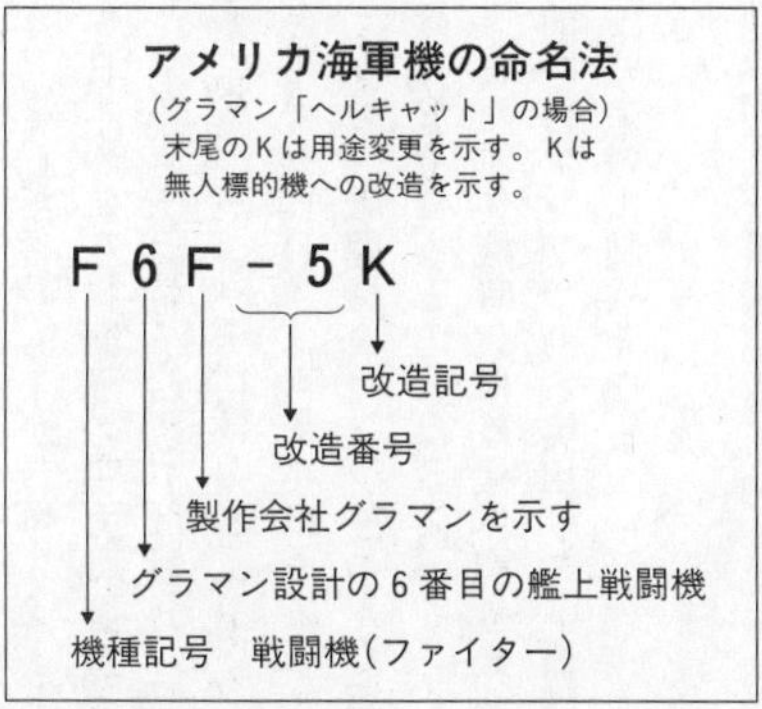

　アメリカ空軍のジェット戦闘機でひとつの大きな飛躍となったのはノースアメリカンＦ100スーパー・セイバーにはじまるいわゆる〝センチュリー・シリーズ〟で、マクダネルＦ101、コンベアＦ102、ロッキードＦ104、リパブリックＦ105、コンベアＦ106と続いて、ついにマッハ二を超える戦闘機となった。

　このセンチュリー・シリーズの最新鋭機は世界初のステルス戦闘機となった前出のＦ117（Ｆ19Ａ）で、このころから膨大な開発経費を節約するため、空軍と海軍で同一機種を使おうということになり、戦闘機の呼称も空軍流に統一して単にＦに一連番号をつけて呼ぶことになった。そして番号も1から再スタートとなった。

日本の航空自衛隊の主力戦闘機マクダネル・ダグラスF4EJファントム（現在はF15Jイーグルと交替している）は新Fシリーズの四番目の機体であり、EJはF4の五番目の改良型（E）で、日本仕様（J）であることを示している。同じことはやはり航空自衛隊のロッキードF104DJにもあてはまる。

なお、戦闘機にカメラをつんだ写真偵察型は、頭にR（リカニサンス、偵察の頭文字）をつけてRF4などとよばれる。

また試作機時代には機体記号の前に必ずXがつき、さらにテストが進んで制式になる一つ前のステップである実用テスト段階になるとXのかわりにYとなり、最後にそのYが取れればいよいよ制式となる。

80　諸外国の戦闘機の呼称

それぞれお国ぶりがうかがわれるが、イギリスはスーパーマリン・スピットファイアとかホーカー・ハリケーンなどでわかるように、製造会社名と愛称だけでよばれた。ドイツはメッサーシュミットMe109、Me100、フォッケウルフFW190などのように製造会社の記号がそのまま使われた。スツーカとかシュワルベといった愛称もあったようだが、ドイツ機にはやはりMe109とかFW190のような記号がふさわしいようだ。もちろん空軍の試作番号は別にあったが、一般には無縁であった。

イタリアもドイツと同様だったが、フィアットG50フレッチアア、マッキMC200サエッタなどのように製造会社記号のうしろに愛称がついていた。

なお、改造型を表わすのにイギリスはホーカー・ハリケーンMk2C、スーパーマリン・スピットファイアLMK9といった具合に数字を用い、ドイツはアルファベットを使ってメッサーシュミットMe109EとかMe109Gなどとよんだ。MKはマークの略で、Mk2はマーク2、日本でいえば「隼」二型といったところだ。

ソビエトはさすが社会主義の国だけに製造会社名などはなく、もっぱら設計者名と、その設計者だけの固有の番号がつけられている。

有名なミグ25をはじめ、スホーイSu9、ヤコブレフYaK25なども設計者の名前とその設計番号だが、おもしろいのはミグの番号でMiG9、15、17、19、21、23、25、27、29、31が示すようにいずれも奇数が使われていることだ。ソビエトの設計者たちはいずれも軍人の階級を持っており、飛行機に名前のつく主任設計者たちは将官級だ。たとえばYaK25の設計者であるヤコブレフは四十六歳で大将になった人だから、いまごろは年齢も八十歳を越え、大元帥になっているかも知れない。

なお、ソビエトの戦闘機にはMiG25フォックスバットとかYaK28ファイアバーといったニックネームがつけられているが、これは識別のために西欧側で勝手につけたもので、正式名称ではない。同様なことは第二次大戦当時、日本の軍用機に対しても行なわれ、零戦が「ジーク」、「隼」が「オスカー」、「鍾馗」が「トージョー」などとよばれていたことはよく知られている。

最後は現在の日本だが、航空自衛隊で使われている現用戦闘機は、練習機二種をのぞけば全部がアメリカ製で、先方の名称をそのまま使っている。国産の戦闘練習機は三菱重工のT2と川崎重工のT4で、T2にはFS-T2とよばれる支援戦闘機型がある（現在はF1と呼ばれている）。かつては日本海軍が用途変更の際には記号を末尾につけたのと逆だ。

航空自衛隊でも、かつては愛称をつけていたが、練習機にはもっとも古いロッキードT33が「若鷹」、国産のT1が「初鷹」、戦闘機ではノースアメリカンF86Fが「旭光」、ロッキードF104DJが「栄光」とよばれていた。

文庫版のあとがき

一冊の本を書き上げるには、かなりの労力と時間を必要とする。とくに筆者が手がけているノンフィクションのドキュメントではインタビュー取材が中心となるので、話を聞く相手の選定に始まって、取材の日時や場所の問い合わせ、さらに許諾の確認をして、ときに小旅行となり、取材のあとはテープ起こしとそのコピーを送って内容の確認と、この作業はいつものことながらしんどい。

こうした取材活動とは別に、他の文献や記録の調査なども並行して進めながら、おおよその構成を決めて執筆を開始するのだが、執筆の段階でまたいろいろ不測の部分が出てくるので、さらに取材や調査を重ねる。

そんな作業をあきもせず年中くり返しているのだが、たまにはもっと気楽に本を書いてみたいと思うこともある。「戦闘機入門」はそうした思いから、筆者が一飛行機マニアにもどって、気の向くままに楽しみながら書いたもので、イラストの中には筆者自身が描いたのも何枚かある。

気楽に書いたといっても、いざ書き出してみると、いろいろ知らないことやあやふやなことが出てきて、それらを調べたり確かめたりするのに結構時間をついやした。とくに第二次大戦以前のことはともかく、戦後の一時期を除いて飛行機の実務から遠ざかってしまった筆者にとって、あたらしく勉強しなければならない部分がかなりあった。

この本を最初に出したのは二十年以上も前の昭和五十一年（一九七六年）で、今回あたらしくつけ加えたCCVやステルスの項を除くとほとんど当時のままだが、最近の戦闘機はエレクトロニクスや新材料などで進歩はあるものの、本質的にはこの本を書いた当時とたいして変わっていない。

しかし、いちじるしく変わったこともある。それは新技術の導入に加え、要求の高度化ならびに多様化による開発コストの膨脹と開発期間の長期化で、一九四〇年代の日本陸軍のように、設計開始から試作一号機の初飛行まで一年足らず、そして毎年のように新型戦闘機を出現させるといったことは絶対にあり得ない。

今だってそれ相応のおもしろさはあるだろうが、大きな製図板の上にはいつくばって主翼の全体図なんかを書いていた筆者にとっては、あの時代に飛行機設計にかかわることができたのは、飛行機屋としてしあわせだったたと思っている。そして今また、外国（カナダ）で新しくつくられている零戦の初飛行と、航空自衛隊の最新鋭戦闘機FS－Xの完成への過程を同時に見られるふしぎさに、感動を覚えずにはいられない。筆者にとって、戦闘機は時空を超えた変わらないアイドルなのである。

平成九年一月二十一日

筆　者

単行本　昭和五十一年十二月　廣済堂出版刊

光人社ＮＦ文庫

戦闘機入門

二〇〇五年十月五日　新装版印刷
二〇〇五年十月十一日　新装版発行

著　者　碇　義朗
発行者　高城直一
発行所　株式会社光人社
〒102-0073　東京都千代田区九段北一-九-十一
振替／〇〇一七〇-六-五四六九三
電話／〇三-三二六五-一八六四㈹
印刷所　慶昌堂印刷株式会社
製本所　東　京　美　術　紙　工
定価はカバーに表示してあります
乱丁・落丁のものはお取りかえ
致します。本文は中性紙を使用

ISBN4-7698-2153-0 C0195
http://www.kojinsha.co.jp

光人社NF文庫

刊行のことば

第二次世界大戦の戦火が熄《や》んで五〇年——その間、小社は夥しい数の戦争の記録を渉猟し、発掘し、常に公正なる立場を貫いて書誌とし、大方の絶讃を博して今日に及ぶが、その源は、散華された世代への熱き思い入れであり、同時に、その記録を誌して平和の礎とし、後世に伝えんとするにある。

小社の出版物は、戦記、伝記、文学、エッセイ、写真集、その他、すでに一、〇〇〇点を越え、加えて戦後五〇年になんなんとするを契機として、「光人社NF（ノンフィクション）文庫」を創刊して、読者諸賢の熱烈要望におこたえする次第である。人生のバイブルとして、心弱きときの活性の糧《かて》として、散華の世代からの感動の肉声に、あなたもぜひ、耳を傾けて下さい。